PKPM 结构系列软件
应用与设计实例

第 3 版

主编　李星荣　王柱宏
参编　中国建筑科学研究院 PKPM CAD 工程部
　　　黄吉锋　马恩成　张志远　朱春明　葛　震

机 械 工 业 出 版 社

本书由具有丰富设计经验的工程师与中国建筑科学研究院 PKPM 结构系列软件编程人员共同编写而成。

本书主要介绍 PKPM 结构系列软件应用与工程设计实例。

本书可帮助设计人员快速掌握该软件操作技巧，并且熟练使用软件。通过对工程实例的理解和 PKPM 结构系列软件的应用可掌握设计的精华。

本书可供建筑结构设计人员、审图人员、施工人员及高等院校师生参考与使用。

图书在版编目（CIP）数据

PKPM 结构系列软件应用与设计实例/李星荣，王柱宏主编. —3 版. —北京：机械工业出版社，2009.5

ISBN 978-7-111-26834-5

Ⅰ. P… Ⅱ. ①李…②王… Ⅲ. 建筑结构 – 计算机辅助设计 – 应用软件，PKPM Ⅳ. TU311.41

中国版本图书馆 CIP 数据核字（2009）第 055823 号

机械工业出版社（北京市百万庄大街 22 号 邮政编码 100037）

责任编辑：张 晶 责任校对：陈立辉

封面设计：鞠 杨 责任印制：李 妍

北京铭成印刷有限公司印刷

2009 年 5 月第 3 版第 1 次印刷

210mm × 297mm · 16.75 印张 · 546 千字

标准书号：ISBN 978-7-111-26834-5

　　　　　　 ISBN 978-7-89451-062-4（光盘）

定价：46.00 元（含 1CD）

前　言

运用计算机进行工程设计，即利用计算机硬件和软件系统强大的计算功能和灵活的图形处理能力，帮助工程设计人员进行工程设计，以达到缩短设计周期，提高设计质量，降低设计成本，提高市场竞争能力的目的。

在诸多工程设计软件中，中国建筑科学研究院推出的 PKPM 系列 CAD 软件率先占领了工程设计市场。经过十多年的不断改进、提高以及推广使用，现已形成一个包括建筑、结构、设备全过程的大型建筑工程综合 CAD 系统，并正向集成化和智能化的方向发展。

PKPM 结构系列软件采用独特的人机交互输入方式，配有先进的结构分析软件包，具有强大的结构施工图设计功能，可进行框架、排架、钢结构、连续梁、结构平面、楼板配筋、节点大样、各类基础、楼梯、剪力墙等项目的设计。

该系统软件由原建设部组织鉴定，为我国软件行业协会推荐的优秀软件产品。到目前为止，已为国内上万家设计单位所采用，成为国内建筑行业用户最多、覆盖面最广的一整套 CAD 系统。

为了使设计人员、教学人员、科研人员以及施工人员，能尽快地掌握 PKPM 结构系列软件的应用技巧，作者根据多年的设计经验和软件的应用技巧，特编写本书以供大家在设计、计算、绘图时参考。

本书着重介绍 PKPM 结构系列的主要软件有：PMCAD 平面辅助设计软件、STS 钢结构计算和绘图软件、SATWE 高层建筑结构空间有限元分析软件、PMSAP 特殊多高层结构分析与设计软件、墙梁柱施工图软件、JCCAD 基础设计软件、LTCAD 楼梯设计软件等。第十章重点介绍了以下工程设计实例：某市城建公司混凝土框架办公楼设计、某市建研所混凝土框剪综合楼设计、某开发区钢框架宾馆设计。

PKPM 结构系列软件在 2008 年 4 月推出了 08 新版，对 05 版的菜单作了精简合并，简化了操作，扩充了功能，画图编辑作了改进，整体水平有一定的提高。为了使广大用户操作方便，编者紧跟改版顺序，完全对应新版软件全面修改，推出第 3 版，使此书更加贴近程序，方便用户使用。

本书附有实例光盘，包括三个工程实例的施工图，图形格式为 .DWG。

本书由李星荣、王柱宏主编，参加编写工作的还有黄吉锋、葛震、马恩成、张志远、朱春明等。在编写过程中得到中国建筑科学研究院 PKPM 结构系列软件工程部领导及编程人员的大力支持与帮助，在此表示衷心感谢。

由于作者水平所限，书中错误在所难免，恳请读者批评指正，以便改进和提高。

目　　录

第一章　建筑结构设计所需的基本条件

本章着重介绍在进行建筑结构设计时，所需要掌握的基本设计知识和需要具备的基本条件。

一、熟悉建筑结构设计所需规范

在进行建筑结构设计时，应具备的基本规范有：
（1）混凝土结构设计规范（GB 50010—2002）
（2）建筑抗震设计规范（GB 50011—2001）
（3）建筑地基基础设计规范（GB 50007—2002）
（4）建筑结构荷载规范（GB 50009—2006）
（5）砌体结构设计规范（GB 50003—2001）
（6）高层建筑混凝土结构技术规程（JGJ 3—2002）
（7）钢结构设计规范（GB 50017—2003）
（8）建筑结构可靠度设计统一标准（GB 50068—2001）
（9）建筑结构制图标准（GB/T 50105—2001）
（10）建筑结构设计术语和符号标准（GB/T 50083—1997）

二、熟读建筑条件图，了解各专业条件

结构设计需参考的图形与专业条件如下：
（1）建筑总平面图及地基勘察报告。了解该项目在总平面图上的位置，在进行基础设计时，可以从勘察报告中确定该项目的地质条件，正确进行基础设计与计算。
（2）每一层的建筑平面图。了解建筑平面尺寸，确定结构建模所需网格尺寸和轴线编号，结合建筑剖面确定结构标准层数。
（3）建筑立面图。了解建筑立面悬挑构件的尺寸和标高。
（4）建筑剖面图。了解建筑物的层高，结合建筑平面确定结构建模时的标准层数。
（5）建筑总说明。了解建筑材料，确定结构建模时所需的楼面荷载和梁墙柱上荷载。
（6）建筑节点详图。了解建筑做法，确定结构类型和计算条件。
（7）了解给水排水专业设计条件。确定楼面、墙面、基础等部位所需预留、预埋条件及相应的补强措施。
（8）了解暖气空调专业设计条件。确定楼面、墙面、基础等部位设计时所需预留、预埋条件和悬挑荷载及相应的补强措施。
（9）了解电气专业设计条件。确定电气专业的预留、预埋条件以及楼板、墙板厚度是否满足预留、预埋后的构造要求。

三、结构设计应具备的条件

1. 设计依据及设计要求

（1）自然条件。包括风荷载、雪荷载、工程所在地区的地震基本烈度，工程地质和水文地质情况，其中着重对场地地质条件（如软弱地基、膨胀土、滑坡、溶洞、冻土、抗震的不利地段等）分别予以说明。当已有的工程地质勘探报告不够详尽或由于建筑的重要性、复杂性，设计对场地工程地质勘察有特殊内容的要求时，应明确提出补充勘察的要求。
（2）设计要求。根据建筑结构安全等级、使用功能或生产需要所确定的使用荷载、抗震设防烈度、人防等级等，阐述对结构设计的特殊要求（如耐高温、防渗漏、防震抗震、防爆、防蚀等）。

（3）对施工条件的要求。说明施工条件，如吊装能力、沉桩或地基处理能力、结构构件预制或现场制作的能力，采用新的施工技术的可能性等。若尚未确定施工单位，应提出对施工条件配合的要求。

2. 结构设计的主要内容

（1）结构方案、结构选型、结构荷载计算、分析数据、绘制施工图。

（2）地基处理及基础形式。根据上部结构形式、受力特点、地质条件、周围环境，确定地基基础形式，以及地基是否需要特殊处理或沉降计算。

（3）伸缩缝、沉降缝和抗震缝的设置。

（4）为满足特殊使用要求的结构处理。

（5）新技术、新结构、新材料的采用。

（6）主要结构材料的选用。

（7）特殊构造、构件规格的统一、标准图集的采用等。

3. 结构设计主要步骤

结构设计的主要步骤有：结构方案的确定、结构荷载的选定、结构分析计算、绘制施工图样。

（1）结构方案的确定。依据其他专业条件图、建筑使用功能、所处环境条件、地质勘察报告、相关设计规范等，确定工程的结构设计方案。

（2）结构计算。结构方案确定以后，才能搭建结构模型进行结构分析计算。本书以 PKPM 结构系列软件为例，重点介绍建筑工程的结构建模、计算、数据分析等过程。当采用计算机进行结构计算时，应在计算书中注明所采用的计算机软件的名称及代号，计算机软件必须经过审定（或鉴定）才能在工程设计中推广应用，电算结果应经分析校审认可。

1）进行荷载统计。以民用建筑为例，在一般民用建筑物的结构设计中，经常进行统计的荷载有：

① 每一标准层的楼面恒载和活载（kN/m^2）。

恒载：楼板自重、楼面/屋面做法自重、吊顶自重、楼板上固定隔断墙自重、特殊工艺所需设备的自重。

活载：根据《建筑结构荷载规范》确定楼面/屋面活荷载、风荷载、雪荷载。

② 每一层的梁上荷载（kN/m）。

恒载：轻质填充墙的线荷载、墙体抹灰自重、墙体保温做法的自重、外墙装修做法的自重等。

活载：根据《建筑结构荷载规范》确定工业与民用建筑楼面活荷载、屋面活荷载。

起重机荷载：根据起重量、起重机型号确定起重机的竖向荷载和水平荷载。

风荷载、雪荷载：根据《建筑结构荷载规范》确定建筑物的风荷载和雪荷载。

③ 每一标准层框架柱上荷载（kN）。当建筑需要采用轻钢网架屋顶、轻钢雨篷等构造，应计算节点荷载。在进行结构计算时，应把节点荷载输入。节点荷载输入时，是按恒荷载输入还是按活荷载输入，由设计人员按照具体情况自行确定。

2）上机计算。当建模完成，统计完所需计算的荷载以后，就可以采用 PKPM 结构系列软件进行计算。

（3）绘制结构施工图样。当结构计算分析完成后，对混凝土结构可使用 PK 软件绘制墙、梁、板、柱施工图，按 JCCAD 软件绘制基础施工图，用 LTCAD 软件绘制楼梯施工图；对钢结构可用 STS 软件绘制钢结构施工图。施工图样内容包括：

1）结构设计总说明。包括工程概述、设计依据、主要设计条件、结构选用材料、结构构造、结构计算采用软件、建筑结构构件的制作、运输、安装、防腐防火等要求的介绍。

2）结构计算书。专业软件的计算总信息、构件平面、荷载平面、配筋及应力平面、结构的变形、变位、挠度图等。

3）图样目录。

4）基础平面图。包括基础平面图、基础大样详图、暖气沟详图、电梯坑详图、轻质隔墙基础详图等。

5）结构配筋平面图。包括柱配筋详图、梁配筋详图、楼板配筋详图、剪力墙配筋详图、楼梯配筋详图等。

6）钢筋混凝土构件详图。包括按平法绘制的墙梁柱施工图或按立面画法绘制的墙梁柱构件详图、雨篷配筋详图、挑檐配筋详图、次梁节点处附加横向钢筋和吊筋详图等。

7）其他图样。

四、结构设计相关软件介绍

1. AutoCAD 软件介绍

目前 AutoCAD 已成为很流行的绘图软件。在建筑设计、机械设计、各学科的课件设计等方面都得到了广泛的应用。计算机辅助绘图的特点如下：

（1）文件格式以 .dwg 为后缀。

（2）图形可存在硬盘或移动存储盘等其他设备里，便于管理和保存，同时便于他人使用。

（3）利用计算机绘图改变了传统的繁琐的绘图方式，可以通过软件中的多种指令对所画图面进行修改、编辑等操作，既灵活又方便。

（4）通过软件的打印功能，可以输出所画的 CAD 图形，并且可以做到重复出图，相对传统的绘图方式节省了大量的人力。

（5）通过网络可以把 .dwg 为后缀的图形传给其他用户，这是传统制图所不及的。

2. AutoCAD 软件与 PKPM 系列软件的结合

利用 PKPM 软件生成的 .T 图形经过图形转换后变成 .dwg 图形，在 AutoCAD 软件中直接打开文件就可以在原有图形基础上进行编辑。通过这种方式进行绘制建筑结构图，既方便又快捷。也可以用天正 CAD 软件中的天正结构 CAD 软件进行绘图。

通常利用 PKPM 系列软件也可以进行图样的绘制，生成 .T 文件，直接出图，也可以把 .T 文件转换成 .dwg，在 AutoCAD 软件、天正 CAD 软件进行出图。

第二章　PKPM 结构系列软件介绍

第一节　PKPM 概述

PKPM 结构系列软件是由中国建筑科学研究院开发研制的一套优秀软件产品，是 PKPM 系列软件的重要组成部分，可以用于建筑结构的建模、计算、绘图等。PKPM 结构系列软件是国内建筑行业应用最为广泛的一套系统软件。PKPM 结构系列软件的操作界面如图 2-1 所示。

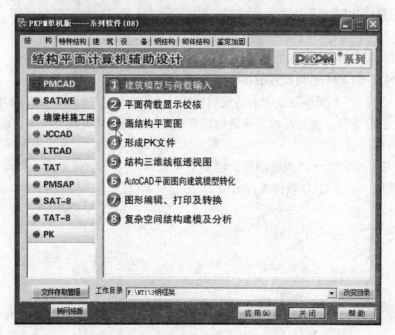

图 2-1　PKPM 结构系列软件操作界面

PKPM 结构系列软件采用人机交互方式，操作简单，功能强大。由 PMCAD、PK、TAT、SATWE、JC-CAD、LTCAD 等模块组成。通常对一项民用建筑物的结构计算，将采用如下过程。首先，通过 PMCAD 进行结构数据的输入，建立整个建筑物的结构模型；其次，通过 SATWE、PMSAP 等模块进行建筑物的截面配筋计算、抗震验算等；然后，利用 JCCAD 模块进行基础的配筋计算；最后，利用 LTCAD 进行楼梯的结构设计。

该软件需要运行的操作系统为 Windows95 以上的版本，计算机的配置应在 Pentium 以上，内存大于 32MB，剩余硬盘空间须在 60MB 以上，计算机应具有 USB 接口（用于安装加密锁）。

PKPM 结构系列软件具有以下特点：

（1）一项专用建筑结构设计系列的软件。

（2）人机交互方式，操作简便，功能强大，汉化菜单易于使用。

（3）可以进行整体建筑结构设计。

（4）具有单机版、网络版两种使用形式。

（5）版本修改、更新及时，计算所得数据修改量小。

（6）软件之间接口方便，传输数据准确。

（7）Windows 配置以上均可以采用。

PKPM 结构系列软件的独特之处在于它能够独立地进行建筑结构设计，通过人机交互输入基本结构数据后，主要采用计算机进行运算，并且可以反复修改运算数据、设计参数，运行速度快，设计结果精确。

第二节　PKPM结构系列软件的模块组成

PKPM结构系列软件由以下几个主要模块组成：

1. PMCAD

即结构平面CAD软件。PMCAD软件是整个结构计算软件的核心，是其他软件的重要接口。

2. PK

用于进行计算各种规则和复杂类型的框架结构、排架结构、剪力墙简化成的壁式框架结构及连续梁、框排架结构、排架结构。

3. TAT

即多层、高层建筑结构三维分析与设计软件。主要用来进行多层、高层的钢筋混凝土框架、框架-剪力墙和剪力墙结构的计算。

4. SATWE

即高层建筑空间有限元分析软件。用于进行多层、高层的钢筋混凝土框架、框架-剪力墙和剪力墙结构以及高层钢结构或钢-混凝土混合结构的计算。

5. PMSAP

从力学角度上看，PMSAP是一个线弹性组合结构有限元分析程序，它适合于广泛的结构形式和相当大的结构规模。该程序能够对结构做线弹性范围内的静力分析、固有振动分析、时程响应分析和地震反应谱分析，并依据规范对混凝土构件、钢构件进行配筋设计或验算。对于多高层建筑中的剪力墙、楼板、厚板转换层等关键构件提出了基于壳元子结构的高精度分析方法，并可做施工图模拟分析、温度应力分析、预应力分析、活荷载不利布置分析等。与一般通用与专业程序不同，PMSAP中提出了"二次位移假定"的概念并加以实现，使得结构分析的速度与精度得到兼顾。

6. JCCAD

用于进行计算柱下独立基础、墙下条形基础、筏板基础等。

7. LTCAD

用于进行计算单跑、二跑、三跑的梁式及板式楼梯和螺旋及悬挑等各种异形楼梯。

8. STS

可以建立多高层钢框架、门式刚架、桁架、支架、排架、框排架等结构的三维模型，然后通过SATWE或PMSAP进行结构内力分析，再返回来用STS进行节点设计，最后完成施工图。

第三节　PKPM结构系列软件的主菜单和主要指令

当用户进入Windows系统以后，首先新建一个 🗁 文件夹，作为PKPM的工作目录，然后用鼠标双击桌面的PKPM图标 ，系统将出现PKPM系列软件界面（见图2-1），单击 结　构 图标，如图2-1所示。界面上部由"结构"、"特种结构"、"建筑"、"设备"、"钢结构"、"砌体结构"、"鉴定加固"等组成；界面左部由"PMCAD"、"PK"、"TAT-8"、"SAT-8"等部分组成；界面右部显示相应软件的操作内容。

当选中任一软件后（以PMCAD软件为例），双击"建筑模型与荷载输入"，进入操作界面如图2-2所示。它由标题栏、菜单栏、工具栏、命令提示栏等组成。

（1）标题栏。位于窗口的最上边，表示正在进行的程序名称。

（2）菜单栏。由文件系统、图素编辑、状态开关、状态设置、三维显示、显示变换、视窗变换、网点编辑、换主菜单等菜单组成。

（3）工具栏。由"存盘"、"打印"、"删除"等快捷图标按钮组成。

（4）命令提示栏。位于界面的最下方，软件操作过程中提示用户输入相关内容。

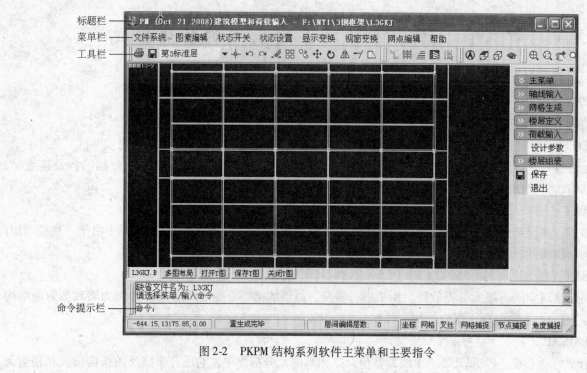

标题栏

菜单栏

工具栏

命令提示栏

图 2-2　PKPM 结构系列软件主菜单和主要指令

第三章 PMCAD 平面辅助设计软件

第一节 概 述

PMCAD 结构软件采用人机交互方式，进行结构基本建模计算数据的逐层输入，包括轴线输入、网格生成、楼层定义、荷载定义、设计参数、楼层组装等基本数据。PMCAD 软件具有较强的荷载统计和传导计算功能，除计算结构自重外，还自动完成荷载从楼板到次梁，从次梁到主梁，从主梁到承重的柱墙等的传导，再从上部结构传到基础的全部计算，加上局部的外加荷载，PMCAD 可以方便地形成整栋建筑物的荷载数据。

PMCAD 软件是 PKPM 结构系列软件的核心部分。进行完 PMCAD 软件的建筑模型与荷载输入、结构楼面布置信息、楼面荷载传导计算信息后，就可以进入其他软件继续进行结构分析、计算与绘图。

1. 功能

(1) 通过人机交互输入建立全楼结构模型。

(2) 自动倒算荷载，建立整栋建筑计算所需的恒活荷载数据。

(3) 为各种计算模型提供计算所需的数据文件。

(4) 为上部结构各绘图 CAD 模块提供结构构件的精确尺寸。

(5) 为基础设计 CAD 模块提供底层结构布置与轴线网格布置，还提供上部结构传下来的恒荷载与活荷载。

(6) 现浇钢筋混凝土楼板结构计算与配筋设计。

(7) 结构平面施工图辅助设计。

(8) 复杂空间结构建模。

2. 软件的应用范围

(1) 层数≤190 层。

(2) 结构标准层和荷载标准层各≤190 层。

(3) 正交网格时，横向网格、纵向网格各≤100；斜交网格时，网格线条数≤5000。

(4) 网格节点总数≤8000。

(5) 标准柱截面≤300；标准梁截面≤300；标准墙体洞口≤240，标准楼板洞口≤80；标准墙截面≤80；标准斜杆截面≤200；标准荷载定义≤6000。

(6) 每层柱根数≤3000；每层梁根数(不包括次梁)≤4000；每层墙数≤2500；每层房间总数≤3600；每层次梁总根数≤1200；每个房间周围最多的梁墙数<150；与每个节点相连的梁墙数≤6；每层房间次梁布置种类数≤40；每层房间预制板布置种类数≤40；每层房间楼板开洞种类数≤40；每个房间楼板开洞数≤7；每个房间次梁布置数≤16。

第二节 PMCAD 结构建模及主菜单与操作

1. 人机交互结构建模步骤(逐层方式)

(1) 人机交互输入各层平面的轴线网格、各层网格平面可以相同或不同。

(2) 输入柱、梁、墙、洞口、斜杆支撑、次梁、层间梁、圈梁的截面数据，并把这些构件布置在平面网格和节点上。

(3) 各结构层主要设计参数，如楼板厚度更改、混凝土强度等级等。

(4) 生成房间和现浇板信息，布置预制板、楼板开洞、悬挑板、楼板错层等楼面信息。

（5）输入作用在梁、墙、柱和节点上的恒活荷载。

（6）定义各标准层上的楼面横荷载、活荷载，并对各房间的荷载进行修改。

（7）根据结构标准层和各层层高，组装成整栋建筑物的模型。

（8）设计参数、材料信息、风荷载信息和抗震信息等。

（9）楼面荷载传导计算，生成各梁、墙、柱的受力。

（10）结构自重计算及恒活荷载计算，实现向底层基础的传导。

（11）软件对所建模型进行检查，发现错误并提示用户。根据上下层结构布置状况作上下层构件连接。

2. PMCAD 主菜单与操作过程

（1）单击 PKPM 主菜单（图 2-1）左侧的"PMCAD"按钮，菜单右侧呈现 PMCAD 主菜单，1 项、8 项分别为平面和空间两套建模程序，2~7 项可完成其他功能。

（2）做一项工程，应建立该工程专用的工作子目录，子目录名称可任意。当设置当前工作目录，可按菜单上的"改变目录"。设置工作目录后，首先应执行主菜单 1 项或 8 项。并应注意，不同的工程应在不同的工作子目录下进行。

一个工程的结构数据，包括交互输入的模型数据、各类参数及计算结果，均以文件方式保存在该工程目录下。可通过主菜单左下角的"文件存取管理"进行工程数据备份，文件压缩保存。PKPM 建模数据主要包括工程名：.JWS 和 *.PM 文件。

第三节　建筑模型与荷载输入

点取 PMCAD 主菜单 1 进入"建筑模型与荷载输入"，并定义 pm 工程名称。进入该菜单后就可以人机交互方式输入各层平面数据，进行结构图的轴线输入、网格生成、楼层定义、楼层组装等，此处所输尺寸单位均为毫米。

下面逐项介绍"建筑模型与荷载输入"菜单（图 3-1、图 3-2）的操作。使用中应按照以下的顺序逐一进行。执行完每一项菜单后，点击"回前菜单"就可以进行其他菜单的操作。

图 3-1　建筑模型与荷载输入菜单

图 3-2　轴线输入菜单

一、轴线输入

绘制轴线的方式有："节点"、"两点直线"、"平行直线"、"折线"、"辐射线"、"圆环"、"矩形"、"圆弧"、"三点圆弧"等。绘制完的轴线呈红色线段。

当建筑物比较规则时，使用"平行直线"命令进行绘制轴线比较快捷、准确、方便。首先，用鼠标在屏幕上任意点取一点，按一下【F4】键（保证画出的轴线是水平或垂直），绘制任意长度的一条水平（或竖向）直线；然后我们在命令行提示输入直线复制间距和次数，这时就可以看到屏幕上显示一组平行直线。用同样的方法绘制另一个方向的轴线。

"正交轴网"是通过定义开间和进深形成正交网格，开间是横向从左到右的连续各跨跨度，进深是输入纵向从下到上各跨跨度，布置在平面任意位置。

"圆弧轴网"的开间是指轴线展开角度，进深是指沿半径方向的跨度，内半径、旋转角，点取确定时再输入径向轴线端部延长长度和环向轴线端部延长角度。

轴线输入时，可采用键盘坐标、追踪线方式、鼠标键盘配合输入相对距离等，同时利用捕捉工具配合，使输入便捷。

二、网格生成

子菜单顺序为："轴线显示"、"形成网点"、"网点编辑"、"轴线命名"、"网点查询"、"网点显示"、"节点距离"、"节点对齐"、"上节点高"、"清理网点"。

"轴线命名"是在网格生成后为轴线命名的菜单中，在此输入的轴线名可在建模时的轴线显示，并将在施工图中使用。可一一点取每根网格为其所在轴线命名；对于平行的直轴线可以按一次【Tab】键进行成批命名，按程序要求点取平行线中的起始轴线以及虽平行但不参与编号的轴线，选中后输入一个字母或数字，程序自动顺序为轴线编号，同时可以按【F5】键刷新屏幕。

"上节点高"即是本层节点相对于楼层层高的高差，程序隐含为每一节点高位于层高处，即上节点高为0。改变上节点高，就改变了该节点处的柱高和与之相连的墙、梁的坡度。该菜单可方便地处理如坡屋顶这样楼面高度有变化的情况。按下拉菜单"网点编辑"按钮中的"上节点高"，如图 3-3 所示，通过"单节点抬高"、"指定两节点"、"指定三节点"这三种方式可设置上节点高。

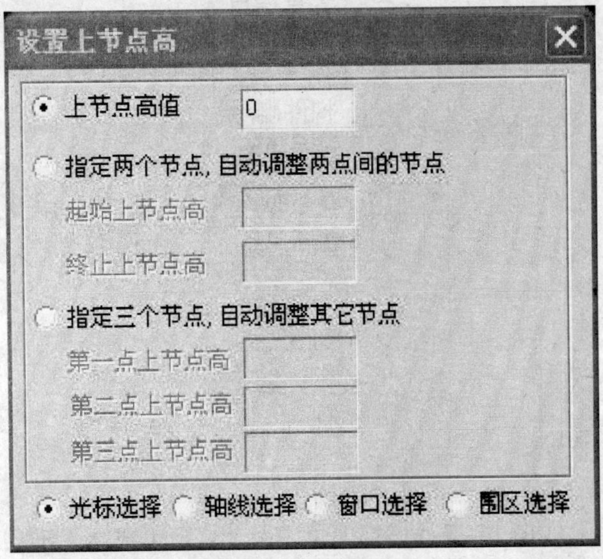

图 3-3　设置上节点高

三、楼层定义

"楼层定义"菜单（图 3-4）包括"换标准层"、"构件布置"、"楼板生成"、"本层修改"、"层编辑"、"截面显示"、"绘墙线"、"绘梁线"、"偏心对齐"等操作菜单。各选项功能如下：

1. 构件布置

包括"主梁布置"、"柱布置"、"墙布置"、"洞口布置"、"斜杆布置"、"次梁布置"、"布层间梁"等。

柱布置在节点上；梁、墙布置在网格上，墙布置时需定义厚度和材料；层间梁的布置与梁布置相同，选择层间梁的起点和终点后即完成层间梁的布置，但需输入相对于层顶的高差和层间梁上荷载；洞口布置在墙的网格上。当建筑物的次梁比较多时，为了避免节点过多需要进行次梁布置。次梁（包括连续次梁）布置时直接选取其首、尾两端相交的主梁或墙构件，可以跨越若干跨一次布置，次梁下不需布置网格线；顶面标高与它相连的主梁或墙构件标高相同。构件布置时可以和"上节点高"相结合使用，应注意构件标高。

以柱布置为例，单击"柱布置"菜单，弹出柱截面列表窗口，上边有"新建"、"修改"、"删除"、"布置"、"清理"、"显示"、"拾取"、"退出"菜单。如果初次使用柱构件定义，首先要单击"新建"菜单，弹出柱截面定义窗口，里面包括"矩形截面宽度"、"矩形截面高度"、"材料类别"等菜单。完成数据输入、定义截面后，按"确定"，则定义好一种类型的柱截面。反复操作，定义好新有类型的柱截面。

柱截面定义后，就进行柱的布置。先点取柱类型，再点取"布置"菜单，就可用光标在本标准层的网格上布置柱了。按【Tab】键可使程序按四种布置方式操作，直至把该标准层的柱子类型布完为止。布置中鼠标停留的网格将显示"动态提示"，检查布置是否准确。点击"退出"菜单，按照上面的操作步骤，进行主梁、墙、洞口、斜杆、次梁、层间梁等的布置。

2. 楼板生成

"楼板生成"菜单(图 3-5)包含了"生成楼板"、"楼板错层"、"板洞布置"、"布置挑板"、"布预制板"等功能。在弹出操作界面上选取任一按钮后，就可以进行楼板结构的信息输入与修改。

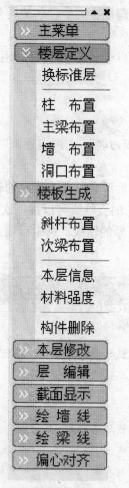

图 3-4　楼层定义菜单　　　　　　　　　　　　　　图 3-5　楼板生成菜单

（1）运行"楼板生成"命令自动生成本标准层结构布置后的各房间楼板，板厚默认"本层信息"菜单中设置的板厚值，可通过"修改板厚"进行修改。

（2）楼板错层。设计过程中常常遇到卫生间、楼梯间等结构层高与其他房间不一致时，用鼠标点取房间后输入错层的数值(下沉为正)，则就确定了该房间为错层板。楼板错层的设定主要影响到楼板配筋图的绘制。当有错层板时，错层板的配筋与楼板的配筋是不能拉通的。

（3）修改板厚。在一个标准层里，各房间的楼板厚度不相同时，可以用鼠标点取需要修改板厚的房间，输入实际板厚确定。用户如果把房间(例如楼梯间、电梯间)的板厚输入为 0 时，程序自动将该房间的荷载近似地传导至周围的梁或墙上，这同房间开洞不一样，凡开洞处则布置不上荷载，也不存在荷载传导的问题。若在模型输入时选择了"自动计算楼板自重"，板面输入的恒荷载中就不应包括板的自重。

（4）板洞布置。洞口设置时参照物不是房间，而是节点，即鼠标捕捉的是房间周围的节点；洞口的偏心是洞口的插入点与布置节点的相对距离。当设计人员在设计中遇到电梯井道、设备楼层、机房等，点取房间后设置楼板洞口。矩形洞口插入点为房间左下点纵横轴线交点；方孔宽、高，圆形洞口插入点为圆心。

"全房间洞"相当于该房间无楼板，亦无楼面恒活荷载。

（5）布悬挑板。当建筑物设有雨篷、阳台、挑檐等构件时，可以点取"布悬挑板"菜单。通过定义悬挑板的形状、悬挑板挑出方向（对于完全垂直的网格线，左侧、上方为正；右侧、下方为负）、定位距离，挑板顶部标高（相对楼面的高差）来进行悬挑板的布置。

在平面外围的梁或墙上均可布置现浇悬挑板，悬挑范围为用户点取的某梁或墙全长，挑出宽度沿该梁或墙为等宽。当用户在悬挑板的恒活均布面荷载输入为0，程序自动取相邻房间的楼面荷载。

（6）布预制板。先运行"生成楼板"命令，则可进行布置房间的预制楼板。布置的方式有：自动布板方式、指定布板方式。需要设置的参数有：楼板的宽度、板缝宽度、布板的方向。通过"删预制板"删除指定房间内布置的预制板，并以之前的现浇板代替。

3. 本层修改

对已布置好的构件做删除或替换的构件，可采用光标点取、沿轴线选取、窗口选取和任意多边形选取等方式进行删除。替换是把平面上某一类型截面的构件用另一类截面替换。

4. 错层斜梁

某些梁不位于层高处或是斜梁，可用此菜单输入其左、右节点相对于层高的高差。如体育场看台或汽车坡道，可按【TAB】键成批输入调整梁的高差，对于不该调整的梁可用高差为0重新布置一次；对于框架错层结构可利用错层斜梁来实现。

5. 本层信息

每个标准层均需要输入本层信息。包括：板厚（mm）、板混凝土强度等级、板混凝土保护层厚度（mm）、柱混凝土强度等级、梁混凝土强度等级、剪力墙混凝土强度等级、梁柱钢筋类别、本标准层层高（mm）。上述信息在计算的过程中可以修改。注意：板厚不仅可用于计算板配筋，还可计算自重。

6. 材料强度

材料强度初设值可在"本层信息"内设置，而对于与初设值强度等级不同的构件，则可用"材料强度"进行赋值。点取此菜单后弹出"柱"、"梁"、"墙"、"斜杆"、"楼板"、"悬挑板"、"圈梁"等构件，然后进行选取修改。

7. 截面显示

菜单可与主界面工具栏中的"构件显示"命令配合使用。点击某类构件的"截面显示"菜单后，将出现"构件显示"和"数据显示"。其中"构件显示"控制一类构件在平面图上显示，"数据显示"控制在平面图中标出此类构件的截面尺寸和偏心标高等信息。

8. 换标准层

完成一个标准层的所有平面布置信息后，其他标准层若与本标准层相同或局部相同，可以进行"换标准层"操作，在弹出界面上选择层复制方式（全部复制、局部复制、只复制网格）。新标准层应在旧标准层基础上输入，保证上下节点网格的对应。

9. 层编辑

可以进行"删除标准层"、"插标准层"、"层间编辑"、"层间复制"等操作。

四、荷载输入

标准层结构上的各类荷载，包括：①楼面恒活荷载；②非楼面传来的梁间荷载、次梁荷载、墙间荷载、节点荷载；③人防荷载；④吊车荷载。"荷载输入"菜单如图3-6所示。

1. 荷载输入方式

通过"读APM荷"、"层间复制"、"恒活设置"可进行荷载输入。恒活荷载设置对话框如图3-7所示。

其中恒活荷载设置内容有：

（1）活荷载单独做一工况计算。程序是活荷载和恒荷载分别输入。此项如果不选上，即便定义了活荷载，程序也不读活荷载信息。

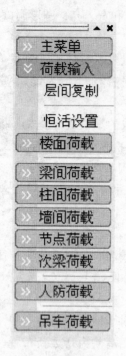

图 3-6 荷载输入菜单

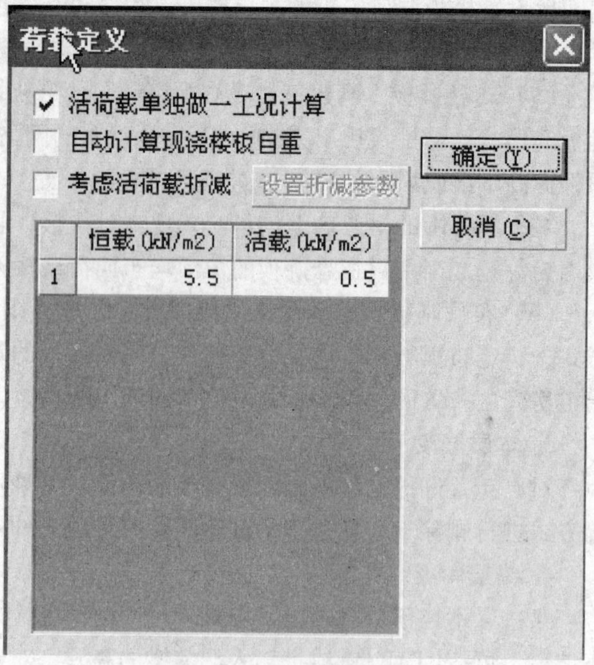

图 3-7 恒活荷载设置对话框

（2）自动计算现浇楼板自重。程序根据各房间楼板的厚度折合成面荷载并叠加到该房间的面恒载值中；若选中该项，则楼面恒载不包含楼板自重。

（3）考虑活荷载折减。这是楼面活荷载导算到梁上的各种折减方式，参见《建筑结构荷载规范》第4.1.2条。

（4）标准层楼面恒活荷载统一值。如在结构计算时考虑地下人防荷载，此处必须输入活荷载，否则SATWE、PMSAP 软件将不能进行人防地下室计算。

2. 楼面荷载

该功能用于根据生成的房间信息进行楼面各房间不同的恒活荷载的局部显示和修改。使用前，必须用"生成楼板"命令形成过一次房间和楼板的信息。

3. 各构件荷载输入

在此菜单下首先定义荷载标准值，可将多个标准荷载布置到构件上，若删除了构件，则杆件上的荷载自动删除。通过"添加"、"删除"、"修改"、"布置"、"退出"按钮进行荷载布置，如图3-8所示。

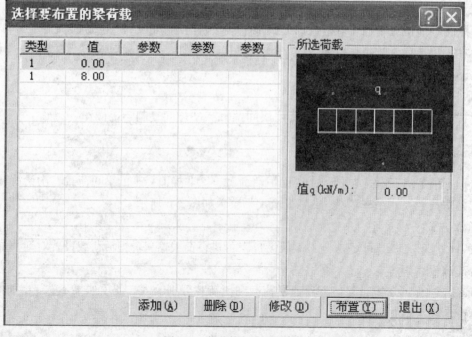

图 3-8 荷载输入方式界面

（1）梁间荷载输入。进入"梁间荷载"菜单后可进行梁间荷载的定义。我们可以输入非楼面传来的梁上恒荷载和活荷载。如果用户第一次输入的荷载不够准确，可以再次进入荷载输入界面进行荷载的修改或删除。

1）梁间恒荷载。点取梁构件后，选择荷载类型并且输入荷载标准值。荷载包括轻质隔墙线荷载、墙体装修做法等。

2）梁间活荷载。点取梁构件后，选择荷载类型并且输入荷载标准值。

如果用户第一次输入的荷载不够准确，可以执行荷载修改，删除或修改已输入荷载。

（2）柱间荷载输入。进入此项菜单后可以输入作用在平面上 X 方向和 Y 方向的柱间恒荷载和活荷载。荷载的类型有：

1）柱 X 恒载。屏幕中，水平网格为 X 向网格，向右为正；竖向网格为 Y 向网格，向上为正。

2）柱 Y 恒载。屏幕中，水平网格为 X 向网格，向右为正；竖向网格为 Y 向网格，向上为正。

3）柱 X 活载。屏幕中，水平网格为 X 向网格，向右为正；竖向网格为 Y 向网格，向上为正。

4）柱 Y 活载。屏幕中，水平网格为 X 向网格，向右为正；竖向网格为 Y 向网格，向上为正。

（3）墙间荷载输入。进入此项菜单后可以输入墙上的特殊荷载。荷载的类型有：

1）墙间恒荷载。

2）墙间活荷载。

（4）节点荷载输入。进入此项菜单后可以输入平面节点上的荷载。荷载的类型有：

1）节点恒荷载。

2）节点活荷载。

（5）次梁荷载输入。操作与梁间荷载类同，次梁上的荷载类型有：

1）次梁恒荷载。

2）次梁活荷载。

（6）导荷方式。包括梯形三角形方式、对边传导方式、沿周边布置方式。当点取导荷方式菜单后，出现"指定方式"、"调屈服线"、"相同复制"等菜单。通常用到的是"指定方式"。

其中针对按梯形三角形方式导算的房间，通过"调屈服线"调整屈服线角度，实现房间两边、三边受力等状态。程序缺省的屈服线角度是 45°。

（7）人防荷载。人防荷载只能在 ±0.000 以下的楼层上输入。

1）荷载设置。用于为标准层所有房间设置统一的顶板人防等效荷载。

2）荷载修改。用于修改局部房间的人防荷载值。

（8）起重机荷载。通过这项菜单，输入起重机资料、多台起重机组合时的起重机荷载折减系数、起重机工作区域参数、起重机工作区域后完成起重机布置。其主要子菜单包括："参数定义"和"吊车布置"。参数定义的内容如下：

1）起重机组数。在同一条轨道上运行的各起重机统称为一组起重机，这里可以定义多组起重机。

2）起重机所在层号。程序隐含规定：吊车梁所在的楼层号即为起重机所在的层号，吊车梁的柱必须属于不同的楼层。

3）最大轮压对柱的作用。指起重机在运动中影响该柱的最大压力。

4）最小轮压对柱的作用。指起重机在运动中影响该柱的最小压力。

5）横向水平荷载对柱的作用。指起重机在运动中影响该柱的最大横向水平刹车力。

6）纵向水平荷载对柱的作用。指起重机在运动中影响该柱的最大纵向水平刹车力。

7）左（上）轨道偏离梁中心线的距离。指起重机轨道中心线到吊车梁中心线之间的距离。

8）右（下）轨道偏离梁中心线的距离。指起重机轨道中心线到吊车梁中心线之间的距离。

9）水平刹车力到牛腿顶面的距离。程序认为起重机横向和纵向水平刹车力在同一高度。

点取"吊车布置"菜单后，程序要求用鼠标指定起重机左（上）和右（下）轨道梁的两端点，然后，程序会在屏幕上用红色粗线表示吊车梁，用红色细线表示起重机轨道。

在 SATWE 软件中自动读取建模程序中各标准层起重机布置数据和起重机荷载数据，进行内力分析和荷载组合。

各项荷载输完后，换标准层再按上述顺序输入各项荷载，直至输完各标准层楼面荷载。全楼楼面荷载经过备存可作为以后空间分析时计算荷载的条件。

五、楼层组装

此菜单的用途是将已经输入完毕的各结构标准层与荷载标准层指定秩序搭建为建筑整体模型的过程。

依次选择"复制层数"、"标准层"、"层高"，点击"添加"按钮即完成了标准层的添加。可以操作的按钮有："添加"、"修改"、"插入"、"删除"、"全删"、"查看标准层"等。

组装结果的最后的一列表示：通过建模并已完成后面荷载导算的层号，如果为0，表示是新增加的层号，还没有完成后面的荷载导算。

六、设计参数

设计参数的输入是结构计算的重点，参数的设置关系到计算结构是否准确、合理。需要输入的参数有：

（1）总信息。包括结构体系、结构主材、结构重要性系数（1.1、1.0、0.9）、地下室层数、与基础相连的最大层号、梁钢筋的混凝土保护层厚度、柱钢筋的混凝土保护层厚度、框架梁端弯矩调幅系数等。

（2）材料信息。包括混凝土密度、钢材密度、梁箍筋级别、柱箍筋级别、墙水平分布筋级别、墙竖向分布筋级别、竖向配筋率等。

（3）地震信息。包括设计地震分组（第1组、第2组、第3组）、场地土类别、抗震设防烈度、框架抗震等级、计算振型个数、周期折减系数（0.5~1）等。

（4）风荷载信息。包括修正后的基本风压（kN/m^2）、地面粗糙度类别（A、B、C、D）、体型系数（最高层层号、体型系数）。

七、保存文件

在输入数据的过程中或者完毕需要执行的命令，防止意外事故丢失已输入的数据。

八、退出程序

退出程序时可"存盘退出"和"不存盘退出"。选择"存盘退出"菜单（见图3-9），若只是临时存盘退出程序，则这几个选项可不必执行；若建模完成，准备进行设计计算，则应执行以下功能选项。

（1）生成梁托柱、墙托柱的节点。如模型有梁托上层柱或斜柱，墙托上层柱或斜柱的情况，则应执行此项。

（2）清除无用的网格、节点。

（3）生成遗漏的楼板。遗漏楼板的厚度取自各层信息中定义的楼板厚度。

（4）楼面荷载导算。将楼面恒活荷载导算至周围的梁、墙等构件。

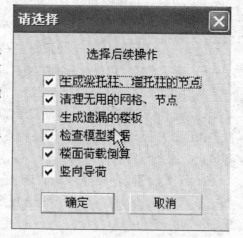

图3-9　存盘退出的后续操作

（5）竖向导荷。完成从上至下的各层恒载、活载（包括结构自重）的导算，生成作用在底层基础上的荷载。

第四节　平面荷载显示校核

执行PMCAD主菜单2"平面荷载显示校核"，主要是检查交互输入和自动导算的荷载是否准确，不会对荷载结果进行修改或重写，也有荷载归档的功能，可进行打印检查，其主界面如图3-10所示。

荷载检查有多种方法，如文本方式和图形方式；按层检查和全楼检查；按横向检查和竖向检查；按荷

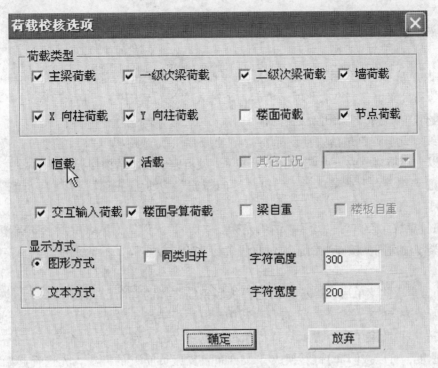

图 3-10　平面荷载校核

载类型和种类检查。通过屏幕右侧的主菜单可以实现。

第五节　画结构平面图

在图 2-1 所示的界面中用鼠标双击"画结构平面图"菜单进入如图 3-11 所示界面。本菜单不仅可以进行现浇楼板的配筋计算，还可以完成平面图的绘制。可操作菜单有："绘新图"、"绘图参数"、"楼板计算"、"楼板钢筋"等。依次点取执行选项，选取任一楼层绘制结构平面图，图样名称为 PM＊.T。

1. 选择楼层

点取"画结构平面图"菜单进入绘图界面后在屏幕上边的工具条菜单栏滚动选取要画的楼层号，点击"确定"则显示出该层的结构平面图。

2. 参数定义

（1）配筋参数。此菜单包含配筋计算参数和钢筋级配表。按表要求一一确定即可。一般选择"边缘墙、梁上的板按简支端计算"、"连续梁上的板按固定端计算"。

（2）绘图参数。包括图幅比例、构件画法、负筋标注位置、钢筋间距符号等。

3. 楼板计算

进入楼板计算后，先点取确定边界条件后，然后点取"自动计算"，则完成该层的楼板配筋计算。程序配筋结果显示的分别是混凝土板跨中 X、Y 方向和板支座端 X、Y 方向的钢筋面积，单位"mm^2"。对于多跨板，可选择"连板计算"，分别用鼠标点取多跨连续板边外的首、尾端，则在连续板之间拉出一条黄线，程序则自动按连续板计算配筋结果，这样布置的好处是多跨板支座处的配筋相同，便于施工。

图 3-11　画结构
平面图界面

4. 重新绘图

此处菜单有"进入绘图"和"重新绘图"。如果此层结构平面图已经画过，则点取"进入绘图"；如果此层结构平面图从未画过，则点取"重新画图"。一般都是点取"重新画图"，则显示此层结构平面图，这时就可以利用"预制楼板"、"楼板钢筋"等菜单对结构平面进行标注。再利用"轴线标注"和"构件标注"等下拉菜单对平面图做进一步的标注。

（1）标注尺寸。此项菜单包括"注柱尺寸"、"注梁尺寸"、"注墙尺寸"、"注板厚"、"注墙洞口"、

"注板洞口"、"次梁定位"、"楼面标高"。

（2）标注字符。此项菜单包括"注柱字符"、"注梁字符"、"注墙字符"、"写图名"等，一一点取确定。

（3）预制楼板。如果楼层采用了预制楼板，则在画结构平面图时，必须执行此项菜单。如果不是预制楼板，则可以不执行此菜单。当点取此项菜单后，则进入"板布置图"、"板标注图"、"预制板边"、"板缝尺寸"。一一执行，则完成本层预制楼板的标注。

（4）标注轴线。此项菜单包括"自动标注"、"交互标注"、"逐根点取"等菜单。读者可根据自己的习惯，分别点取以上三项菜单或只点取其中一项菜单，就可完成该层结构楼板轴线的标注工作。

（5）楼板钢筋菜单。点取此菜单后，弹出"逐间布筋"、"板底正筋"、"支座负筋"、"板底通长"、"支座通长"、"洞口配筋"等菜单。

1）逐间布筋。点取此菜单后，提示"请用光标点取房间"。设计人员可根据不同类型的房间，一一点取，则各种不同类型的房间就被布上钢筋了。此法布筋一般比较零碎，不常采用。对于有楼板错层的房间可采用此法布筋。

2）板底正筋。点取此菜单后，提示"请选择板底钢筋布置的方向（X 向、Y 向）"，点取方向后，只能一间一间地布置所选方向的板底钢筋。此布置法适用于有楼板错层的房间。

3）支座负筋。点取此菜单后，提示"请指示负钢筋所在的支座"。点一个布置一个，这样布置很慢，为了加快布置的速度，可以按【Tab】键转换成"按群布置支座负筋"的方法。先选择起始支座，后选择终止支座，则在始终支座之间拉出一条黄线，这就是这群支座负筋应布的位置，按鼠标左键，则这群支座负钢筋就布在你所指定的位置上了。一一点取不同方向和区域，则整个楼层的支座负筋就被布上了。

4）板底通长。点取此菜单后，提示"点取板底通长筋的起始梁"。点取起始梁后，再提示"点取板底钢筋终止的梁"。点取终止梁或墙后，则在梁或墙始点和终点之间拉出一条黄线，提示"请用光标指定钢筋的位置"，用光标定位后，这条板底通长钢筋就被布上了。一一点取不同方向和区域，则整个楼层的板底通长筋就被布上了。

5）洞口配筋。当各房间内有洞口时，需布置洞口加强筋，可点取此菜单来完成。点取"洞口配筋"后，提示"请指示需标注洞口钢筋的房间"。一旦点取有洞口的房间后，则此房间内的洞口加强钢筋就被布上了。一一点取有洞口的房间，则整个楼层有洞口的房间的洞口加强钢筋就被布上了。

布置完上述各种钢筋后，可用"修改钢筋"、"移动钢筋"、"删除钢筋"等菜单对以上布置的钢筋进行编辑，直到满意为止。最后插入图框，存图退出，则这张所需画的结构平面图就算完成了。重复1）~4）的操作，则可逐层布置完整座楼层的结构平面图。

第六节　生成平面杆系程序计算数据文件（PK 文件）

在图 2-1 所示的界面中用鼠标双击"形成 PK 文件"菜单进入如图 3-12 所示界面。选择 0～3 任一项菜单进入操作界面，可以生成平面上任意一榀框架的数据文件和任意一层上的单跨或连续次梁按连续梁格式计算的数据文件。

点取一次相应的项 1、2 或 3，就生成一个数据文件，多次点取后就生成多个数据文件。在界面底部显示工程数据名称和已经生成的 PK 数据文件。

图 3-12　形成 PK 文件菜单界面

第四章 STS钢结构计算和绘图软件

第一节 STS概述

钢结构软件STS是PKPM结构系列软件的一个功能模块,既能独立运行,又可以与PKPM结构系列软件的其他模块共享。可以完成钢结构的模型输入、优化设计、结构计算、连接节点设计与施工图辅助设计。STS可以建立多高层钢框架、门式刚架等结构的三维模型,对于三维模型的整体分析和构件设计,必须配合SATWE或PMSAP来完成。STS软件操作界面如图4-1所示。

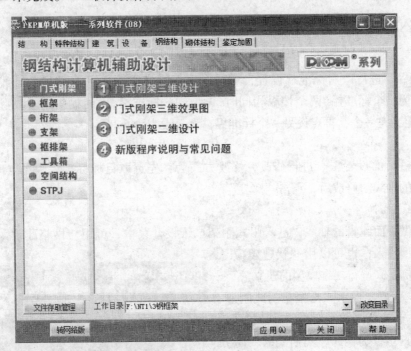

图4-1 STS软件操作界面

STS功能及特点:

(1)STS二维设计程序"PK交互输入与优化计算"用于门式刚架、平面框架、框排架、排架、桁架、支架等结构的设计。

(2)对于门式刚架结构,提供三维设计模块和二维设计模块。STS的门式刚架三维设计,集成了结构三维建模,屋面墙面设计,刚架连接节点设计,施工图自动绘制,三维效果图自动生成功能。二维设计,可以进行单榀刚架的模型输入、截面优化、结构分析和构件设计、节点设计和施工图绘制。

(3)对于多高层的钢框架结构,STS可以接SATWE或PMSAP的空间分析结果来完成钢框架全楼的梁柱连接、主次梁连接、拼接连接、支撑连接、柱脚连接,以及钢梁和混凝土柱或剪力墙的节点的自动设计,绘制施工图。

(4)对于平面框架、桁架(角钢桁架和钢管桁架)、支架,STS可以接力分析结果设计各种形式的连接节点、绘制施工图。

(5)STS的工具箱提供了各类基本构件和便捷节点的计算和绘图工具,使用非常方便。

第二节 门式刚架设计

在图4-1中双击"门式刚架三维设计"菜单进入操作界面,操作菜单如图4-2所示。

一、网格输入

1. 总信息

包括工程名称、厂房跨度、厂房总长度、厂房刚架榀数、檐口高度、屋面坡度、牛腿高度等。

2. 荷载信息

包括屋面恒荷载(kN/m^2)、刚架活荷载(kN/m^2)、檩条活荷载(kN/m^2)、雪荷载(kN/m^2)、积灰荷载(kN/m^2)、风荷载取值规范、地面粗糙度、封闭形式、基本风压(kN/m^2)、风压调整系数。输入的荷载信息程序传递到"立面编辑"中的单榀刚架设计，导荷方式自动按刚架方向单向导荷。

3. 平面网格编辑

包括数据输入、增加、插入、修改、删除等。

二、模型输入

1. 设标准榀

点击"设标准榀"进行厂房标准榀设置，用鼠标选择需定义为新的标准榀的轴线，凡相同的刚架榀设为一个标准榀(两个端榀相同时，设为同一标准榀；中间榀相同时，也设为同一标准榀)，定义完一个，再点设另一个标准榀，直至设完为止。

2. 改标准榀

可以对标准榀进行的设置信息进行修改，修改方式为：先点取目标标准榀，再点取需要加入该标准榀的轴线。修改后，点击"确定"。

3. 立面编辑

用鼠标选择需做立面编辑的轴线，进入门式刚架二维设计菜单，可用"网格建模"，进行平面的横向立面、纵向立面模型输入；也可以用"快速建模"。下面以快速建模为例，来进行二维模型的建立。

点取"快速建模后"，提示"选择是门式刚架、框架还是桁架"，本节选择门式刚架为例进行说明。

（1）总跨数。这里设为两跨，然后一跨一跨分别定义。第一跨形式为双坡，跨度24000mm，双向对称；柱高>500mm；牛腿标高标注时，有牛腿的按照实际标高输入(单位：mm)，无牛腿的输入0；屋面坡度一般为0.1，否则按照实际输入；左坡分段数(变坡和等坡的总段数)一般分三段；坡段长度一般不等分，要求输入分段长度比例，本例输入1:3:1。

（2）夹层信息。当厂房内有夹层时才输入夹层信息，即在带夹层处打"√"。

（3）抗风柱信息。当本标准榀有抗风柱时才在设抗风柱处打"√"。

（4）输入完成一榀刚架的上述参数后，再点取当前榀为2，重复（1）~（3）的工作。若总跨数为3，则重复（1）~（4）的工作，则一个标准榀刚架的网格模型就建立起来了(见图4-3)。然后就执行"布置柱"、"布置梁"、"布置铰接构件"、"输入荷载"、"输入参数"（结构类型参数、总信息参数、地震计算

图 4-2 门式刚架
三维设计菜单

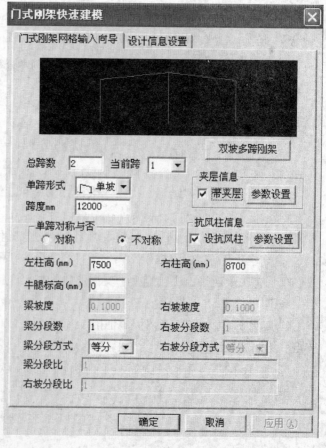

图 4-3 两跨刚架建模示例

参数、荷载分项及组合系数)、"修改支座"、"计算简图"、"截面优化"、"结构计算"、"绘制施工图"等菜单。这里需要提请注意的是，构件截面可以不输入，程序会自动按照有关规范、规程的规定布置，再经过优化，一般所选择的断面都是比较合理的。

4. 立面复制

（1）在轴线处用鼠标选择被复制的原立面。

（2）在轴线处用鼠标选择要复制的目标轴线，点取"仅更新选中立面"，则点一榀复制一榀，当然也可以按【TAB】键，用窗口方式点取更快捷一些，用户可以自由选用。

5. 系杆布置

（1）定义系杆截面。系杆布置是指纵向构件的输入，如柱间和屋面的纵向系杆、柱间支撑和屋面支撑、框架结构的纵向梁构件。系杆的截面类型很多，点取"增加"按钮，有定义截面、标准型钢、H型钢、薄壁型钢、薄壁组合型钢等。

（2）布置系杆。根据自己选定的截面形式，在模型的节点处连线，则这根系杆就布置完成了，依次类推，在需要布置系杆的模型节点处拉连线，则整个厂房的系杆就都布置完成了。

6. 起重机布置

厂房中有起重机时，需进行起重机布置。点取"起重机布置"，在起重机运行所在标高的平面中，用光标捕捉模型的标高，定义起重机运行范围。起重机布置完成后，程序形成横向框架承担的起重机荷载，自动加载到各横向轴线立面。

三、屋面、墙面设计

在图4-2所示界面中点取"屋面墙面"菜单，进入操作界面如图4-4所示。屋面、墙面设计接力PM-CAD三维模型数据后，快速完成屋面、墙面围护结构构件的交互输入，并完成檩条、墙梁等构件的计算和绘图，以及所有围护构件详图绘制，形成整个结构的钢材统计和报价以及整体模型的三维透视和消隐。

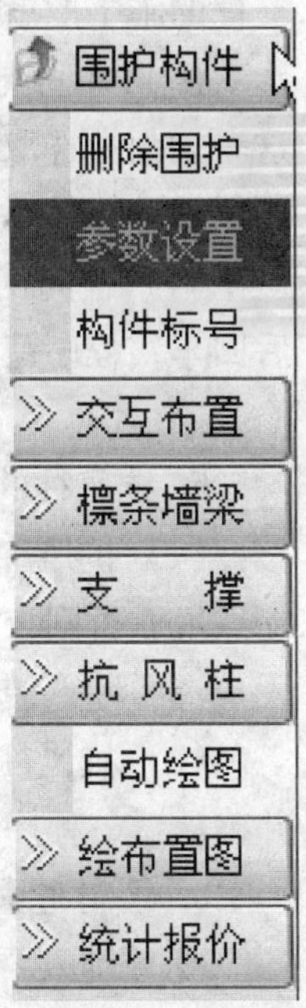

1. 围护构件

（1）删除围护。删除当前工程中已经布置的所有屋面围护信息。

（2）门式刚架绘图参数设置

1）支撑连接参数。包括屋面支撑连接参数、柱间支撑连接参数等。

2）其他信息。包括抬高屋面檩条、设置檩条托座。

（3）构件标号。按需求定义构件的标号前缀，若未执行此菜单，按程序内部缺省命名。

2. 交互布置

（1）屋面构件

1）选择楼层。选择要布置屋面构件的楼层号，程序缺省的是楼层为顶层。单层刚架不用选择楼层。

2）布置支撑。选择矩形房间号，布置屋面支撑。选择设置支撑一侧的梁、定义支撑截面（圆钢或等边角钢），输入支撑的组数和各组支撑的长度，则这一组支撑就布置完成了。然后用复制支撑的办法，将相同的支撑复制到相应的位置上。

3）布置系杆。在屋面墙面中补充布置系杆，定义系杆截面，在图中选中系杆两端点即可。系杆必须是横向或竖向水平杆，端部节点应保证有一个有效节点（模型中已有节点、屋面支撑交叉点）。

4）自动布置。定义相应参数，程序自动完成当前标准层檩条、拉条、隔撑的布置。

5）布置檩条。在"交互"布置中，选择檩条截面参数，设置拉条的道数、拉条直径、撑杆管径等。选择基准线的第一节点、第二节点，标明檩条的布置方向，输入排列间距和数目，回车，则这一面的檩条就布置上去了。按照同一方法再布置另一面的檩条，则这一层屋面的檩条就布置完成了。

6）布置斜拉条。选择斜拉条所连接的第一排檩条和第二排檩条。

图4-4 屋面、墙面设计菜单

7）布置隅撑。选择隅撑的形式、钢材型号、截面类型、螺栓直径、隅撑孔的方式，然后选择檩条，直接布置隅撑。

换层布置其他楼层的构件时，重复1）～5）的工作，则整个屋面构件的布置工作就算完成了。然后点取"全楼归并"后返回。

（2）墙面构件

1）选择网格线确定布墙面构件的立面。用于布置门、窗洞口，布置柱间支撑，布置墙架梁、柱，布置隅撑，布置抗风柱，布置斜拉杆等。

2）点取"全楼归并"，返回，保存退出。

3. 檩条、墙梁、隅撑计算和绘图

（1）选择楼层。直接输入所需要计算和绘图的楼层。

（2）檩条计算。用户在所选楼层平面中点取需要计算的屋面构件或墙面构件中的檩条。

（3）隅撑计算。请用户在所选楼层平面中点取需要计算的屋面构件或墙面构件中的隅撑。

（4）绘图

1）选择"全层檩条"，则绘制全层屋面与墙面檩条的施工图。

2）选择"全层隅撑"，则绘制全层屋面与墙面隅撑的施工图。

3）选择"全层拉条"，则绘制全层拉条的施工图。

4. 支撑计算和绘图

（1）屋面支撑计算。在屋顶平面中，点取需要计算的屋面支撑，输入计算的有关参数，则该榀支撑的计算书就出来了。用户可根据计算结果，调整支撑的断面和尺寸，直到符合计算要求为止。

（2）屋面支撑绘图。在屋顶平面中选择需要绘图的屋面支撑，确定绘制屋面支撑的参数，则一榀屋面支撑的施工图就按要求绘制出来了。

（3）柱间支撑计算。在屋顶的平面图中，点取有柱间支撑的网格线，显示该网格上的墙梁立面。再在这一立面中选取要计算的柱间支撑，输入计算的有关参数，则这一榀柱间支撑的计算书就出来了。用户可以根据计算结果调整支撑的断面尺寸，直至符合计算要求为止。

（4）柱间支撑绘图。在上述计算的柱间支撑的立面中，选取要绘制施工图的柱间支撑，确定绘图参数后回车，程序就自动把这榀柱间支撑的施工详图绘制出来了。用户可以根据具体情况对施工图进行编辑、修改。

5. 抗风柱的计算和绘图

（1）抗风柱计算。在屋顶平面图中点取需计算的抗风柱。这需要在墙面构件布置时，布置了抗风柱才能点上，否则点不上。当点上后输入有关参数并确定后，程序就自动对点上的抗风柱进行计算并出计算书。用户查看计算结果正确与否，若不行，还需要修改调试，直到满意为止。

（2）抗风柱绘图。当以上计算通过后，就可以选择构件绘制施工图了。然后根据提示，输入有关参数并确认后，程序就自动把被点取的抗风柱施工图绘制出来。

6. 绘制布置图

（1）键入要画的层号。若各跨屋顶不在一个层号时才需要选择要画的层号，否则直接回车就显示出整个屋顶平面了。

（2）绘制施工图。输入绘图条件后点取"继续"，则显示出要画的屋顶平面图。

1）屋面构件。选择"屋面构件"菜单并确定，可以选择要显示的构件，如果全选整个屋面构件就自动完整地显示出来了。

2）标注轴线。点取"标注轴线"菜单后，提示"自动标注"、"交互标注"、"逐根点取"。一般点取"自动标注"，所有轴线就自动布上了。回前菜单，点取"标注中文"菜单写图名，就布上了第＊层平面布置图。这样一张完整的屋面构件布置图就画完了，图名为 WQBZ-＊.T。

（3）画墙架。在平面选择轴线确定立面，轴线选定后回车，可以选择要显示的构件，如果全选，这张所点取轴线的墙架立面图就画出来了。

（4）画构件表。点取"画构件表"菜单后，要求输入构件所在施工图号、构件节点连接方式、构件表分段行数、构件表空格行数。确定后回车，可以选择要显示的构件，如果全选，则所有点取的墙架构件表就自动画出来了。

7. 钢材统计和报价

各类构件布置、画完后，就可以做钢材统计和报价了。先显示的是钢材订货表，统计所有布置的刚架柱、梁、檩条、墙梁、支撑、隔撑等的用钢量(毛重)，再插入钢材报价表。退出程序时，这张钢材统计表和报价表就生成了。其图形文件名为 DHB. T。

8. 三维线框透视图

(1) 透视图名。首先要给这张透视图取一个图形文件名，不带后缀，如 TST。如果用户不取名，则程序自动用 PERSP 来代替图形文件名。

(2) 构件选择。在画透视图时，程序要求输入构件选择。因为有的构件用户不希望在透视图上表示，如果都要表示则直接回车。

(3) 绘 3D 图。点取"绘 3D 图"后，程序提示"檩条放在梁上还是檩条顶面与梁顶面平齐"。点取"确定"后，就显示出该厂房的三维线框透视图的样式了。经过改变视向、移动视点调整合适后，再点取"消隐"，消隐完毕后，点取"开始画图"，则这幢建筑的三维线框透视图就自动画出来了。

四、结构计算

1. 形成数据

设置纵向受荷立面所在的轴线号，有柱间支撑的可作为纵向受荷立面，为结构计算准备数据。对于门式刚架结构程序采用三维建模二维计算方法实现模型整体分析。

2. 自动计算

根据荷载传导途径自动确定计算顺序，依次完成所有横向、纵向立面的二维计算。

3. 详细结果

选择立面后，点取"详细结果"，用图形和文本的方式详细输出当前立面的内力分析结果和构件设计结果。

五、刚架绘图

在图 4-2 中，点取"刚架绘图"，则可进行门式刚架节点设计和绘图。

1. 设梁拼接

各榀刚架模型建立完成后，程序自动在梁连接位置设置拼接，在柱的几何位置设置柱类型。此功能包括"删梁拼接"、"设梁拼接"、"设左边柱"等菜单。

2. 绘施工图

(1) 绘图参数设置。此项菜单包括"选择读取已有设计数据方式"(刚架节点设计信息、围护构件设计信息)、"门式刚架施工图比例"、"檩托形式和参数"。注意：此对话框中设置的参数将应用到所有参与绘图的刚架模型中。对单独一榀刚架设计参数修改，在自动绘图结束，选择该榀刚架施工图进行查看，并执行菜单"重新设计"功能完成。

(2) 绘施工图。参数设置后点击"确定"，整个建筑的钢结构施工图图样目录就出来了。用户首先设置出图选择，自己判断哪些图可以不画，就把"√"去掉，最后点取"确定"，程序就自动把在目录表上选中的施工图通通画出来了。

(3) 图样查看。用以上方法，已把整个建筑的钢结构施工图画好，绘制施工图工作就可以结束了。但为了使图样更加完善，少出差错，用户还应该把这些施工图一一再调出来用"移动图块"、"移动标注"、"改图框号"等方法再对图样进行编辑，使图样更加完善。这也是本程序的特点，图样可以一次一次地进行编辑修改，每次编辑修改后都要执行存图操作。

六、门式刚架三维效果图

门式刚架三维效果图模块是在完全自主版权的纯中文三维图形平台 PKPM3D 上开发的，图形平台基本操作步骤简单，易学易用。模块保留了平台关于绘图和编辑的基本特点，以及动画制作、渲染等功能，还结合了门式刚架设计的特点，定制了专业菜单。通过该模块可以生成门式刚架的三维效果图，如图4-5所示。

图4-5　刚架三维效果图示例

1. 软件主要功能

软件可以快速生成逼真的三维效果图，使设计人员可以从三维不同角度感受设计方案效果。

门式刚架三维效果图模块是在 PKPM3D 平台上开发的，菜单全部采用下拉菜单，操作方式完全不同于 STS 软件其他模块，操作简单、灵活、易学。

（1）能真实地用三维实体方式表示刚架主构件（刚架梁、刚架柱等）、围护构件（檩条、支撑、拉条等）。

（2）自动铺设屋面板、墙面板。根据围护构件信息自动计算屋面板、墙面板的铺设区域并铺板。墙面板铺板时可自动考虑洞口，留出洞口位置。

（3）自动形成门、窗洞口以及雨篷。门、窗洞口是根据屋面、墙面中布置的洞口信息，自动取得洞口几何信息并用缺省材质体现洞口真实效果；自动生成门洞顶部的雨篷。

（4）自动形成厂房周围道路、场景设计。可自动在厂房外部设计道路、种植草坪、布置路灯等，形成厂房周围环境，使设计者可感受到厂房建成后的实际效果。

（5）可交互布置天沟和雨水管，并提供相应的编辑功能。

2. 菜单功能及操作

首先应执行"三维模型与刚架设计"，然后执行"屋面、墙面设计及报价"，在前两项均正确设计完成的前提下，就可以执行"门式刚架三维效果图"操作了。

对初次生成效果图的工程，不需要用户进行任何操作即可自动完成效果图初步设计，包括刚架构件、围护构件的显示、屋面墙面板的铺设、门窗洞口表示、周围场景设计等。对于天沟、雨水管可根据需要交互布置，另外，用户可根据需求对效果图进行编辑，如修改屋面板、墙面板材质、洞口材质、天沟信息、雨水管信息等。

对于已经生成过效果图的工程，可以打开已经存在的效果图，也可以重新生成效果图，如果模型发生变化后最好选择重新生成效果图。

程序缺省效果图名为"工程名.gld"，如工程名为 mj，则每次由程序自动生成的效果图名均为 mj.gld，如果文件已经存在，应将其覆盖。如需要保存当前效果图并作为备用方案，可通过"另存工程"修改效果图名称，效果图最好全部放在"当前工程工作路径/渲染"文件夹中，便于进行方案比较。

进入渲染图设计程序后，对"文件"、"绘图"、"编辑"、"视图"、"渲染"菜单下的各项操作可按照命令行提示操作。下面主要介绍"显示控制"、"围护结构"、"规划设计"、"材料统计"四项菜单的操作。

（1）显示控制

1）设置主构件颜色。可以设置或修改刚架主构件、围护构件在效果图中的颜色。

2）显示主构件。仅显示刚架主构件、围护构件，不显示厂房周围场景。

3）全部显示。显示当前工程中所有实体，包括刚架构件、围护构件、道路、地面、草坪、场景等。

（2）围护构件

1）铺设屋面板。可修改屋面板材质。钢板材质缺省路径为"安装路径/材质/彩钢板"。修改材质可以点击图片下的"选择材质图片"按钮，进入钢板材质所在目录，根据需要选择材质；也可以直接用鼠标单击图片实现。用户可以自定材质文件，图片名后缀为 jpg，如果需要选择用户定义的材质文件，需要指定路径。其中，材质路径中的"安装路径"指"STS 安装目录/STS3D"。

2）铺设墙面板。可修改墙面板板材，定义墙板下墙体高度、墙体材质。材质修改同屋面板材质修改。

3）布门。修改当前工程中所有门洞的材质，材质缺省路径"安装路径/材质/门"，用户也可自定义洞口材质。

4）布窗。修改窗洞的材质，材质缺省路径"安装路径/材质/窗"，用户也可自定义洞口材质。

5）布天沟。可以实现交互布置天沟。首先定义天沟参数，程序提供三种天沟类型，分别为外天沟（外部墙面位置）、内天沟 1（双跨交接处）、内天沟 2（一般高低跨处）。参数定义完成后，按命令行提示选择需要布置天沟的屋面板，由程序自动在选定位置布置天沟。天沟的长度根据指定的屋面板尺寸确定。注意：天沟布置的前提是必须已经布置好屋面板。

6）布雨水管。可以交互实现雨水管的布置。定义完雨水管参数后按命令行提示选择天沟布置雨水管。雨水管数量指沿选择的天沟长度方向的数量，雨水管等间距布置。

7）修改门。可选择单个门洞，修改门洞材质或名称。

8）修改窗。可选择单个窗洞，修改窗洞材质或名称。

9）修改天沟。首先选择需要修改的天沟，出现天沟参数定义对话框（参考布天沟）。参数确定后程序自动完成天沟的修改。

10）修改雨水管。可以修改雨水管信息，也可以平移雨水管。首先选择需要修改的雨水管，出现雨水管参数定义对话框。参数确定后程序自动完成雨水管的修改。

11）删除天沟。选择天沟实体，删除已经布置的天沟。删除天沟的同时将自动删除相关联的雨水管。

（3）规划设计

1）种植设计。由用户选择种植树木，确定树木的高、宽和种植方式，然后确定目标地点，自动在指定位置种植。

2）道路生成。首先设置路宽，然后选择道路生成方式，自动生成道路。

3）配景。可以在指定位置插入成组人、花坛、汽车等。配景的选择通过单击图片来选择，缺省路径为"安装路径/配景"。

4）周边环境。可在指定位置插入路灯、汽车、运动场模型。

（4）材料统计。统计整个工程中屋面板、墙面板、门窗洞口、天沟、雨水管等形成材料信息。

（5）渲染图的制作。三维效果图设计完成后，可进行三维真实感渲染。用渲染效果图来体现光影效果和纹理质感，生成一张生动、丰富、真实的效果图。

渲染图的实现通过"渲染"菜单下的"三维渲染图"命令完成。单击"三维渲染图"，出现渲染参数设置对话框，通过调整参数可控制渲染效果，其中主要参数：

1）输出设置

图片尺寸：可以在下拉项中选择或输入。图片尺寸单位为像素，用户通常还要根据分辨率来计算，以"mm"为单位。

计算器：软件为用户提供了一个"计算器"功能，用户可选择或输入要打印的实际尺寸，以"mm"为单位，软件会自动计算出像素值。点击计算器按钮，弹出"尺寸计算"对话框：在"图幅"栏下拉项，选择要输出的图片尺寸，如 A4、A3 等；当选择"自定义"后，需要用户在宽度和高度编辑框中输入图纸实际尺寸。

"精度"：即分辨率，分辨率是用于度量图像内数据量多少的一个参数，软件采用的是 dpi（每英寸点数)单位。dpi 前的数值越大则精度越高，精度的高低将会影响渲染的速度。"反转"可以切换图片的横向、纵向。

2）背景设置。设置渲染图中的背景显示方式。软件自动生成的效果图中设置了背景，应选择"背景图像"，在渲染图中显示背景。

环境设置和渲染方式下参数通常采用缺省值即可。

（6）主要视图按钮功能。程序自动生成的效果图是从一固定角度观看的透视图，用户可能需要通过转换角度、局部显示、放大图形、缩小图形等方式来调整当前图形，这些功能可以通过程序运行后界面右下角的各按钮实现。下面说明其中常用按钮的功能：

所有图形在窗口中以最大充满方式显示。如果需要放大局部，可通过放大（放大一倍）按钮逐步放大实现，也可通过滚动鼠标中轮实现。

用于在三维视图状态下动态交互查看对象。按住鼠标左键拖动，控制三维图形的查看角度。

选择此命令将自动进入实时平移模式。按住鼠标左键并移动手形光标即可平移视图。

分别提供俯视、右视、前视快捷方式查看模型，模型可以为透视模式或轴测线框模式，具体通过按钮转换。

切换到透视状态下显示视图。此按钮为开关按钮，不同状态通过视图左上角处显示文字的"User"或"Perspective"区分（只有在透视视图下且视图左上角显示文字为 Perspective 时才会显示软件设置的背景图像）。

OpenGL 模式切换按钮。可在透视模式和轴测线框模式下切换。

可以实现单窗口和四窗口间的切换。

分别从西南、东南、西北角度查看模型，模型可以为透视模式或轴测线框模式，具体通过按钮转换。

其他按钮用户可通过命令提示进行实际操作，通过视图的变化进一步了解其他功能。

门式刚架的渲染功能，不仅适合门式刚架工程，同样也适合框架结构工程。但要在框架工程的目录下，用门式刚架模块对框架做完屋面及墙面设计后，才能做框架工程的渲染图。读者可以灵活选用，效果也不错。

第三节　钢框架设计

STS 不仅能做钢框架设计，还能做钢与混凝土混合框架设计，也能做全混凝土框架设计，这里只介绍钢框架设计。

一、三维模型与荷载输入

此部分程序与 PMCAD 的"模型和荷载输入"大体相同，详见第三章第三节，用户可以在输入过程中与 PMCAD 部分对照比较。

点击"三维模型与荷载输入"菜单后，程序要求输入工程文件名，这里的工程文件名可以是字符，也可以是中文，还可以是中文与字符混排。为了使工程文件管理方便，建议用户输入工程文件名时，采用字符。

1. 轴线输入

轴线输入可以用"两点直线"、"平行直线"、"辐射线"、"圆环"、"圆弧"等方式输入。对于规则结构，可用"正交轴网"和"圆弧轴网"快捷输入。

2. 网格生成

点取"网格生成"后，则正式形成工程平面的网格线，再用"网点编辑"将多余的节点和网格去掉，这就生成真正的第一标准层网格平面了。

"轴线命名"是在网格生成后为轴线命名的菜单。平面网格的形成是根据建筑平面条件图生成的。轴线的命名也应根据建筑所定轴线号来输入。轴线号的输入可以用光标点取逐根输入，也可以按【Tab】键转换成成批输入。

3. 楼层定义

（1）构件布置。点取"楼层定义"以后，程序要求布置以下构件：

1）柱布置。先定义构件截面，然后点取构件截面，输入构件截面的偏心和转角后，用光标在节点处布置柱子截面。若平面很规则，柱截面很单一，也可以用按【Tab】键转换布置方式，采用"轴线方式"或"窗口方式"布置柱子截面。

2）梁布置。梁的布置方法与柱的布置方法相同。这里参照柱的布置方法布梁，就不再重复叙述了。

3）墙布置。点取"墙布置"菜单后，弹出墙截面列表，先定义墙截面后再点取墙截面，布置墙，布完后退出，这一标准层的墙就布置完了。需要说明的是，以上墙的布置是在结构为剪力墙或框架-剪力墙结构时才输入，若为钢结构的填充墙，则就不输入墙体而把墙体作为线荷载加在钢梁上就行了。

4）斜杆布置。点取"斜杆布置"后，程序提示"用节点布置还是用网格布置"。一般都选择"用节点法布置"，所以就直接回车。按要求定义斜杆截面，用增加方式选定斜杆截面。确定后，用光标点取第一节点，输入第一节点相对本层地面的标高(0表示与地面标高相同,1表示与层高相同)，回车后要求点取第二节点并输入第二节点相对于本层地面的标高，则这一根斜杆就布上去了。同法布置其他斜杆，直至布完为止。

5）本层修改。若在布置柱、梁、墙和斜杆时，布置错了，可以用"本层修改"来删除、替换、修改以上布置的构件。

（2）楼板生成

1）生成楼板。命令自动生成本标准层结构布置后的各房间楼板，板厚默认"本层信息"菜单中设置的板厚值，可通过"修改板厚"进行修改。

2）修改板厚。在一个标准层里，各房间的楼板厚度不相同时，可以用鼠标点取需要修改板厚的房间，输入实际板厚。

3）板洞布置。此项菜单包括"洞口布置"、"全房间洞"等。首先选择需布置洞口的房间，软件提示这个房间有几个洞口，输入个数后回车；提示输入矩形洞左下角或圆孔中心的坐标 X、Y(m)，输入坐标后，再输入矩形孔的宽和高或圆孔的直径(m)，回车，则这个孔就布上了。同法输入这个房间的第二个孔、第三个孔等，但最多只能布置7个孔。

4）全房间洞。有的楼层洞口要占整个房间，这时用全房间洞比较合适。点取"全房间洞"后，提示指定需布洞口的房间，点取房间后回车，则这个房间就都开成洞口了。

5）组合楼盖。此项菜单包括"楼道定义"、"压型钢板布置"等。首先确定组合楼盖类型，然后确定施工阶段的荷载，据此选择、确定压型钢的型号，就可以布置压型钢板了。

6）布悬挑板。在平面外围的梁或墙上均可布置现浇悬挑板，通过定义悬挑板的形状、悬挑板挑出方向(对于完全垂直的网格线，左侧、上方为正；右侧、下方为负)、定位距离、挑板顶部标高(相对楼面的高差)来进行悬挑板的布置。悬挑范围为用户点取的某梁或墙全长，挑出宽度沿该梁或墙为等宽。

7）布预制板。先运行"生成楼板"命令，则可进行布置房间的预制楼板。布置的方式有：自动布板方式、指定布板方式。需要设置的参数有：楼板的宽度、板缝宽度、布板的方向。通过"删预制板"删除指定房间内布置的预制板，并以之前的现浇板代替。

（3）本层修改。对已布置好的构件做删除或替换的构件，可采用光标点取、沿轴线选取、窗口选取和任意多边形选取等方式进行删除。替换是把平面上某一类型截面的构件用另一类截面替换。

（4）本层信息。每个标准层均需要输入本层信息。包括：板厚(mm)、板混凝土强度等级、板混凝土保护层厚度(mm)、柱混凝土强度等级、梁混凝土强度等级、剪力墙混凝土强度等级、梁柱钢筋类别、本标准层层高(mm)。上述信息在计算的过程中可以修改。注意：板厚不仅可用于计算板配筋，还计算自重。

（5）换标准层。完成一个标准层的所有平面布置信息后，其他标准层若与本标准层相同或局部相同，可以进行"换标准层"操作，在弹出界面上选择层复制方式(全部复制、局部复制、只复制网格)。新标准层应在旧标准层基础上输入，保证上下节点网格的对应。

（6）层编辑。可以进行"删除标准层"、"插标准层"、"层间编辑"、"层间复制"等操作。

4. 荷载输入

（1）恒活设置。首先要求定义适合各楼面的恒荷载、活荷载，用"添加"、"删除"、"插入"等方式定义，最后确定备用。

（2）楼面荷载。该功能用于根据生成的房间信息进行楼面各房间不同的恒活荷载的局部显示和修改。使用前，必须用"生成楼板"命令形成过一次房间和楼板信息。

（3）各构件荷载输入。通过"添加"、"删除"、"修改"、"布置"、"退出"按钮进行荷载标准值布置。

1）梁间荷载输入。首先定义梁间恒荷载、活荷载，在梁上输入非楼面传来的梁上恒载和活载。

2）柱间荷载输入。进入此项菜单后可以输入作用在平面上 X 方向和 Y 方向的柱间恒荷载和活荷载。

3）墙间荷载输入。在墙上输入作用在墙间的特殊恒荷载、活荷载。

4）节点荷载输入。

5）次梁荷载输入。操作与梁间荷载类同，次梁上的荷载类型有次梁恒荷载和活荷载。

6）导荷方式。包括梯形三角形方式、对边传导方式、沿周边布置方式。选择设定导荷方式的房间，从三种导荷方式中选择一种，指定受力边，一间一间地布置。也可用相同复制布置。

7）起重机荷载。输入起重机资料、多台起重机组合时的起重机荷载折减系数、起重机工作区域参数、起重机工作区域后完成起重机布置。

各项荷载输完后，换标准层再按上述顺序输入各项荷载，直至输完各标准层楼面荷载。全楼楼面荷载经过备存可作为以后空间分析时计算荷载的条件。按照提示，生成各层荷载传到基础的数据。

5. 楼层组装

依次选择"复制层数"、"结构标准层号"、"自然层的层高"后，选择"添加"，则形成第一自然层的信息，同法形成以后各自然层的信息，最后确定，则完成整幢楼的楼层组装。

6. 设计参数

（1）总信息。包括结构体系、结构材料、结构重要性参数、地下室层数、与基础相连的最大楼层号。

（2）材料信息。包括钢构件材料、钢材密度、净截面系数等。

（3）地震信息。包括地震烈度、场地类别、计算振型个数、周期折减系数等。

（4）风荷载信息。包括修正后的基本风压、地面粗糙度、体形系数等。

（5）绘图参数。包括图样规格、画图比例、轴线标注位置等。

7. 保存退出

点击"保存退出"后，整个结构的三维模型就建立起来了。

二、画结构平面图与钢材统计

（1）画结构平面图。画结构平面图的方法、步骤与 PMCAD 相同，用户在画结构平面图时，请参见 PMCAD 该部分。

（2）画钢材统计表。点取"钢材统计和报价"。输入钢材订货表分段行和钢材订货表空行，点取"OK"，则这张钢材订货表就自动生成了。再点取"钢材报价表"，确认后，会自动生成钢材报价表，最后退出。

三、结构三维空间分析计算

此项工作可用 SATWE 或 PMSAP 模块完成。可在此工作目录下，点取"结构"菜单，按 SATWE 或 PMSAP 操作方式完成结构计算。若为钢框架结构，则用 SATWE 或 PMSAP 计算均可；若为轻钢、薄钢框架结构，则用 PMSAP 计算为好。

四、全楼节点连接设计

在三维分析计算完成并都满足要求的情况下，点取"全楼节点连接设计"，显示菜单如图 4-6 所示。

1. 设计参数定义

（1）抗震调整系数。包括柱（0.75）、梁（0.75）、支撑（0.8）、节点板件（0.85）、连接锚栓（0.85）、连接焊缝（0.9）等，内定数值均应根据不同的抗震等级进行调整修改。

（2）连接设计参数

1）总设计方法。包括焊缝类型、焊缝连接强度折减系数、柱底标高等。

2）连接设计信息。包括高强度螺栓型号、连接面处理方法、普通螺栓和焊缝级别等。

3）梁柱连接参数。包括连接参数、连接形式等。

4）梁拼接连接。包括拼接位置、拼接梁最小跨度、拼接连接方式等。

5）柱拼接连接。包括拼接位置、拼接连接的方法等。

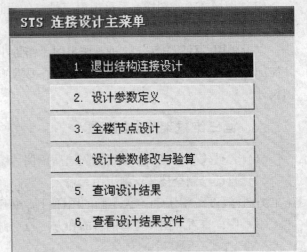

图4-6 全楼节点连接设计菜单

6）加劲肋参数。包括水平加劲肋的类型、垂直加劲肋的类型、连接方法等。

7）柱脚参数。包括柱脚锚栓、连接方式、连接尺寸等。

8）支撑参数。包括连接方法、连接尺寸等。

9）节点域加强板参数。包括补强方法、补强尺寸等。

10）门式刚架连接参数。包括高强度螺栓直径、构造、尺寸、计算方法、端板设置等。

2. 梁、柱节点连接形式

（1）箱形柱与工字形梁连接（箱形柱与工字梁铰接连接类型、箱形柱与工字梁固接连接类型）。

（2）钢管柱与工字形梁固接（钢管柱与梁铰接连接、钢管柱与梁固接连接）。

（3）工字形（含十字形）柱与工字形梁固接（工字形柱强轴固接类型、工字形柱弱轴固接类型）。

（4）工字形（含十字形）柱与工字形梁铰接（工字形柱强轴铰接类型、工字形柱弱轴铰接类型）。

3. 柱脚节点形式

（1）箱形柱脚连接形式（铰接类型和固接类型）。

（2）工字形柱脚连接形式（铰接类型和固接类型）。

（3）钢管柱脚连接形式（铰接类型和固接类型）。

（4）十字形柱脚连接形式（铰接类型和固接类型）。

4. 梁与梁的连接形式

（1）连续梁连接类型（连续梁腹板伸进主梁内、连续梁腹板不伸进主梁内）。

（2）简支梁连接类型（主梁连接加劲板不伸至主梁下翼缘、主梁连接加劲板伸至主梁下翼缘）。

5. 全楼节点设计

设计参数定义完成并确定后，点取"全楼节点设计"菜单，程序自动对全楼节点进行设计。完成节点设计后，点取"设计参数修改与验算"，用户可对设计参数进行修改，查询设计结果。退出结构连接设计后，就可进入框架设计施工图了。

五、画三维框架设计图

三维框架设计图是针对设计图阶段的出图需要，能够自动完成全套设计图的绘制，包括：图样目录、设计总说明、柱脚锚栓布置图、各层构件平面布置图、纵横立面图、节点详图、构件详图、焊接大样图、钢材统计表等。

（1）参数输入与修改。包括输入绘图比例、图样号、柱底标高。

（2）自动绘制设计图。点取"自动绘制设计图"，程序就自动绘制出全楼框架的设计图，并列出图样目录，用户可根据需要点去不画的图样号，确定后，程序再把设计图重新排一遍。

（3）图样查看。图样查看是把程序排好的设计图一张一张地调出来进行修改、编辑，直到最后一张，整个工程的框架设计图就完成了。再经统一编号、修改图名、编写日期，就可以出图、校对、审核了。

以上是用设计图画法，这种画法出图工作量小，但到施工时，单位还需拆图，画出构件加工图，工厂才能加工制造。如果甲方同设计单位有约，要求施工图一次到位，则设计单位就可用以下方法来完成施工图设计。

六、画三维框架节点施工图

（1）参数输入与修改。包括输入绘图比例、图样规格、柱底标高。

（2）自动绘制全楼节点施工图。输入参数并确定后，程序就自动绘制出全楼节点施工图，并排出结构施工图图样目录，用户可点去不画的图样目录并确定后，程序再次排出施工图样目录。

（3）图样查看。图样查看的目的和方法与"画三维框架设计图"相同，这里不再赘述。

七、画三维框架构件施工图

（1）参数输入与修改。包括输入绘图比例、图样规格、柱底标高。

（2）自动绘制全楼构件详图。输入绘图参数并确定后，程序就自动绘制全楼构件详图。如果用户不想画全楼节点和构件详图，只画部分节点和构件，则可用以下方法来完成。

1）选择画柱构件详图。点取此菜单后，显示出第一结构标准层的构件平面图，可以用"选择柱画法"、"全层柱画法"、"全楼柱画法"，一般点取"全楼柱画法"。点取并确定后，被选中的柱子在平面中用粉红色显示出来。

2）画柱施工图。点取此菜单后，程序将上面选中的柱子一张张地画出来。用户可以对每一张图样进行"移动图块"、"移动标注"、"改图框号"等进行编辑，最后返回前菜单。

3）选择画梁构件详图。与柱的画法相同。点取此菜单后，显示出第一结构标准层的构件平面图。

4）选择画支撑构件详图。与柱的画法相同，点取"全楼支撑"，可画出支撑施工详图。

5）画焊接大样图。点取此菜单后，程序自动画出焊接大样图。在梁柱构件详图中，只标注了焊接大样号，另附有焊接大样图。在构件详图中需注明焊接大样参见的相关图样名称，加工单位就能对构件进行备料、放样、制作了。

（3）画平面布置图

1）柱脚平面。点取此菜单，程序自动画出柱脚平面布置图。通常用户要对图样进行编辑，可以点击"回前菜单"，再一层一层地画出结构平面布置图。

2）画结构平面布置图。此类图包括的内容有：梁、柱构件布置图、节点编号图。点取"画结构平面布置图"后，显示出第一结构标准层构件布置平面图。再点击"标注字符"，显示出构件编号和节点编号的菜单，因在平面图中已有梁、柱的构件编号，而没有节点编号，所以这里只需点取"节点编号"菜单，节点的编号就注上去了。对图样进行编辑后，再画下一张，直至最后一个结构标准层，则全楼的结构平面布置图就画完了。

（4）画立面布置图。因为支撑布置在平面中显示不出来，只有在立面布置图中才能显示出来。因此，在布置支撑构件后才画立面布置图，一般没有支撑杆件的立面图可以不画。

（5）画全楼构件表。当需要时，点此菜单，画出全楼构件表。

（6）图样查看与编辑。

经过（1）~（5）的工作后，三维框架构件施工图就全部画完了。点此菜单，显示出三维框架构件施工图的图样目录，点去不画的图样目录，程序再度生成一次目录留下的构件施工图。再用"图样查看"菜单，可将所有图样再度进行编辑，确定，整个工程的三维框架构件施工图就全部完成了。

STS软件还有桁架设计、支架设计、框排架设计、工具箱等模块，使用功能也很方便，由于篇幅有限，这里就不再一一赘述。用户在需要时可点取这项菜单，根据屏幕上的程序提示，一步一步地也可完成这些功能设计。

第五章　SATWE 高层建筑结构空间有限元分析软件

SATWE 软件是为多、高层建筑结构分析与设计的空间组合结构有限元分析软件，对剪力墙和楼板进行有限元模拟，采用空间单元模拟梁、柱及支撑等杆件，用在壳元基础上凝聚而成的墙元模拟剪力墙。SATWE 前接 PMCAD 程序，完成建筑物建模；以 PK、JLQ、JCCAD、BOX 为后续程序，完成内力分析和配筋计算、绘制施工图。

SATWE 软件分为多层版本（SAT-8）和高层版本（SATWE）。SAT-8 适用于 8 层及 8 层以下结构设计；SATWE 适用于 300 层以下的结构设计。本章以 SATWE 为例介绍软件的使用。

第一节　SATWE 软件的特点

1. SATWE 软件的应用范围

（1）结构层数（高层版）≤300 层。

（2）每层梁数≤8000。

（3）每层柱数≤5000。

（4）每层墙数≤3000。

（5）每层支撑数≤2000。

（6）每层塔数（或刚性楼板块数）≤10。

（7）结构总自由度数不限。

2. SATWE 软件多层版本与高层版本的区别

SATWE 软件有多层和高层两种版本，二者的区别如下：

（1）使用多层版本结构计算，限制建筑物的层数在 8 层以下（包括 8 层）。

（2）多层版本软件没有考虑楼板弹性变形功能。

（3）多层版本软件没有动力时程分析和起重机荷载分析功能。

（4）多层版本软件没有与高精度平面有限元框支剪力墙计算及配筋软件 FEQ 的数据接口。

3. SATWE 软件运行环境

（1）硬件环境。奔腾Ⅲ或更高配置的计算机、内存不小于 128MB、硬盘空间不小于 3GB、键盘和鼠标、打印机、绘图仪、USB 加密锁。

（2）软件环境。在 Windows 98/2000/XP 等操作系统上均能运行。

4. SATWE 软件的具体操作步骤

在图 2-1 所示的界面中用鼠标单击"SATWE"菜单进入如图 5-1 所示界面。

SATWE 软件的具体操作步骤如下：

（1）接 PM 生成 SATWE 数据。

（2）结构内力、配筋计算。

（3）PM 次梁内力与配筋计算。

（4）分析结果图形和文本显示。

（5）结构的弹性动力时程分析。

（6）框支剪力墙有限元分析。

（7）弹塑性静力分析 PUSH。

（8）复杂空间结构建模及分析。

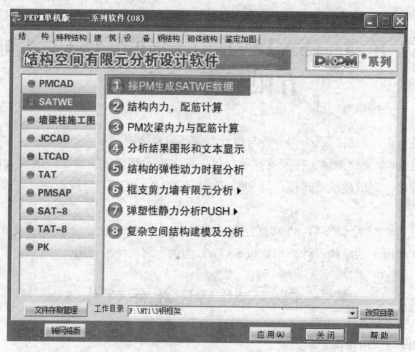

图 5-1　SATWE 软件界面

第二节　接 PM 生成 SATWE 数据

用户选中 SATWE 软件以后，双击"接 PM 生成 SATWE 数据"菜单，系统将出现如图 5-2 所示界面。可以选择的菜单有："补充输入及 SATWE 数据生成"和"图形检查"。

一、补充输入及 SATWE 数据生成

1. 分析与设计参数补充定义（必须执行）

用户可以根据工程实际输入各项参数。点取"分析与设计参数补充定义"，可输入的各项参数有：

（1）总信息。单击"总信息"按钮，进入总信息的输入对话框，如图 5-3 所示。

1）水平力与整体坐标夹角（度）。该参数为地震力、风力作用方向与结构整体坐标的夹角，逆时针为正。

2）混凝土重度。按照《建筑结构荷载规范》规定取 24～25kN/m³。

3）钢材重度。按照《建筑结构荷载规范》规定取 78.5kN/m³。

4）裙房层数。可定义裙房层数。根据实际情况，有几层就输入几层，没有为 0。

5）转换层所在层号。如果设有转换层，必须在此指明其层号，以便进行正确的内力调整。

6）地下室层数。它是指与上部结构同时进行内力分析的地下室部分，根据实际情况，有几层就输入几层，没有就输入 0。

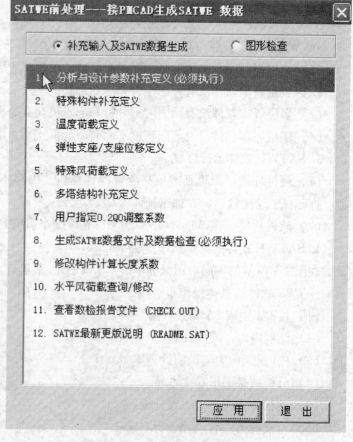

图 5-2　接 PMCAD 生成 SATWE 数据

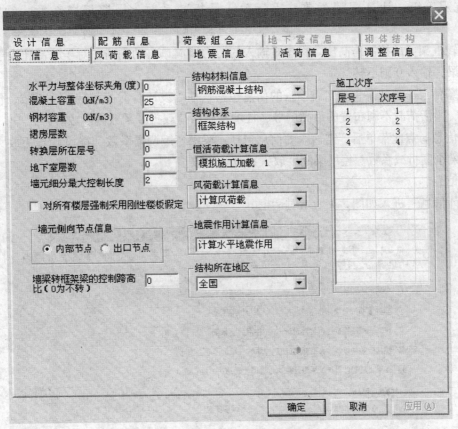

图 5-3 总信息参数输入界面

7）墙元细分最大控制长度（m）。这是在墙元细分时需要的一个参数。对于尺寸较大的剪力墙，$1.0m \leqslant D_{max} \leqslant 5.0m$；对于一般工程 $D_{max} = 2.0m$；对于框支剪力墙，D_{max} 可取得略小些，如 $D_{max} = 1.5m$ 或 $1.0m$。

8）是否对所有楼层强制采用刚性楼板的假定。计算结构位移比时，需要选择此项，其他情况，不选择此项。

9）墙元侧向节点信息。可以选择内部节点或者出口节点。在为配筋而进行的工程计算中，对于多层结构可以选择"出口节点"计算；对于高层结构，剪力墙较多，可以选择"内部节点"计算。

10）结构材料信息。包括钢筋混凝土结构、钢与混凝土混和结构、钢结构、砌体结构。

11）结构体系。分为框架结构、框架-剪力墙结构、剪力墙结构、复杂高层结构、板柱剪力墙结构等体系。

12）恒活荷载计算信息。这是竖向力计算控制参数，可以选择的参数如下：

不计算竖向荷载：不计算竖向力。

一次性加载：按照一次加荷方式计算竖向力。

模拟施工加载 1。按模拟施工加荷方式 1 计算竖向力，采用整体刚度分层加载模型。

模拟施工加载 2。按模拟施工加荷方式 2 计算竖向力，同时在分析过程中将竖向构件（柱、墙）的轴向刚度放大 10 倍，以削弱竖向荷载按刚度的重分配，这样做将使得柱和墙上分得轴力比较均匀，接近手算结果，传给基础的荷载更为合理。

模拟施工加载 3。按模拟施工加荷方式 3 计算竖向力，采用分层刚度分层加载模型。

13）模拟施工次序信息。程序隐含指定每一个自然层是一次施工（逐层施工），用户可指定连续若干层为一次施工（多层施工）。

14）风荷载计算信息。分为不计算风荷载、计算风荷载。若要计算风荷载则输入地面粗糙度、体型系数、基本风压（kN/m^2）。

15）地震作用计算信息。分为不计算地震力、计算水平地震力、计算水平和竖向地震力。若要计算地震力，则需输入结构规则性信息、设计地震分组、抗震设防烈度、场地类别、框架抗震等级、剪力墙抗震等级、计算振型个数、活荷载质量折减系数、周期折减系数、结构的阻尼比等系数。

16）墙梁转框架梁的控制跨高比。程序对输入的剪力墙洞口自动判断，对于跨高比大于该值的墙梁自动转换为框架梁，输入 0 则不转。

（2）活荷载信息。点此菜单后，需输入的信息包括：柱墙设计时活荷载是否要折减、传给基础的活荷载是否要折减、梁活荷载不利布置的最高层号、柱墙基础活荷载折减系数等参数。

（3）调整信息。点此菜单后，需输入的信息包括：梁端弯矩调幅系数、梁设计弯矩放大系数、梁扭矩折减系数、连梁刚度折减系数、楼层梁刚度放大系数等参数。

（4）设计信息

单击"设计信息"进入如图 5-4 所示对话框。

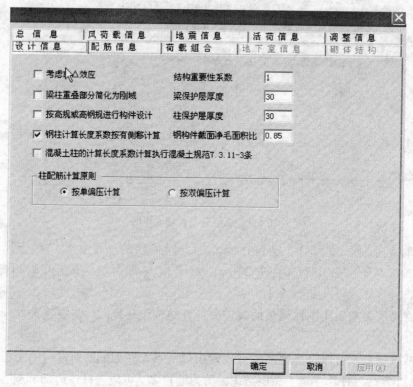

图 5-4　设计信息参数输入界面

1）结构重要性系数。规范规定：对安全等级为一级或设计使用年限为 100 年及以上的结构构件，不应小于 1.1；对安全等级为二级或设计使用年限为 50 年的结构构件，不应小于 1.0；对安全等级为三级或设计使用年限为 5 年及以下的结构构件，不应小于 0.9。

2）梁、柱保护层厚度。按照《混凝土结构设计规范》规定选取钢筋保护层厚度。注意：这里指的钢筋保护层厚度是主筋中心至混凝土表面的距离。

3）柱配筋计算原则。可以选择按单偏压计算柱配筋或按双偏压计算柱配筋。

4）考虑 P-Δ 效应。点取此项，程序可自动考虑重力二阶效应。

5）梁柱重叠部分简化为刚域。点取此项，程序将梁、柱重叠部分作为刚域计算，否则将梁、柱重叠部分作为梁的一部分计算。

6）按《高层建筑混凝土结构技术规程》或《高层民用建筑钢结构技术规程》进行构件设计。点取此项，程序按《高层建筑混凝土结构技术规程》进行荷载组合计算，按《高层民用建筑钢结构技术规程》进行构件设计计算；否则按照多层结构进行荷载组合计算。

7）钢柱计算长度系数按有侧移计算。

8）混凝土柱的计算长度系数计算，执行《混凝土结构设计规范》7.3.11-3 条。

（5）配筋信息

1）主筋强度。包括梁主筋强度、柱主筋强度、墙主筋强度。

2）箍筋强度。包括梁箍筋强度、柱箍筋强度、墙分布筋强度、边缘构件箍筋强度、梁箍筋间距、柱箍筋间距、墙水平分布筋间距、墙竖向分布筋配筋率。

（6）荷载组合。结构计算中所用到的荷载分项系数参考《建筑结构荷载规范》选取。

1）恒荷载分项系数 1.2 或 1.35。一般取 1.2。

2）活荷载分项系数 1.4。

3）活荷载组合值系数 0.7。

4）活荷重力代表值系数 0.5。

5）温度荷载分项系数 1.4。

6）起重机荷载分项系数 1.4。

7）风荷载分项系数 1.4。

8）风荷载组合值系数 0.6。

9）水平地震作用分项系数 1.3。

10）竖向地震作用分项系数 0.5。

11）特殊风荷载分项系数 1.4。

12）采用自定义组合及工况。

（7）地下室信息

1）回填土对地下室约束相对刚度比。该参数的含义是基础回填土对结构约束作用的刚度与地下室抗侧移刚度的比值。若取为 0，则认为基础回填土对结构没有约束作用；若填一负数 m（$m \leqslant$ 地下室层数 M），则认为有 m 层地下室无水平位移。

2）外墙分布筋保护层厚度(mm)。用于计算地下室围墙平面外配筋。

3）地下室外墙侧土水压力参数。包括：回填土重度、室外地坪标高、回填土侧压力系数 0.5、地下水位标高(有地下水按实际填，没有地下水填-20)、室外地面附加荷载。

（8）地震信息。参照《建筑抗震设计规范》中各种地震信息要求进行选取。地震信息参数输入界面如图 5-5 所示。

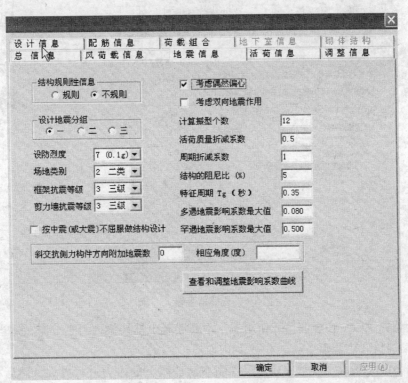

图 5-5 地震信息参数输入界面

1）结构规则性信息。

2）设计地震分组。依据《建筑抗震设计规范》指定设计地震分组。

3）设防烈度。按地勘报告选取。

4）场地类别。按地勘报告选取。

5）框架、剪力墙抗震等级。依据《建筑抗震设计规范》指定选取。

6）考虑偶然偏心、考虑双向地震作用。依据《建筑抗震设计规范》和《高层建筑混凝土结构技术规程》说明选取。

7）计算振型个数。此处指定的振型数不能超过结构固有振型的总数。

8）活荷载质量折减系数。

9）周期折减系数。依据《高层建筑混凝土结构技术规程》指定选取。

10）结构的阻尼比(%)。混凝土结构取5，钢结构取3。

11）特征周期、多遇或罕遇地震影响系数最大值。

（9）砌体结构

1）砌块类别。程序可计算的砌块类别有烧结砖、蒸压砖、混凝土砌块三种。

2）砌块重度。用来计算砌块墙自重的参数，一般取 $22kN/m^3$。

3）底部框架层数。对于底框上砖房或砌体结构，此参数大于零(即为底框层数)。

4）底框结构空间分析方法。包括接 PM 主菜单 8 的算法、有限元整体算法。

接 PM 主菜单 8 的规范算法：接 PM 传递的上部结构的恒活荷载与地震作用，然后仅对底框部分进行空间分析。

有限元整体算法：按空间组合结构有限元计算方法，对整个结构进行空间分析。

5）配筋砌块砌体结构标志。当建筑物为配筋砌块砌体结构时，点取此项。

（10）调整信息。单击"调整信息"按钮，进入调整信息的输入对话框，如图5-6所示。

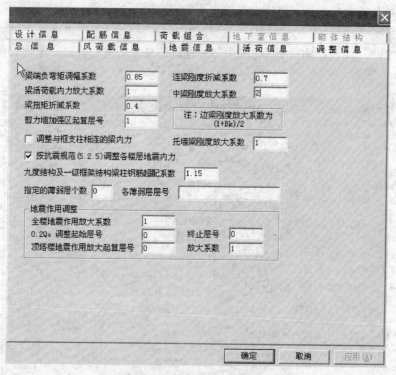

图 5-6 调整信息输入界面

1）梁端负弯矩调幅系数。在竖向荷载作用下，钢筋混凝土框架梁内力重分布，适当减小支座负弯矩，增大跨中正弯矩，梁端负弯矩调幅系数 0.8~1.0 内取值。

2）梁活荷载内力放大系数。该系数只对梁在满布活荷载下的内力进行放大，然后与其他荷载工况进行组合。一般工程建议取值 1.1~1.2；如果考虑活荷载不利布置，则应填 1。

3）梁扭矩折减系数。对于现浇楼板，采用刚性楼板假定时，折减系数在 0.4~1.0 内取值；若考虑楼板弹性变形，梁的扭矩不折减。

4）连梁刚度折减系数。避免连梁开裂过大，此系数不宜小于 0.55。

5）中梁刚度增大系数。此系数考虑楼板对梁刚度的增加，可在 1.0～2.0 内取值。

6）剪力墙加强区起算层号。程序缺省将地下室作为剪力墙底部加强区，实际工程，按照《建筑抗震设计规范》和《高层建筑混凝土结构技术规程》要求取值。

7）调整与框支柱相连的梁内力。此项目前暂不起作用。

8）托墙梁刚度放大系数。工程中常出现"转换大梁上面托剪力墙"情况，刚度放大系数一般取 100 左右。

9）指定的薄弱层个数与相应的各薄弱层层号。参照《建筑抗震设计规范》选取，输入各层号以逗号或空格隔开。

10）$0.2Q_0$ 调整起始层号和终止层号。只对框剪结构中的框架梁和柱起作用，若不调整，这两个数均为 0。

11）顶塔楼地震作用放大层号及放大系数。此系数只放大顶塔楼地震内力，不改变位移。若不调整，均填为 0。

2. 特殊构件补充定义

本项菜单提供了特殊梁、柱、特殊支撑构件、弹性板、起重机荷载等的补充定义功能，操作菜单如图 5-7 所示。

（1）换标准层。按【Esc】键返回到前一级子菜单。

（2）特殊梁。点此菜单后弹出"不调幅梁"、"连梁"、"转换梁"、"一端铰接"、"两端铰接"、"滑动支座"、"门式钢梁"、"耗能梁"、"组合梁"、"抗震等级"、"材料强度"、"刚度系数"、"扭矩折减"、"调幅系数"等菜单。根据工程具体情况，一一点取输入，则完成本层特殊梁的定义。

（3）特殊柱。点此菜单后弹出"上端铰接"、"下端铰接"、"两端铰接"、"角柱"、"框支柱"、"门式刚架柱"等菜单，根据工程具体情况，一一点取输入，则完成本层特殊柱的定义。

（4）特殊支撑。支撑即按斜杆输入的构件。点取"特殊支撑"菜单后，弹出"铰接支撑"、"人/V 支撑"、"十/斜支撑"、"全层固接"、"全楼固接"等菜单，其中混凝土支撑缺省为两端固接，钢支撑缺省为两端铰接。根据工程情况，一一点取输入，则完成本层特殊支撑的定义。

（5）特殊墙。包括"临空墙"、"抗震等级、材料强度"、"配筋率"菜单。

（6）弹性（楼）板。弹性楼板以房间为单元定义，点此菜单后弹出"弹性楼板 6"、"弹性楼板 3"、"弹性膜"三项菜单。

1）弹性楼板 6。程序真实地计算楼板平面内刚度、外刚度。

2）弹性楼板 3。假定楼板平面内无限刚，程序仅真实地计算平面外刚度。

3）弹性膜。程序真实地计算楼板平面内刚度，不考虑平面外刚度（取为零）。

（7）拷贝前层。

（8）本层删除/全楼删除。被删除的信息包括：特殊梁（不包括组合梁）、特殊柱、特殊支撑、弹性板、临空墙。

（9）刚性板号。

（10）文字显示/颜色说明。

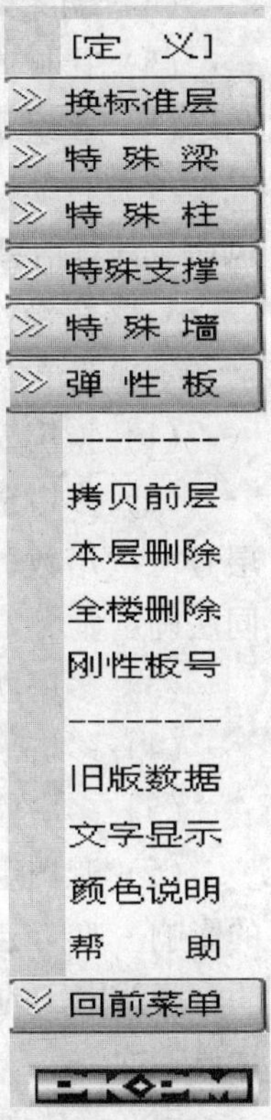

3. 温度荷载定义

（1）指定自然层号。除第 0 层外，各层平面均为楼面。第 0 层对应首层地面。

（2）指定温差。输入结构某部位的当前温度值与该部位处于自然状态（无温度应力）时的温度值的差值。升温为正，降温为负。

（3）捕捉节点。

（4）删除节点。

（5）拷贝前层。点取此项菜单可将其他层的温度荷载复制过来，然后在此基础上进行修改。

[定 义]
≫ 换标准层
≫ 特 殊 梁
≫ 特 殊 柱
≫ 特殊支撑
≫ 特 殊 墙
≫ 弹 性 板
————
拷贝前层
本层删除
全楼删除
刚性板号
————
旧版数据
文字显示
颜色说明
帮 助
≫ 回前菜单

PK·PM

图 5-7 特殊构件
补充定义菜单

（6）全楼同温。

（7）温荷全删。点取此项菜单可以将所有楼层的温度荷载全部删除。

4. 弹性支座/支座位移定义

（1）指定自然层号。除第0层外，各层平面均为楼面。第0层对应首层地面。

（2）指定支座刚度或位移。

（3）捕捉节点。

（4）删除节点。

（5）查询节点。

（6）拷贝前层。

（7）全部删除。

5. 特殊风荷载定义

一般用在大跨空旷结构、轻型坡屋面结构等。

（1）选择组号。

（2）指定自然层号。

（3）定义梁或节点。

（4）删除梁或节点。

（5）拷贝前层。

（6）本组删除、全部删除。

（7）自动计算的特殊风荷载和自定义的荷载组合。在此生成的特殊风荷载是针对全楼的，总信息中的风荷载计算信息需要选择"不计算风荷载"。

6. 多塔结构补充定义

本项菜单提供了多塔结构的定义、平面布置、立面布置。

（1）换层显示。

（2）多塔定义。多塔是指在一个底盘上有多幢建筑的工程。点此菜单后提示"输入起始层号"、"终止层号"、"塔数"。提示"请输入1塔范围"，用户以闭合折线围区输入塔的范围后，确定后显示1塔范围，同法确定显示2塔。

（3）多塔立面。多塔定义后，才能显示多塔的立面和塔号。

（4）多塔平面。多塔定义以后，才能显示多塔的平面和塔号。

（5）多塔检查。

（6）遮挡定义。通过这项菜单，可指定设缝多塔结构的背风面，从而在风荷载计算中自动考虑背风面的影响。遮挡定义方式与多塔定义方式基本相同，需要首先指定起始和终止层号以及遮挡面总数，然后用闭合折线围区的方法依次指定各遮挡面的范围，每个塔可以同时有几个遮挡面，但是一个节点只能属于一个遮挡面。

定义遮挡面时不需要分方向指定，只需要将该塔所有的遮挡边界以围区方式指定即可，也可以两个塔同时指定遮挡边界。

7. 用户指定 $0.2Q_0$ 调整系数

8. 生成 SATWE 数据文件及数据检查

双击本菜单后程序将自动进行 SATWE 数据转换。生成的文件有：LOAD. SAT、STRU. SAT、WIND. SAT。

9. 修改构件计算长度系数

10. 水平风荷载查询/修改

若用户需要保留在本菜单中修改的风荷载数据，以后每次执行"生成 SATWE 数据文件及数据检查"时，都应在"保留先前定义的水平风荷载"前打勾。

11. 查看数检报告文件

运行"数据检查"后软件生成数检报告文件如下：

（1）编辑修改几何数据文件 STRU. SAT。

（2）编辑修改竖向荷载数据文件 LOAD. SAT。

（3）编辑修改风荷载数据文件 WIND. SAT。

（4）查看数检报告文件。

二、图形检查与修改

在图 5-2 "接 PM 生成 SATWE 数据" 菜单界面选中 "图形检查"，弹出如图 5-8 所示界面。

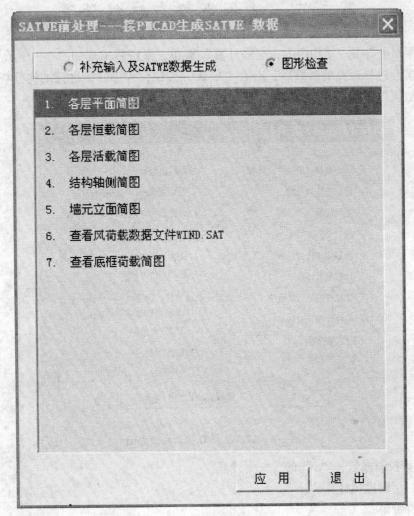

图 5-8　图形检查界面

图形检查内容如下：

1. 各层平面简图

用于检查结构各层的平面布置、构件尺寸、节点编号等信息。

（1）节点。

（2）梁。

（3）柱。

（4）支撑。

（5）弹性楼板单元。

2. 各层恒载简图

用于检查结构各层的恒荷载简图。

3. 各层活恒载简图

用于检查结构各层的活荷载简图。

4. 结构轴侧简图

可以观察结构每一层或全楼的轴侧简图，查看模型是否正确。

5. 墙元立面简图

点取此项菜单可检查各轴墙体立面是否正确。

6. 查看风荷载数据文件

数据文件格式为 WIND. SAT。

7. 查看底框荷载简图

第三节　结构内力与配筋计算

用户在图 5-1 界面中双击"结构内力，配筋计算"菜单，系统将出现如图 5-9 所示界面。由用户根据工程实际情况选取需要进行计算的参数后，点取"确认"按钮，程序开始进行结构分析的主要计算工作。如果用户想修改参数可以重新进入本项菜单，修改后程序将重新进行计算。

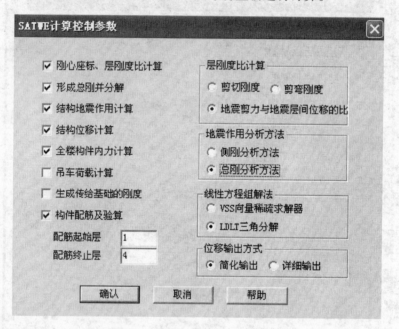

图 5-9　SATWE 计算控制参数界面

SATWE 软件计算控制参数："√" 的含义为计算。

（1）刚心座标、层刚度比计算。

（2）形成总刚并分解。

（3）结构地震作用计算。

（4）结构位移计算。

（5）全楼构件内力计算。

（6）起重机荷载计算。

（7）生成传给基础的刚度。

（8）构件配筋及验算。

（9）层刚度比计算。包括剪切刚度、剪弯刚度、地震剪力与地震层间位移的比值。

（10）地震作用分析方法。包括侧刚分析方法、总刚分析方法。

（11）线性方程组解法。VSS 向量系数求解器、LDLT 三角分解。

（12）位移输出方式。简化输出、详细输出。

第四节　分析结果图形和文本显示

当用户选中 SATWE 软件以后，双击"分析结果图形和文本显示"菜单，系统将显示"图形文件输出"、"文本文件输出"界面。当选中"图形文件输出"时出现如图 5-10 所示界面。当选中"文本文件输出"时出现如图 5-11 所示界面。

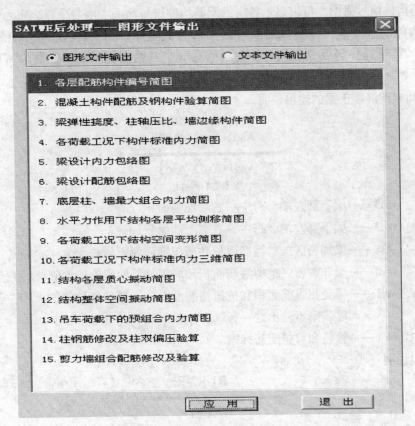

图 5-10　图形文件输出界面

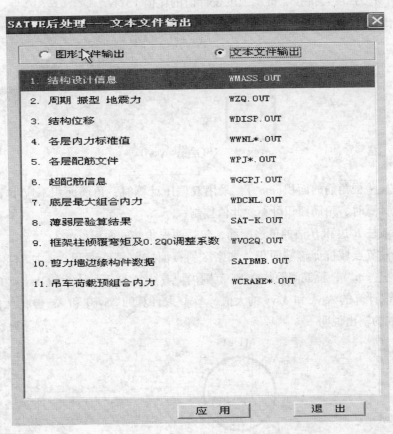

图 5-11　文本文件输出界面

1. 图形文件输出

（1）各层配筋构件编号简图。可以显示各层的配筋构件编号简图、刚心坐标、质心坐标。

（2）混凝土构件配筋及钢构件验算简图。以图形方式显示构件（梁、柱、墙）配筋验算结果。通过点取"构件信息"菜单选择需要显示的构件文本信息等，其输出简图的文件名为 WPJ * . T，其中 * 代表层号。

　　1）混凝土梁和型钢混凝土梁的输出说明

$$GAsv\text{-}Asv0$$
$$Asu1\text{-}Asu2\text{-}Asu3$$
$$\overline{\phantom{Asu1\text{-}Asu2\text{-}Asu3XXXXX}}$$
$$Asd1\text{-}Asd2\text{-}Asd3$$
$$VTAst\text{-}Ast1$$

式中　Asu1、Asu2、Asu3——梁上部左端、跨中、右端配筋面积（cm^2）；

　　　Asd1、Asd2、Asd3——梁下部左端、跨中、右端配筋面积（cm^2）；

　　　　　　　　　Asv——梁加密区抗剪箍筋面积和剪扭箍筋面积的较大值（cm^2）；

　　　　　　　　Asv0——梁非加密区抗剪箍筋面积和剪扭箍筋面积的较大值（cm^2）；

　　　　Ast、Ast1——梁受扭纵筋面积和抗扭箍筋沿周边布置的单肢箍的面积，若 Ast 和 Ast1 都为零，则不输出这一行（cm^2）；

　　　　　　　　G、VT——箍筋和剪扭配筋标志。

　　2）钢梁的输出说明

$$R1\text{-}R2\text{-}R3$$
$$\overline{\phantom{R1\text{-}R2\text{-}R3XXX}}$$
$$STEEL$$

式中　R1——钢梁正应力强度与抗拉、抗压强度设计值的比值 F1/f；

　　　R2——钢梁整体稳定应力与抗拉、抗压强度设计值的比值 F2/f；

　　　R3——钢梁切应力强度与抗拉、抗压强度设计值的比值 F3/fv。

　　3）矩形混凝土柱和型钢混凝土柱的输出说明

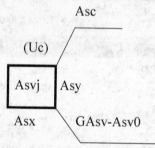

式中　　　　Asc——柱一根角筋的面积（cm^2），采用双偏压计算时，角筋面积不应小于此值，采用单偏压计算时，角筋面积可不受此值控制；

　　　Asx、Asy——该柱 B 边和 H 边的单边配筋，包括两根角筋的面积（cm^2）；

Asvj、Asv、Asv0——柱节点域抗剪箍筋面积、加密区斜截面抗剪箍筋面积、非加密区斜截面抗剪箍筋面积（cm^2），箍筋间距均在 Sc 范围内。其中，Asvj 取计算的 Asvjx 和 Asvjy 的大值，Asv 取计算的 Asvx 和 Asvy 的大值，Asv0 取计算的 Asvx0 和 Asvy0 的大值。

　　4）圆形混凝土柱的输出说明

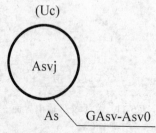

式中　　　　As——圆柱全截面配筋面积（cm^2）；

Asvj、Asv、Asv0——按等面积的矩形截面计算箍筋面积。分别为柱节点域抗剪箍筋面积、加密区斜截面抗剪箍筋面积、非加密区斜截面抗剪箍筋面积(cm^2)，箍筋间距均在 Sc 范围内。其中，Asvj 取计算的 Asvjx 和 Asvjy 的大值，Asv 取计算的 Asvx 和 Asvy 的大值，Asv0 取计算的 Asvx0 和 Asvy0 的大值。

5）墙-柱的输出说明

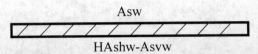

Asw

HAshw-Asvw

式中　Asw——表示墙-柱一端的暗柱实际配筋总面积(cm^2)，如计算不需要配筋时取 0 且不考虑构造钢筋；当墙-柱长小于 3 倍的墙厚时，按柱配筋，Asw 为按柱对称配筋计算的单边的钢筋面积；

Ashw——在水平分布筋间距 Swh 范围内的水平分布筋面积(cm^2)；

Asvw——对地下室外墙或人防临空墙，每延米的单侧竖向分布筋面积(cm^2)；

H——分布筋标志。

（3）梁弹性挠度、柱轴压比、墙边缘构件简图。本菜单以图形方式显示柱的轴压比和计算长度系数、梁弹性挠度以及剪力墙、边框柱产生的边缘构件信息等。柱、墙肢中心的一个数为柱、墙肢的轴压比，柱两边的两个数分别为该方向的计算长度系数。红色数字为超限。

（4）各荷载工况下构件标准内力简图。可以显示每一层梁弯矩、梁剪力、柱底内力、柱顶内力、内力幅值、构件信息等。

（5）梁设计内力包络图。可以显示每一层梁截面设计弯矩包络图、设计剪力包络图、构件信息等。

（6）梁设计配筋包络图。可以显示梁各截面主筋包络图、梁各截面箍筋包络图、构件信息等。

（7）底层柱、墙最大组合内力简图。可以显示每一层柱的 X 方向和 Y 方向的剪力、柱底轴力。荷载组合有：X 向最大剪力（V_{xmax}）、Y 向最大剪力（V_{ymax}）、最大轴力（N_{max}）、最小轴力（N_{min}）、X 向最大弯矩（M_{xmax}）、Y 向最大弯矩（M_{ymax}）、恒 + 活（$D+L$）。

（8）水平力作用下结构各层平均侧移简图。可以显示地震作用下与风作用下的 X 方向和 Y 方向最大楼层反应力曲线、层剪力曲线、最大楼层弯矩曲线、最大楼层位移曲线、最大层间位移角曲线。

（9）各荷载工况下结构空间变形简图。可以改变视角、改变幅度观察变形简图，选择显示静力位移（包括 X 向地震、Y 向地震、X 向风载、Y 向风载、恒载、活载、竖向地震作用下的位移）。

（10）各荷载工况下构件标准内力三维简图。

（11）结构各层质心振动简图。显示楼层质心振型图，多个振型的图形叠加到同一张图上。

（12）结构整体空间振动简图。

（13）起重机荷载下的预组合内力简图。

（14）柱钢筋修改及柱双偏压验算。

（15）剪力墙组合配筋修改及验算。显示剪力墙墙肢组合配筋和边缘构件配筋结果。

2. 分析结果文本文件输出

（1）结构设计信息。这是用户在"参数定义"中设定的一些参数，输出的目的是为用户存档，以便校对之用。

（2）周期、振型、地震力。对照数据是否满足《混凝土结构设计规范》、《建筑抗震设计规范》、《高层建筑混凝土结构技术规程》等要求。

（3）结构位移。对照数据是否满足《混凝土结构设计规范》、《建筑抗震设计规范》、《高层建筑混凝土结构技术规程》等要求。

（4）各层内力标准值。

（5）各层配筋文件。

（6）超配筋超限信息。此信息一定要看，查此文件可以知道哪些混凝土构件超筋，哪些钢构件强度、稳定不够，哪些构造不符合规范要求，可以返回来再修改、使之符合规范要求。

（7）底层最大组合内力。该文件给基础计算提供上部结构的各种组合内力。

（8）薄弱层验算结果。

（9）框架柱倾覆弯矩及 $0.2Q_0$ 调整系数。

（10）剪力墙边缘构件数据。

（11）起重机荷载预组合内力。

第六章　PMSAP特殊多高层建筑结构分析与设计软件

第一节　PMSAP结构分析软件功能简介

　　PMSAP是线弹性组合结构有限元分析程序,适用于广泛的结构形式和相当大的结构规模。对于多高层建筑中的剪力墙、楼板、厚板转换层等关键构件提出了基于壳元子结构的高精度分析方法,并可进行施工模拟分析、温度应力分析、预应力分析、活荷载不利布置分析等。PMSAP还提出了"二次位移假定"的概念并加以实现,使得结构分析的速度与精度得到兼顾。PMSAP软件操作界面如图6-1所示。

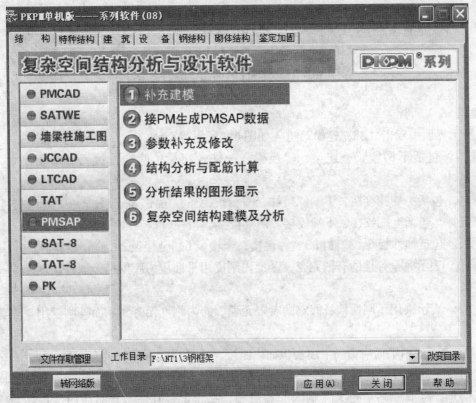

图6-1　PMSAP软件操作界面

1. 程序的分析功能和设计功能

（1）静力分析。

（2）固有振动分析（Guyan法,多重Ritz向量法）。

（3）时程响应分析。

（4）地震反应谱分析:针对钢筋混凝土结构、钢结构。

（5）施工模拟分析、预应力荷载分析、温度荷载分析。

（6）P-Δ效应分析。

（7）活荷载不利布置分析。

（8）地下室人防荷载、水土压力荷载分析与设计。

（9）起重机荷载分析与设计。

（10）梁、柱、墙配筋计算。

（11）钢构件、组合构件的验算。

（12）楼层间协调性自动修复，消除悬空墙、悬空柱。

（13）自动实现梁、楼板和剪力墙的相互协调细分。

2. PMSAP 软件的应用范围

（1）计算层数≤1000。

（2）每层梁数≤20000。

（3）每层柱数≤20000。

（4）每层斜杆数≤20000。

（5）每层简化墙数≤5000。

（6）每层房间数≤5000。

（7）每层三维元数≤6000。

3. 可处理的结构形式

程序可接受任意的结构形式。对建筑结构中的多塔、错层、转换层、楼面大开洞等，提供了方便的处理手段。

4. 单元库

PMSAP 单元库中配备了 14 类有限单元，20 多种有限元模型。

第二节　补充建模

1. 补充建模

在图 6-1 所示界面中双击"补充建模"进入如图 6-2 所示界面。

（1）特殊梁。包括不调幅梁、连梁、转换梁、一端铰接梁、两端铰接梁、滑动支座。

（2）特殊柱。包括上端铰接柱、下端铰接柱、两端铰接柱、角柱、框支柱。

（3）特殊支撑。包括上端铰接、下端铰接、两端铰接、角柱、框支柱、框支角柱。

（4）弹性板。包括弹性板 6、弹性板 3、弹性模、全楼设 6、全楼设 3、全楼设膜。

1）弹性板 6。表示完全弹性的有限元壳，其面内刚度用平面应力膜模拟，面外刚度用中厚板元模拟。

2）弹性板 3。表示采用了刚性楼板假定的有限元壳，面内刚度无穷大，面外刚度用中厚板元模拟。

3）弹性膜。表示采用平面应力膜描述楼板面内刚度，不考虑楼板面外抗弯刚度。

（5）温度荷载。包括指定温差、捕捉节点、全楼同温。

（6）多塔信息。点取"多塔定义"输入起始层号、终止层号和塔数，然后用围栏方式依次定义各个塔的范围。定义多塔后应注意：风荷载的迎风面、楼层位移、层间位移和 5% 偶然质量偏心按多塔计算。

（7）起重机荷载

1）定义起重机。包括起重机最大轮压作用、起重机最小轮压作用、起重机横向水平荷载作用、起重机纵向水平荷载作用、起重机左（上）轨道的偏轴距离、起重机右（下）轨道的偏轴距离、水平刹车力到牛腿顶面的距离、多台起重机组合值系数、起重机所在自然层号。

2）修改起重机。用光标捕捉待修改起重机的所在区域。

（8）抗震等级。对"指定梁/柱/墙/支撑"输入抗震等级，选择构件进行修改。

2. 接 PM 或 STS 生成 PMSAP 数据

点取了此菜单，PMSAP 所需数据就自动生成了。

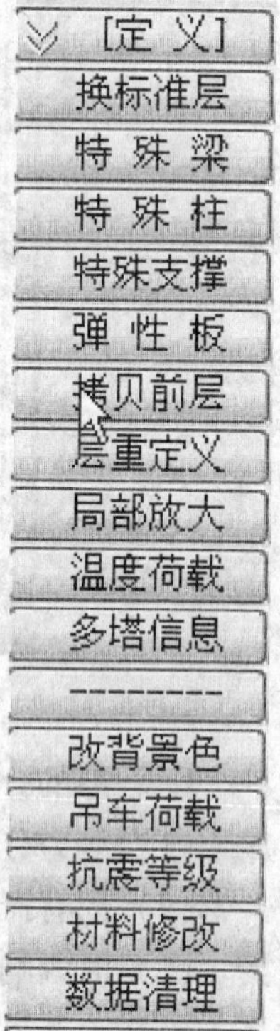

右侧菜单：

[定义]
换标准层
特殊梁
特殊柱
特殊支撑
弹性板
拷贝前层
层重定义
局部放大
温度荷载
多塔信息

改背景色
吊车荷载
抗震等级
材料修改
数据清理
读SAT_05
读SAT_08
组装范围
回前菜单

图 6-2　补充建模界面

第三节 参数补充及修改

1. 总信息

总信息操作界面如图6-3所示。

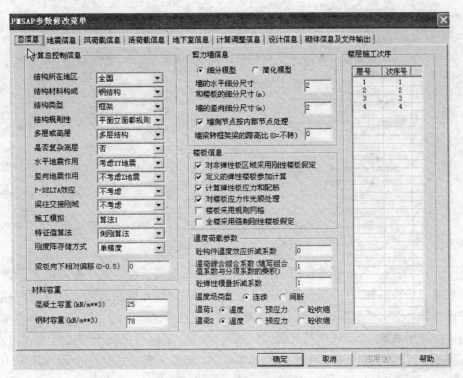

图6-3 总信息交互界面

（1）结构所在地区。分为全国和上海，一般填全国。

（2）结构材料构成。包括钢结构、钢混凝土混合结构、砌体结构。设计的工程属于哪种就填哪种。

（3）结构规则性参数。包括平面立面都规则、平面规则立面不规则、平面不规则立面规则、平面立面都不规则四类。设计的工程属于哪一类就填哪一类。

（4）多层或高层。这里就分多层和高层两种，内定结构计算层数<8层为多层，≥8层为高层，且参照《高层建筑混凝土结构技术规程》确定。

（5）是否复杂高层。是什么就填什么。

（6）施工模拟。对恒载模拟施工过程逐步施加，包括算法1、2、3，按照"实际的楼层施工、拆模次序"选取，一般选用模拟3计算结果比较合理。

（7）定义的弹性楼板是否参加计算。"√"表示参加计算，不参加计算相当于楼面开洞。

2. 地震信息

地震信息操作界面如图6-4所示。

（1）设计地震分组。分一、二、三组，按照《建筑抗震设计规范》填写。

（2）地震设防烈度。分6、7、8、9度，按《建筑抗震设计规范》填写。

（3）场地类别。分Ⅰ、Ⅱ、Ⅲ、Ⅳ类，按该工程项目的地勘报告填写。

（4）框架抗震等级。分特、一、二、三、四、非级，按《建筑抗震设计规范》填写。

（5）剪力墙抗震等级。分一、二、三、四、非级，按《建筑抗震设计规范》填写。

（6）振型阻尼比。钢结构为0.03，其他为0.05。

（7）参与振型数。振型数是总的空间振型数，振型数应足够多，使得各地震方向的有效质量超过0.9。

（8）周期折减系数。对于框架结构，若砖墙较多，周期折减系数可取0.6~0.7；若砖墙数较少，可取0.7~0.8。对于框-剪结构，可取0.8~0.9。纯剪力墙结构可不折减，参照《高层建筑混凝土结构技术规程》取值。

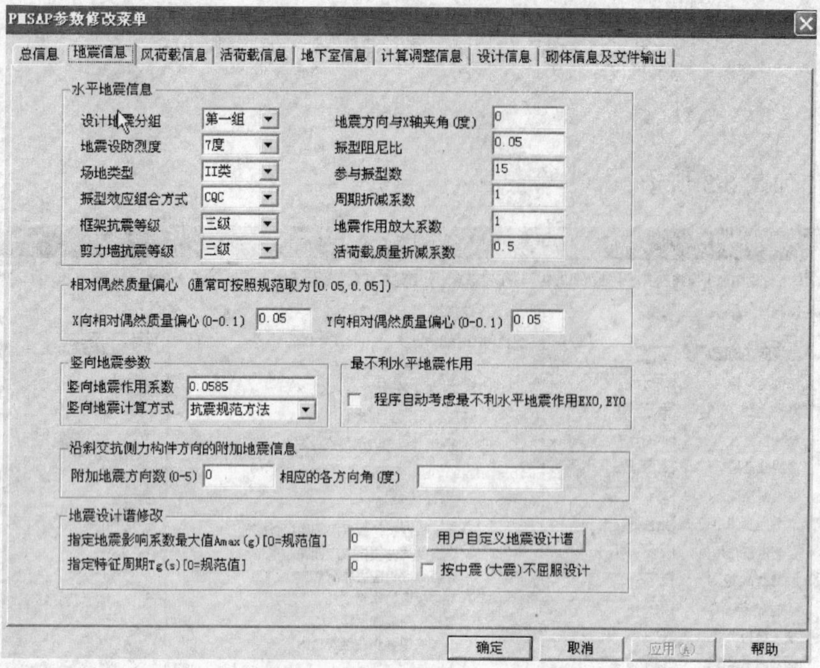

图 6-4　地震信息操作界面

（9）地震作用放大系数。可根据建筑物的重要性，提高抗震安全度，其经验取值为 1.0~1.5。

（10）活荷载质量折减系数。《高层建筑混凝土结构技术规程》允许在地震力计算时，楼面活荷载可以折减 0.5，用户考虑楼面活荷载折减，可填小于 1.0 的数。

（11）竖向地震作用系数。按照《建筑抗震设计规范》和《高层建筑混凝土结构技术规程》规定是否考虑竖向地震作用。在此定义总竖向地震作用系数，如填 0.2，相当于指定总竖向地震作用等于重力荷载代表值的 20%。

3. 风荷载信息

风荷载信息操作界面如图 6-5 所示。

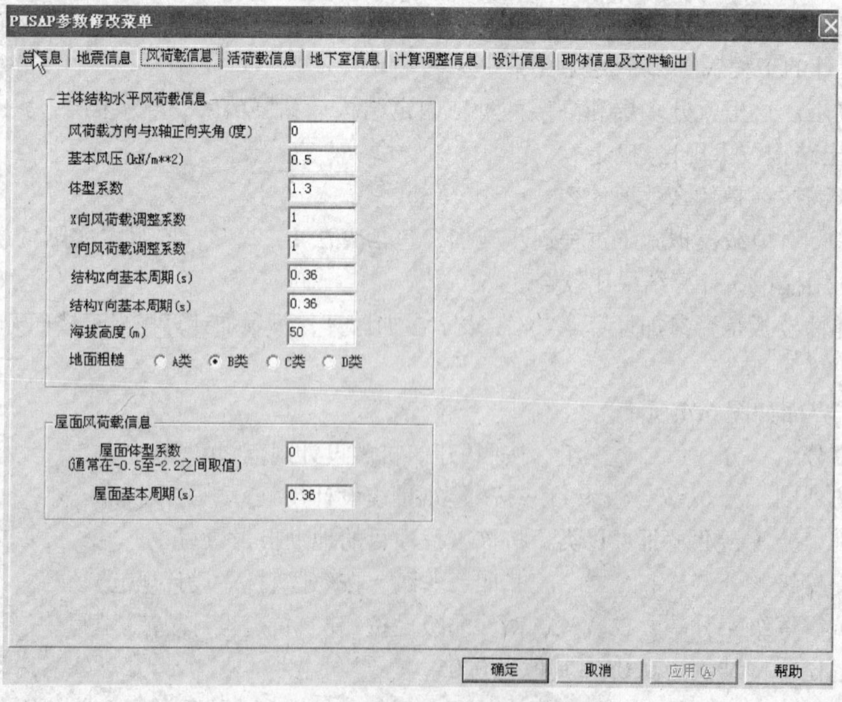

图 6-5　风荷载信息操作界面

（1）基本风压。可根据《建筑结构荷载规范》取值，单位为 kN/m²。

（2）体型系数。圆形取 0.8，矩形取 1.3，V 形、Y 形、L 形、十字形取 1.4。

（3）基本周期。程序自定或用户指定。

（4）地面粗糙度。按《荷载规范》分 A、B、C、D 四类。

（5）屋面风荷载体型系数。按《建筑结构荷载规范》一般可取 -0.5 ~ -2.2 之间的数。

4. 活荷载信息

活荷载信息操作界面如图 6-6 所示。

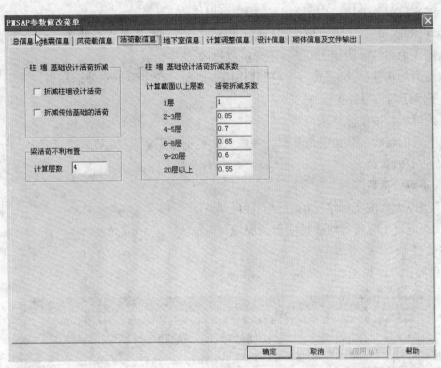

图 6-6 活荷载信息操作界面

（1）折减柱、墙设计活荷载。

（2）折减传给基础的活荷载。

（3）柱、墙、基础设计活荷载折减系数。根据《建筑结构荷载规范》，部分结构可以修改。

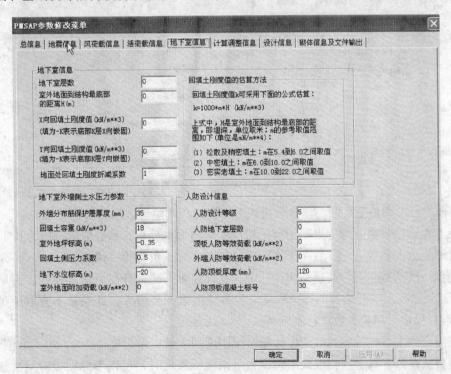

图 6-7 地下室信息操作界面

5. 地下室信息

地下室信息操作界面如图 6-7 所示。

（1）地下室层数。按实际情况填写。

（2）室外地面到结构最底部的距离，一般指筏板底面。

（3）外墙分布筋保护层厚度。内定为 35，按《混凝土结构设计规范》确定取值。

（4）回填土的重度（kN/m³）。内定为 18，用户可以修改。

（5）室外地坪标高（m）、地下水位标高（m）。以结构 ±0.000 为基准，高为正，低为负。

（6）回填土侧压力系数。内定为 0.5，用户可以修改。

（7）室外地面附加荷载（kN/m²）。此项荷载作用于地面，产生地下室外墙压力。

若有人防地下室还需填写：

（8）人防设计等级。按设计要求填写。

（9）人防地下室的层数。从最底部算起，考虑人防地下室层数。

（10）顶板人防等效荷载。

（11）外墙人防等效荷载。

（12）人防顶板厚度。按实际情况填写，不够再调整。

（13）人防顶板混凝土强度等级。按实际情况填写。

6. 计算调整信息

计算调整信息操作界面如图 6-8 所示。

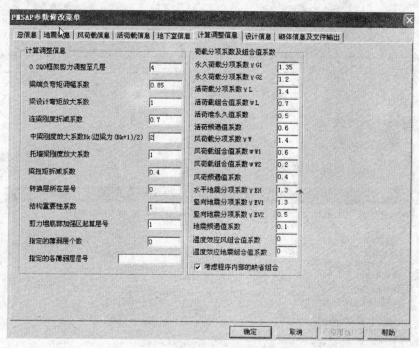

图 6-8　计算调整信息操作界面

（1）$0.2Q_0$ 框架剪力调整至几层。该参数为 0 不作调整，调整层数用户自己掌握。

（2）梁端负弯矩调幅系数。考虑混凝土梁的塑性变形内力重分布，系数取值范围为 0.8~1.0。

（3）梁设计弯矩放大系数。此参数用于增加安全储备，对正负弯矩一律放大。

（4）连梁刚度折减系数。多、高层结构设计中，允许连梁开裂，开裂后连梁的刚度有所降低，程序中通过连梁刚度折减系数来反映开裂后的连梁刚度。为避免连梁开裂过大，此系数不宜取值过小，一般不小于 0.5。剪力墙洞口梁也采用此参数进行刚度折减。

（5）楼层梁刚度放大系数。此系数考虑楼板对梁刚度的贡献，中梁取值为 2，边梁取值为 1.5。

（6）梁扭矩折减系数。对于现浇楼板结构，当采用楼板假定时，可以考虑楼板对梁抗扭的作用，折减范围为 0.4~1.0，一般取 0.5。

（7）转换层所在层号。按实际情况填写。

（8）结构重要性系数。按《混凝土结构设计规范》填写。

（9）荷载分项系数和组合值系数。缺省值均为规范值。

7. 设计信息

设计信息操作界面如图6-9所示。

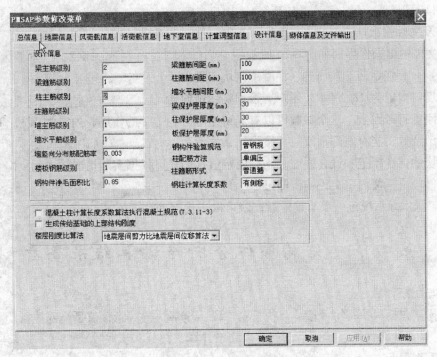

图6-9　设计信息交互菜单

（1）梁主筋级别。隐含值为2，即HRB335，用户可以修改。

（2）梁箍筋级别。隐含值为1，即HPB235，用户可以修改。

（3）柱主筋级别。隐含值为2，即HRB335，用户可以修改。

（4）柱箍筋级别。隐含值为1，即HPB235，用户可以修改。

（5）墙钢筋级别。隐含值为1，即HPB235，用户可以修改。

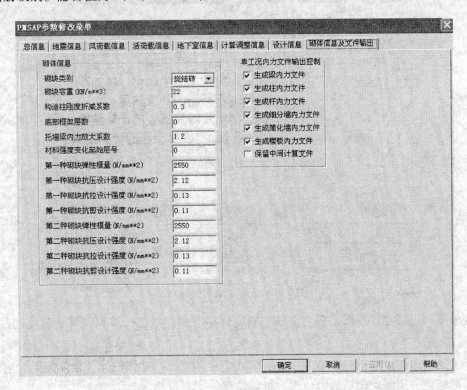

图6-10　砌体信息交互菜单

（6）楼板钢筋级别。隐含值为1，即HPB235，用户可以修改。

（7）梁、柱箍筋间距。隐含值为100，用户可以修改，与箍筋配筋面积有关。

（8）墙水平筋间距。隐含值为200，用户可以修改，与墙配筋面积有关。

（9）柱箍筋形式。分普通箍、复合箍、螺旋箍等。内定为普通箍，用户可以修改。

（10）钢构件验算规范。分《普钢》和《高钢》，用户自定。

8. 砌体信息及文件输出

砌体信息及文件输出操作界面如图6-10所示。

（1）砌块类别。分烧结砖、蒸压砖、混凝土砌块三种。

（2）砌块重度。内定为22kN/m^3，用户可根据实际情况输入。

（3）构造柱刚度折减系数。这个参数可以有保留地考虑构造柱的作用，内定为0.3，用户可自定。

（4）底部框架层数。当有底部框架时，按设计条件填写。

（5）各类砌块的弹性模量和设计强度。均有内定值，用户可根据实际情况输入。

（6）内力文件输出。按内定文件输出即可。

各项参数按工程实际情况逐一填写确定后，就可以进行配筋计算了。

第四节　结构整体分析与计算结果查看

1. 结构分析与配筋计算

（1）计算选择。包括只执行第一段、只执行第二段、全部执行。隐含值是全部执行。

（2）结构计算。"计算选择"确定后，就可以往下计算，共分9步完成。

2. 分析结果图形显示

结构计算完毕后，点取PMSAP主菜单中的"图形显示计算结果"菜单，进入后处理程序3DP。

（1）分析结果。操作界面如图6-11所示。

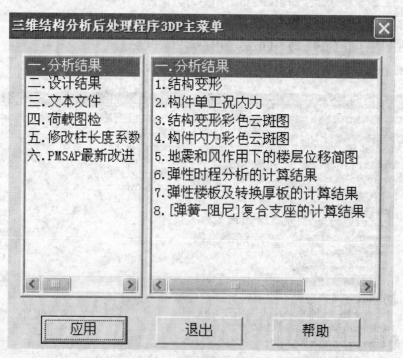

图6-11　分析结果操作界面

1）结构变形图。包括初始变形、静力位移、地震位移、弹性挠度、节点位移、逐层切片、屈曲模态、位移文件、荷载文件等。

2）构件单工况内力图。包括一榀框架、一层梁元、全体梁元、全体柱元、全体桁架、全简化墙等。

3）结构变形彩色云斑图。包括静力位移、地震位移、固有振型等。

4）构件内力彩色云斑图。包括指定工况、指定内力、梁元 ON、柱元 ON、杆元 ON、墙元 OFF 等。

5）地震和风作用下的楼层位移简图。包括指定方向、楼层位移、层间位移、侧向荷载、楼层剪力、楼层弯矩等。

6）弹性时程分析的计算结果。主要查看各地震波方向楼层位移、作用力、剪力、弯矩包络图及位移时程曲线等。

7）弹性楼板及转换厚板的计算结果。

（2）设计结果。设计结果操作界面如图 6-12 所示。

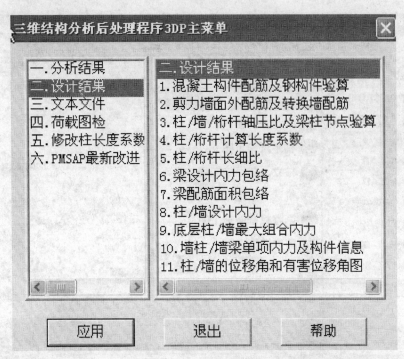

图 6-12 设计结果操作界面

1）混凝土构件配筋及钢构件验算简图。可以显示各层配筋及钢构件验算简图。此处可参照第五章 SATWE 中各构件设计结果说明。

2）剪力墙面外配筋及转换墙配筋。

3）柱、墙、桁杆轴压比及梁、柱节点验算图。

4）柱、桁杆计算长度系数图，柱、桁杆长细比图。

5）梁设计内力包络图、梁配筋包络图。

6）柱、墙设计内力图。

7）底层柱、墙最大组合内力图。此处可查看各种荷载组合下底层柱、墙相应内力，可供基础设计时参考。

8）构件信息查询及墙柱、墙梁单工况内力。

（3）文本文件

1）查看主要结果文件。包括查看梁、柱、墙筋，墙外配筋，桁杆配筋，楼板配筋，超筋信息，基础荷载，起重机内力，支座反力等详细文件。其中超筋信息用户一定要仔细查看，对照构件名称等核对，弄清原因，进行调整截面或其他修改。

2）查看单工况内力文件。可查看梁、柱、桁杆等内力。

（4）荷载图检查。可查看分层或者单个查看梁上荷载、温度荷载和楼面荷载值。

（5）修改柱计算长度。若用户认为程序自动计算的柱长度系数有必要修改，则在 PMSAP 计算分析时分两步走，先执行第一步计算，然后进入 3DP 本菜单查看、修改柱计算长度，然后再执行第二步计算。

第七章 墙梁柱施工图软件

本章主要介绍接力计算软件 SATWE 或 PMSAP 的计算结果，完成混凝土墙、梁、柱的配筋设计和施工图绘制，操作界面如图 7-1 所示。

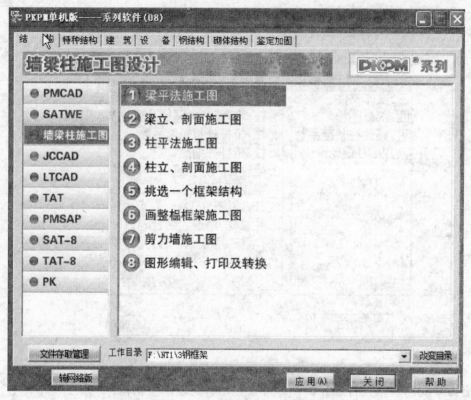

图 7-1 墙梁柱施工图操作界面

第一节 梁施工图的绘制

一、梁归并

结构建模通过 TAT、SATWE、PMSAP 等空间结构分析计算以后，在绘制墙、梁、柱施工图之前，要对计算的梁配筋做归并，从而简化并减少出图。梁的归并是把配筋相近、截面尺寸相同、跨度相同、总跨数相同的若干组连梁的配筋选大值归并为一组。归并可在一层或几层，也可在全楼范围内进行。一般采用同层梁进行归并。根据用户输入的归并系数，程序在归并范围内自动计算归并出几组需画图输出的连梁，用户只需把这几组连梁画出，就可表达几层或全楼的连梁施工图了。

1. 梁归并的基本过程

（1）对几何条件相同的连续梁归类，找出几何条件相同的连续梁类别总数。

（2）对几何条件相同的连续梁类别，根据用户输入的钢筋归并系数，对几何条件相同的连续梁进行归并。用户输入的归并系数越大，归并后的梁类型就越少，图样量也相应少些，反之就越大。建议输入归并系数 0.2~0.3 比较合适。

对属于同一几何标准连续梁类别的连续梁，预配钢筋，给出钢筋归并系数进行归并并分组。

（3）竖向强制归并。竖向强制归并的含义是同一归并段号内，不同楼层几何位置及几何参数相同的梁强制归并为一类，且各截面处钢筋取大值。这样可以节省不少施工图。

2. 操作过程

（1）在结构系列软件中点取"墙梁柱施工图"菜单，显示出"梁归并"、"梁立、剖面施工图"、"梁平法施工图"等一系列菜单。

（2）点取"梁归并"菜单，提示：接 TAT、SATWE、PMSAP 计算结果。对于混凝土框架结构或框-剪结构，一般采用 SATWE 计算的结果，点取"接 SATWE 计算结果"并确定，提示输入归并的起始层号和终止层号，若选用全楼归并，就不必输入起始层号和终止层号，而采用直接回车；对同一标准层中的自然层则采用竖向强制归并，一般选用同一层梁归并，则起始层号和终止层号均输入为本层的自然层号，中间用空格隔开。

（3）输入归并系数。梁的归并系数一般采用 0.2～0.3。若楼层结构复杂，梁种类多，则归并系数可取大于 0.2 的数值；若楼层结构简单，梁的种类相对单一，希望做经济些，则可取小于 0.2 的归并系数。一旦确定了归并系数后，回车，则全楼归并的梁类型就出来了，这就完成了全楼的梁归并。如果对归并结果不大满意，还可点取"重新归并"，则重新输入参数进行归并，直到满意为止。

二、梁立面、剖面施工图

目前由于各设计单位普遍采用梁平法施工图，立面、剖面画法已很少采用，所以这里就只做无钢筋表画法的简单介绍。

（1）点取"梁立、剖面施工图"，显示"配筋参数"、"选择楼层"、"立面改筋"、"计算配筋"、"选梁画图"等菜单。

（2）选梁画图。点取"选梁画图"以后，在平面图中点取要出图的梁，敲"A"表示全选，回车输入绘图参数，补充配筋信息后确定、回车，输入文件名（ ＊.T），回车，则这张梁的配筋施工图就完成了。如果所选择的梁过多，一张详图放不下，则可根据具体情况，返回不用"全选"，用"分组选择"，分成几张出图，反复调试，再经过图形编辑，这几张梁的施工图就顺利完成了。

三、梁平法施工图

梁平法施工图是目前画梁施工图普遍采用的一种方法、制图规则及表示方法。详见《混凝土结构施工图平面整体表示方法 制图规则和构造详图》。具体操作过程如下：

1. 主要菜单

（1）参数修改。它包括修改梁选筋参数、梁选筋库参数、梁绘图参数等，一一点取，输入并确定。一般来说，对于梁的受力纵筋，直径≥12mm，钢筋采用 HRB335；直径＜12mm，钢筋选用 HPB235。直径≥32mm 的钢筋，尽量少选。

（2）绘制新图。要求用户选择要绘制梁施工图的楼层，程序根据所选楼层数据自动选梁的配筋并绘制出梁的施工图。

（3）编辑旧图。从已绘制过的梁施工图中选择一张图，继续编辑设计，这样避免有点修改就重新画图，这是设计人员常遇到的事，可以节省不少时间。

（4）调整支座。三维结构计算软件 TAT、SATWE、PMSAP 中能自动识别支座，但有时识别不完全准确，这就需要调整。支座的调整只影响配筋构造，不影响构件的内力和配筋。程序提供了平面和立面两种调整方法。

点击主菜单中的"调整支座"，就可在平面图中修改支座。框架柱和剪力墙一定作为支座，在 PM 中输入的主梁和 PM 中输入的次梁相交时，主梁作为次梁的支座。三角形表示此处为"梁的支座"，圆圈表示梁在此处是"连通"的。修改时，先用鼠标选择要修改的连续梁，再用鼠标点击代表梁支座的红色三角形或圆圈，则支座相应变为圆圈或红色三角形。

"立面改筋"子菜单中的"支座修改"选项提供了另一种改变支座的方法，这种改支座的方法与立面改筋类似，它将本层所有的梁均以立面形式列出，用户可用以立面图的形式修改梁支座。

（5）修改钢筋。修改钢筋包含水平梁和垂直梁的钢筋标注分开出图的管理，集中标注、原位标注内容和位置的修改。

（6）次梁加筋。按计算和构造要求在次梁与主梁交接处，在主梁上、次梁的两侧加附加箍筋或附加吊筋，附加箍筋优于附加吊筋。

（7）标注换位。有时梁的配筋标注出现挤、乱、重的情况，这时可以将某根连续梁的集中标注和原位标注移动到同类连续梁处，可以改变图面效果，使整个图面看得清楚些。

（8）移动标注。自动绘制出梁配筋图上集中标注或原位标注的位置，往往不一定符合要求，产生重叠不清的情况，这时可用移动标注工具将集中标注或原位标注的字符移动到合适的位置，使图面布置匀称，看得清楚。

（9）文字标注。包括标注墙、梁、柱、洞口定位尺寸，墙、梁、柱文字名称及轴线标注。

2. 梁平法施工图操作步骤

（1）点取下拉菜单中的设置字符线型菜单，设置基本的绘图参数。一般梁线选用虚线，看得到的边界梁线和下沉板的梁线选用实线。

（2）点取"参数修改"菜单，设置梁选筋参数、选筋库参数及梁绘图参数。

（3）点取"绘制新图"菜单，自动选出梁配筋并绘制出梁的施工图。

（4）点取"调整支座"菜单，检查并调整各根连续梁支座。

（5）检查梁配筋内容，查看选筋库参数是否合理。

（6）检查并修改集中标注或原位标注内容。

（7）点取"换位标注"菜单，调整布图、集中标注或原位标注的位置。

（8）点取"次梁加筋菜单"。

（9）标注墙、梁、柱、洞口定位尺寸及轴线。

（10）点取"楼层表"菜单，绘制楼层表，用以查看各楼层的分布位置。

（11）点取"图框、图例"菜单，套入图框。

（12）重复以上步骤，绘出各层梁的平法施工图，则整个楼层梁的施工图就完成了。

第二节　柱施工图的绘制

一、柱归并

柱归并必须在全楼范围内进行，归并条件是满足几何条件相同及满足用户给出的归并系数。柱归并系数的概念与梁的归并系数概念相同。

（1）柱的基本归并过程

1）对几何条件相同的柱列归类。对于几何条件相同的柱列，程序称作"几何标准柱"，程序自动找出几何标准柱类别总数。

2）对属于同一几何标准柱类型的柱别，程序按用户绘出的钢筋归并系数归并。

对同一个钢筋标准层的钢筋，程序对每个连续柱列自动取其中包含的各层中配筋较大值。所以定义了多少个钢筋标准层，就该画多少层柱的平法施工图。

（2）用户给出的各归并梁、柱编号及名称可自动传至梁柱结构施工图中，也可在 PMCAD 主菜单与画结构平面布置图时，自动标注在平面图上。

二、柱平法施工图

1. 使用方法简介

柱平法施工图软件是 PKPM 结构系列软件中绘制柱施工图模块中的一个，必须先执行柱归并程序，才能绘制柱平法施工图，这是柱施工图常用的一种绘图方法。其制图规则及表示方法见《混凝土结构施工图平面整体表示方法　制图规则和构造详图》。软件接 TAT、SATWE、PMSAP 的配筋计算结果，再根据规范、规程的构造要求，结合工程设计经验，自动选出实配钢筋并绘制柱的平法施工图。

2. 主要菜单介绍

（1）柱选筋归并参数。进入主程序后，先进行修改柱选筋归并参数。柱选筋归并系数与梁相同。

（2）参数设置

1）结构平面绘图比例。

2）柱剖面大样绘图比例。

3）结构初始标高。绘制楼层表时，用它确定各个楼层的标高。

4）施工图表示方法。有截面注写、列表注写、剖面列表法等方式。

3. 绘制新图

要求用户选择要绘制柱施工图的楼层，程序根据所选楼层的数据，自动选柱的配筋并绘制出柱的施工图。

4. 修改钢筋

修改钢筋的方法有两种，其修改方法详见柱立面、剖面施工图修改部分。

5. 大样移位

当大样出来后，发现有拥挤、重叠现象时，可以用"大样换位"的方法，将大样图移至同类柱另位，这样图面就比较好看、清楚。

6. 移动标注

当平面图出来后，如发现有的字符重叠，有的尺寸位置不妥，可用"移动标注"菜单，将其拖移至适当位置，使图面清晰、匀称。

7. 柱平法施工图的操作步骤

（1）点取下拉菜单中的设置"字符线型"菜单项，设置基本的绘图参数，其意义见梁平法施工图的操作步骤。

（2）点取"设置参数"菜单，设置各种绘图参数。

（3）点取"选择楼层"菜单，选择所要画的楼层，并自动绘制出柱配筋图。

（4）点取"大样移位"菜单，调整布图。

（5）点取"移动标注"菜单，调整截面尺寸和配筋具体数值标注的位置。

（6）检查柱配筋内容，查看选筋库参数是否合理，是否要重新设置选筋库参数，重新选筋。

（7）检查并修改柱配筋。根据具体情况，选择"平面修改或立面修改"菜单，修改柱配筋。

（8）标注墙、梁、柱、洞口定位尺寸及轴线。

（9）点取"楼层表"菜单，绘制楼层表。

（10）点取"绘制图框"菜单，绘制图框。

重复（2）～（10）步骤，绘出所有柱的施工图。以上步骤顺序不是固定的，是可以随时、随意地调整的，只不过按上述步骤操作，其效率较高。

三、柱立面、剖面施工图

1. 使用方法

（1）在使用 SATWE 等模块进行结构计算后，就可进行柱归并，然后进行施工图的绘制。

（2）进入程序后，首先选择楼层。

（3）获得钢筋数据后，程序自动绘制该层的施工图。

（4）在配筋的检查和修改完成后，用户就可以正式出施工图了。

2. 自动配筋与钢筋修改

柱立面、剖面施工图软件可以进行自动配筋。自动配筋是接 TAT、SATWE、PMSAP 等计算软件的配筋计算结果，根据有关规范、规程的构造要求，结合工程设计经验，自动选出实配钢筋。自动配筋可以通过调节配筋参数进行控制。

（1）自动配筋参数

1）选筋时的归并系数。如果柱的两个截面配筋差小于归并系数则两个截面选一样的实配钢筋。

2）钢筋放大系数。将计算配筋面积乘以钢筋放大系数后，再选配钢筋。

3）设置选筋库。为使配筋规格减少，以利备料施工，这时可以对选筋库中的钢筋型号打"√"，不选的就不打"√"。

4）柱的箍筋形式。柱的箍筋形式有菱形、井字形、矩形和复合形四种，用户可根据习惯任选一种。

（2）修改钢筋。程序提供了表式改筋、平面改筋、立面改筋等三种不同的修改钢筋方式，分别侧重于不同的立面，用户可以根据自己的习惯选择使用。

3. 绘制柱立面施工图

对柱钢筋的修改完成并检查确认无误后，就可以进行立面、剖面方式绘制柱施工图。点选"柱画图菜单"，程序用黄色箭头指示将要出图的柱，同时用黄色外框标示出所有归并结果要出图的柱。一次选择的柱均会在同一张图上输出。选好柱后，软件要求输入绘图参数与补充配筋参数。

参数定义完毕后，就可以正式画图了。程序首先进行图面布置的计算，当布置计算完成后，用户按程序提示输入图名，然后程序会自动绘制施工图。若程序自动绘制的施工图有不理想之处，用户可用"图形编辑"菜单对程序绘制的施工图进行编辑，直至满意为止。

第三节　剪力墙施工图的绘制

一、剪力墙配筋设计

1. 剪力墙配筋设计流程

首先用 PMCAD 程序输入工程模型及荷载等信息，再用多高层结构整体分析软件 TAT、SATWE 或 PMSAP进行计算。由墙施工图程序读取指定层的配筋面积计算结果，按用户设定的钢筋规格进行选筋，并通过归并整理与智能分析生成墙内配筋。可对程序选配的钢筋进行调整。

2. 设置钢筋标准层

剪力墙钢筋标准层的初始设置是根据 PMCAD 或 STS 的建模组装形成的各标准层相连的属于同一结构标准层的一层楼层中，最上一层划为独立的墙筋标准层。底部加强区范围也是墙筋标准层的依据之一。这里可以通过钢筋标准层编辑重新划分钢筋标准层并确定。同一个钢筋标准层选钢筋时，程序对每个构件取该钢筋标准层包含的所有楼层同一位置构件的最大配筋计算结果。

3. 最小配筋设置

钢筋标准层设置好后，可以按规范规定对墙柱主筋、墙柱箍筋、墙梁主筋、墙梁箍筋、水平分步筋、竖向分布筋等进行最小设置并确定。

4. 构件编辑

可以编辑端柱、翼柱、暗柱、连梁、分布筋等。编辑完后，退出编辑。

二、画剪力墙平面图

1. 平面图

（1）选择楼层。点此菜单显示出前面已经设好的钢筋标准层，要画哪一标准层就点哪一标准层。一般是按钢筋标准层的顺序。

（2）点击"标准层号"后显示该层平面，然后点取"标注尺寸"、"标注轴线"等菜单，完成相应标注。

（3）平面标注。包括"标注翼柱"、"标注暗柱"、"标注端柱"、"标注墙梁"、"标注墙体"等菜单，以下选择几个主要标注示例。

1）标注暗柱。这里有四种方式即字环方式、字环线式、字线方式、字符方式等4种，常用的是字环线式。点取"字环线式"后，按【Tab】键，则图面上所有的暗柱均用字环线式表示。如果字环线式的图位不妥，图面拥挤、重叠等，可用修改标注来实现，将暗柱节点号拖动到适当位置。

2）标注墙梁。点取"标注墙梁"菜单后，则在有门窗洞口处显示出墙梁的编号 LL＊，这里经常有墙梁编号同暗柱编号相重叠的情况，这就需要用修改标注来拖动墙梁编号或返回去拖动暗柱的编号，直到清楚为止。

3）标注墙体。标注墙体也有字环方式、字环线式、字线方式、字符方式等四种。这里用字线方式比较好，所指墙体号位比较明确。位置不妥可用修改标注来实现。

重复1）~3）操作，则完成各钢筋标准层平面图（JQPM-＊.T）。

2. 大样图

（1）输入图形文件名和大样图的起始编号。

（2）画大样图。这里有大样范围、全图布置、窗口布置、逐个布置等方式，常用全图布置。布完后，编辑一下，对图进行缩放、拖动、分张等工序，把图布置得完整、均匀、清楚。生成图形格式为JQXT-＊.T。

3. 画墙梁表

（1）输入图形文件名和起始号。

（2）布置墙梁表。参见上述全图布置、窗口布置等形式，常用窗口布置。用光标在屏幕上拉一窗口，看见墙梁表都显示在窗口里面定位确定即可。生成图形文件格式为JQLL-＊.T。

三、平法施工图

1. 绘图功能

（1）此功能参照截面注写方式的制图规则绘制剪力墙施工图。

（2）选定需绘制墙平面布置图的标准层并确定绘图的范围，程序按设置的参数画出剪力墙平面布置图。然后在墙柱中选择一个直接注写截面尺寸和配筋具体数值，并在原位绘制配筋详图。

（3）对于程序生成的截面注写图，可用"移动标注"、"标注换位"等功能进一步调整图面布置，使图面更加清晰，更加完善。

2. 绘制新图

（1）绘制新图时，程序提供"画完整平面"、"切割局部平面"、"修改平面图参数"等选项。一般均用"画完整平面"选项，只有当平面特别大，用"画完整平面"画不下时，才用"切割局部平面"选项来画图。不管用哪一种方法都要进行标注轴线、绘制层高表、插入图框，这样就完成了一张剪力墙截面注写施工图。

（2）进入"截面注写施工图"功能项后，程序默认的是第一标准层剪力墙截面注写图。当画完一层后，可用左端的下拉菜单框切换到画下一标准层截面注写施工图。

3. 编辑旧图

在编辑过程中，选取"编辑旧图"菜单，程序显示"清除旧图"、"续画旧图"、"画新图"、"选楼层"等菜单。续画旧图时，不能点取"清除旧图"，只有画新图时，才点取"清除旧图"。

4. 参数设置

（1）柱子要不要涂黑。需要涂黑时就打"√"，一般都要涂黑。

（2）画梁是否用虚线。一般用正投影画法，梁画虚线，所以打"√"。

（3）画墙是否用粗线。平面图比例小，墙画粗线不清楚，所以不打"√"。

（4）平面图样号。根据平面大小及比例，自定图样号。

第八章 JCCAD 基础设计软件

第一节 概 述

JCCAD 软件是 PKPM 结构系列软件中的建筑工程基础设计软件,采用人机交互方式输入,适用于计算柱下独立基础、墙下条形基础、弹性地基梁、带肋筏板、柱下带肋条形基础、墙下筏板、柱下独立桩基承台基础、桩筏基础、桩格梁基础及单桩基础,还可进行多类基础组合的大型混合基础设计。

在图 2-1 所示的界面中用鼠标单击"JCCAD"菜单进入如图 8-1 所示界面。

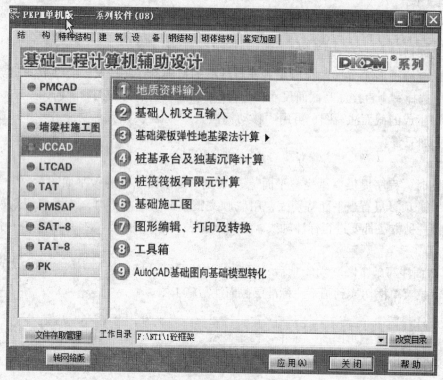

图 8-1 JCCAD 软件界面

在进入 JCCAD 交互菜单前,必须完成 PMCAD 或 STS 主菜单的建模、导荷步骤,如果要接力上部结构分析程序(如 SATWE、PMSAP 等)的计算结果还应运行完成相关程序的内力计算。JCCAD 的具体操作步骤为:

(1) 地质资料输入。

(2) 基础人机交互输入。

(3) 基础梁板弹性地基梁法计算。

(4) 桩基承台及独基沉降计算。

(5) 桩筏筏板有限元计算。

(6) 基础施工图。

(7) 图形编辑、打印及转换。

(8) 工具箱。

(9) AutoCAD 基础图向基础模型转化。

第二节 地质资料输入

地质资料的输入是在有地质勘察报告的条件下，当基础要求作沉降计算或基础设计为桩基时，则要求输入地质资料（地质资料文件后缀为.dz），一般规则的多高层建筑当地质条件比较好时，可不必输入地质资料而直接进行基础设计。地质资料的输入步骤为：

1. 土参数输入

输入文件名后，则要输入土参数，按照表格输入或修改。

2. 土层布置

按照土层参数表一层一层地布置，选添加，填土层名，则完成一层土的布置。布置完所有层后，点"OK"，则完成所有土层的布置。

3. 输入孔点

以"m"为单位输入孔的坐标，修改该孔位的土层参数，点"OK"，则形成该孔的位置和土层结构，回车则形成孔位平面图。

4. 动态编辑

选择要编辑的孔点，程序按照点柱状图和孔点剖面图两种方式显示选中的孔点土层信息，用户可在图面上修改孔点土层的所有信息。

5. 点柱状图

在孔位平面图中，点取任意一点，则形成该处的土层柱状图。

6. 土剖面图

在孔位平面图中，点取任意两点，则形成这两点间的土层剖面图。

7. 画等高线

点取"画等高线"后，可以画出各土层底和地表及水头等高线平面图。

第三节 基础人机交互输入

在图8-1所示的界面中用鼠标双击"基础人机交互输入"菜单，弹出如图8-2所示界面。按用户要求选择完毕后，点击"确认（Y）"按钮，进行基础人机交互输入。

人机交互输入的信息为：

（1）地质资料。点取地质资料后，提示打开资料、平移对位、旋转对位，这是在有地质资料而且作了地质资料输入后，才操作这一步，否则一般基础设计可不操作这一步。

（2）参数输入。

（3）网格节点。

（4）荷载输入。

（5）上部构件。

（6）基础布置。

（7）图形管理。

一、参数输入

点击"基本参数"按钮，进入与基础设计相关的参数定义菜单。基本参数包括地基承载力计算、基础设计参数和其他参数。

1. 地基承载力计算参数

（1）地基承载力特征值。按工程项目的地质勘察报告填写。

（2）地基承载力宽度修正系数。按《建筑地基基础设计规范》规定填写。

（3）地基承载力深度修正系数。按《建筑地基基础设计规范》规定填写。

主菜单

地质资料

参数输入

网格节点

荷载输入

上部构件

筏板

地基梁

板带

桩基础

柱下独基

墙下条基

重心校核

局部承压

图形管理

结束退出

图8-2 选择数据
输入方式菜单

（4）基底以下土的重度（或浮重度）。按隐含值选用。

（5）基底以上土的加权平均重度。按隐含值选用。

（6）承载力修正用基础埋置深度。一般应自室外地面标高算起，当布置独立基础、条形基础、梁式基础时从室内地面标高算起。该参数初始值为 1.2m。

2. 基础设计参数

（1）室外自然地坪标高。相对于室内地面 ±0.000 的高差，初始值为 −0.3m。

（2）基础归并系数。包括独立基础、条形基础的截面尺寸归并系数。系数大，归并的类型少；系数小，归并的类型多。一般填 0.2 ~ 0.3 即可。

（3）混凝土强度等级。

（4）拉梁承担弯矩比例。由拉梁承受独立基础或桩承台沿梁方向上的弯矩，减少独基底面积。一般填 0，即内定值。

（5）结构重要性系数。按照《混凝土结构设计规范》第 3.2.3 条采用，但不应小于 1.0。

3. 其他参数

（1）人防等级。可选不计算，或按建筑物要求选择人防等级。

（2）底板等效荷载、顶板等效荷载（kPa）。选择人防等级后，输入相应的等效荷载。

（3）地下水距天然地坪深度（m）。该值只对梁元法计算起作用，程序用该值计算水浮力，影响筏板重心和地基反力的计算结果。

4. 浅基参数（独立基础和条形基础）

（1）独立基础最小高度（mm）。一般由人工输入，也可由程序确定最小的独立基础高度。

（2）首层基础底标高（m）。根据岩土工程勘察报告确定基础底部标高（±0.000 以下为负值）。

（3）毛石条基台阶宽（mm）。用来调整毛石基础放角的尺寸。

（4）毛石条基台阶高（mm）。用来调整毛石基础放角的尺寸。

（5）拉梁间隙（mm）。拉梁端与柱边的距离（用预制梁时才填此参数）。

（6）砖条基放角尺寸（mm）。砖放角的模数。

（7）独基底面长宽比（S/B）。调整基础底板长和宽的比值。

（8）基础底板最小配筋率。由用户输入墙下条形基础和独立基础的底板最小配筋率，一般取 15‰。

（9）计算独立基础时考虑基础底面范围内的线荷载作用。当用户选择此项时，程序自动进行计算。

（10）一层上部结构荷载作用点标高。指一层底（结构标准层）相对于 ±0.000 的高差（m），大于 ±0.000 为正值；小于 ±0.000 为负值。

（11）柱插筋连接方式。连接的方式有：一次搭接、二次搭接、焊接搭接、闪光对接焊接。一般选用闪光对接焊接。

5. 桩承台

点击"桩承台"按钮，进入桩承台参数输入界面，由用户输入的参数有：桩承台控制参数和承台生成方式。

6. 地梁筏板

点击"地梁筏板"按钮，进入筏板基础的参数定义菜单，包括总信息、梁参数、板参数、梁施工图参数。

（1）总信息

1）结构种类。分为基础与楼盖两种选项。选择"基础"即程序进行基础设计；选择"楼盖"即程序进行楼盖设计。一般选择"基础"进行基础设计。

2）基床反力系数（kPa/m）。第一次计算时，一般选用 10000。

3）按广义文克尔假定计算。勾选此项后程序按广义文克尔假定计算，否则按一般文克尔假定计算。

4）人防等级。按设计要求填写。

5）弹性基础考虑抗扭。勾选此项后程序考虑抗扭刚度进行计算，否则不考虑抗扭刚度进行计算。

6）双筋配筋计算受压区配筋百分率。程序计算受弯配筋时，考虑了受压区有一定量的钢筋且实配钢筋百分率不少于0.15%。

7）地下水距天然地坪深度（m）。用户可以根据岩土工程勘察报告确定；没有地下水时，一般填20。

（2）梁参数

1）梁钢筋归并系数。取值范围为0.1～1.0。程序按照给定的百分率归并梁的钢筋种类。取值越大，则归并后的钢筋种类越少。

2）梁支座钢筋放大系数。取值范围为0.5～2.0。

3）梁跨中钢筋放大系数。取值范围为0.5～2.0。

4）梁箍筋放大系数。取值范围为0.5～2.0。

5）梁主筋级别。初始值为HRB335。

6）梁箍筋级别。初始值为HPB235。

7）梁式基础的覆土标高（m）。

8）梁立面图比例。初始值为1:50。

9）梁剖面图比例。初始值为1:20。

10）梁箍筋间距。初始值为200。

11）翼缘分布钢筋直径。即地基梁翼缘纵向分布钢筋直径。

12）翼缘分布钢筋间距。即地基梁翼缘纵向分布钢筋间距。

13）梁设弯起钢筋。勾选此项后程序考虑设弯起钢筋，否则不考虑设弯起钢筋。

（3）板参数

1）梁板混凝土级别。即混凝土强度等级。对于筏板基础，混凝土强度≥C30。

2）梁翼缘、板钢筋级别。初始值为HRB335。

3）板钢筋归并系数。取值范围为0.1～1.0，一般选用0.2。

4）板支座钢筋连通系数。取值范围为0.1～0.8，大于0.8时为全连通。

5）板支座钢筋放大系数。初始值为1.0。

6）板跨中钢筋放大系数。初始值为1.0。

7）板下平板配筋模式。选项为柱上、跨中板带分别配筋，全部连通；柱上、跨中板带均匀配筋，全部连通；部分钢筋连通，柱下不足部分加配短筋。

（4）梁施工图参数

1）梁肋方向。选项为向上或向下。一般都为向上。

2）梁图要钢筋表。勾选此项后程序绘制梁图时提供钢筋表。

7. 绘图参数

用户在本菜单可以输入与绘制施工图相关的参数。

（1）尺寸线距图宽。用于轴线自动标注，初始值为4500。

（2）图样号：初始值为1。

（3）平面图比例尺：初始值为1:100。

（4）剖面图比例尺：初始值为1:30。

（5）X向各跨轴线标注：选项为在下、在上、上下都标。

（6）Y向各跨轴线标注：选项为在左、在右、左右都标。

（7）条基墙体是否加宽：勾选此项后程序自动加宽墙体。

（8）独基详图。可点取不画柱、画柱、柱加宽。

（9）拉梁间隙（预制梁有此参数）。

二、网格节点

此菜单用于增加、编辑PMCAD传下来的平面网格、轴线和节点。建议有些网格在上部建模程序中预先布置完善，程序可将PMCAD中与基础相联的各层网格全部传下来，合并成统一的网点。

三、荷载输入

1. 荷载参数

（1）由永久荷载效应控制永久荷载分项系数。一般取 1.35。

（2）由可变荷载效应控制永久荷载分项系数。一般取 1.2。

（3）可变荷载分项系数。一般取 1.4 或 1.3（生产厂房活载≥4kN/m²）。

（4）活荷载组合值系数。按工程用途及《建筑结构荷载规范》选择参数。

（5）活荷载准永久值系数。灰色一般取用隐含值，白色查《建筑结构荷载规范》。

（6）活荷载重力代表值组合系数。灰色一般取用隐含值，白色查《建筑结构荷载规范》。

（7）风荷载组合值系数。灰色一般取用隐含值，白色查《建筑结构荷载规范》。

（8）地震作用组合风荷载组合系数。灰色一般取用隐含值，白色查《建筑结构荷载规范》。

（9）水平地震作用分项系数。灰色一般取用隐含值，白色查《建筑结构荷载规范》。

（10）竖向地震作用分项系数。灰色一般取用隐含值，白色查《建筑结构荷载规范》。

（11）起重机荷载准组合值系数。灰色一般取用隐含值，白色查《建筑结构荷载规范》。

（12）起重机荷载准永久值系数。灰色一般取用隐含值，白色查《建筑结构荷载规范》。

（13）分配无柱节点荷载。此项打"√"后，程序将墙间无柱节点或无基础柱上的荷载分配到周围的墙上，使墙下基础不会产生丢失荷载的情况。

2. 无基础柱

个别情况有些构造柱下有较大的荷载，用户指定这些构造柱下单独设置独立基础；一般情况构造柱下不需设置独立基础。

3. 附加荷载

包括点荷布置、点荷删除、线荷布置、线荷删除。

4. 选 PK 文件

当用形成 PK 文件，用 PK 计算单榀框架时，则可选取 PK 文件，此法比较麻烦，一般不用此法，而采用"读取荷载"方式。

5. 读取荷载

可以选择的荷载类型包括：PM 荷载、砌体荷载、TAT 荷载、PK 荷载、SATWE 荷载、PMSAP 荷载。这些荷载可以只是一种或多种，一般只选一种。

6. 荷载编辑

包括清除荷载、点荷编辑、点荷复制、线荷编辑、线荷复制。

7. 当前组合

用于改变当前显示的荷载组，前面带 * 的荷载组合就是当前组合。

8. 目标组合

用于查看特征荷载。

四、上部构件

1. 框架柱筋

本菜单用于输入框架柱在基础上的插筋，包括柱筋布置、柱筋删除。若在基础设计之前已画过柱的配筋图，而且还保存了文件，则框架柱筋按以前画过的柱筋配置，否则按自己定义的柱筋布置。

2. 填充墙

包括定义类别、删除类别、墙布置、墙删除、移心设置。

3. 拉梁

用于两个独立基础或独立桩基承台之间设置拉接连系梁，包括定义类别、删除类别、拉梁布置、拉梁删除、移心设置。

4. 圈梁

用于在条形基础中设置地圈梁，包括定义类别、删除类别、圈梁布置、圈梁删除、移心设置。

5. 柱墩

用于输入平板基础的板上柱墩，包括柱墩尺寸、柱墩布置、柱墩删除、查刚性角。

五、基础布置

用户可以布置的基础类型有：筏板基础、桩基础、柱下独立基础、墙下条形基础。

1. 筏板

（1）定义类别。由用户定义筏板类型、板厚、标高。

（2）清除类别。可以清除已定义的筏板类别。

（3）筏板布置。布置的方式有：围区布板、修改板边。

1）围区布板。用窗口方式选中需要布置筏板的范围，并且输入筏板挑出轴线的距离。

2）修改板边。当筏板挑出轴线的距离不同时，点取"修改板边"命令修改挑出距离。

（4）筏板荷载。用于布置筏板上的覆土重量和覆土上的设计荷载。

（5）筏板删除。可以删除已布置的筏板。

（6）冲切计算。可以验算柱下平板基础的冲切，程序计算后安全系数 >1.0 为满足规范规定。

（7）内筒冲剪。

2. 地基梁（也称基础梁或柱下条形基础）

（1）定义类别。由用户定义地基梁的类型。

（2）清除类别。可以清除已定义的地基梁类别。

（3）地梁布置。用于布置已定义的地基梁。

（4）地梁删除。用于删除已布置的地基梁。

（5）墙下布梁。

3. 板带

按弹性地基梁元法计算柱下平板基础必须运行的菜单。采用有限板元计算平板时，最好也布置板带。

（1）板带布置。用于布置板带。

（2）板带删除。可以清除已布置的板带。

4. 桩基础

（1）桩定义。由用户定义桩的形式、桩的尺寸、单桩承载力。

（2）清除桩类。可以清除已定义的桩。

（3）承台桩。用于输入承台布置的基本参数、生成桩承台、定义承台、承台布置等。

（4）非承台桩。用于布置独立无承台桩、筏板和基础梁下的桩。

（5）围桩承台。用于把承台的群桩或几个独立桩合成为一个承台桩。

（6）桩布置。包括单桩布置、梁下布桩、筏板布桩、群桩布置等。

（7）计算桩长。程序根据地质资料和每根桩的单桩承载力计算出桩的长度。

（8）修改桩长。用户可以输入或修改桩长。

（9）查桩数据。可以检查桩的数量、最小桩间距等数据。

5. 柱下独基

用于进行柱下独立基础（分离式的浅基础）的设计。可操作的菜单有：

（1）自动生成。由程序自动生成所有柱下的独立基础。

（2）计算结果。可以查看独立基础的计算结果文件。

（3）定义类别。用于修改自动生成的独立基础类别。

（4）清除类别。用于清除独立基础的类别。

（5）独基布置。用于人工布置独立基础。

（6）独基删除。用于删除独立基础。

（7）双柱基础。由程序自动生成或由人工定义的双柱基础。

6. 墙下条基

墙下条形基础是按单位长度线荷载进行计算的浅基础，适用于砌体结构。可操作的菜单有：

（1）自动生成。由程序自动生成所有墙下的条形基础。

（2）计算结果。可以查看条形基础的计算结果文件。

（3）定义类别。用于修改自动生成的条形基础类别。

（4）删除类别。用于清除条形基础的类别。

（5）条基布置。用于人工布置条形基础。

（6）条基删除。用于删除条形基础。

（7）双墙基础。自动设置双墙基础和人工设置双墙基础。

7. 重心校核

用于筏板基础、桩基础的荷载重心与基础形心位置校核以及基底反力与地基承载力的校核。

（1）选荷载组。用户在所有荷载组合中选择其中一组进行重力校核。

（2）筏板重心。可以显示每一块筏板上的荷载重心、筏板形心、平均反力、地基承载力设计值、最大和最小反力位置与数值。

（3）桩重心。可以显示桩的荷载重心与合力值、群桩形心与总抗力以及两者的偏心距。

8. 局部承压

可以进行对独立基础、承台、基础梁以及桩对承台的局部承压计算。

六、图形管理

具有显示、绘图功能。可以选择的菜单有："显示开关"、"写图文件"、"设字大小"、"图形缩放"、"二维显示"、"三维显示"、"变换视角"、"OPGL 方式"、"打印绘图"。

以上五步完成后，则有关基础设计的人机交互输入数据就算完成了。

第四节 基础梁板弹性地基梁法计算

在图 8-1 所示的界面中用鼠标单击"基础梁板弹性地基梁法计算"菜单，在弹出界面中出现的选项有："基础沉降计算"、"弹性地基梁结构计算"、"弹性地基板内力配筋计算"、"弹性地基梁板结果查询"。

一、弹性地基板整体沉降

本菜单用于按弹性地基梁元法输入的筏板、梁式、独立、条形基础的沉降。桩筏基础和无板带的平板基础则不能应用此菜单。沉降的计算参数有：

（1）沉降计算地基模型系数。取 0 为文克尔模型，取 1 为弹性半无限体模型，一般其值在 0.1 ～ 0.4 之间。

（2）沉降计算经验系数。一般取 0，程序按《建筑地基基础设计规范》取值。

（3）地基土承载力标准值。按地质勘探报告取值。

（4）基底至天然地面的平均土密度。按实际情况取值，有地下水的部分取浮重度。

（5）地下水深度。按地下水位距室外天然地坪的距离填写。

（6）沉降计算压缩层深度。程序按基础选型自动按有关公式确定。

（7）回弹再压缩模量/压缩模量。按照《建筑地基基础设计规范》（GB 50007—2002）和《高层建筑箱形与筏形基础技术规范》（JGJ 6—1999）的规定选取。

（8）回弹再压缩沉降计算经验系数。

（9）梁式基础、条基、独基沉降计算压缩层深度自动确定。

（10）选择采用广义文克尔假定进行地梁内力计算。采用此条的条件是要有地质资料，且必须进行刚性地板假定的沉降计算。

（11）使用规范标准。

（12）基础刚、柔性假定。对筏板基础选刚性，对独基、条基、梁式基础或刚度较小的筏板取柔性。

二、弹性地基梁结构计算

在界面中可以选择的计算模式有：

（1）按普通弹性地基梁计算。指计算时不考虑上部结构刚度影响，该方法最常用，推荐使用。

（2）按考虑等代上部结构刚度影响的弹性地基梁计算。

（3）按上部结构为刚性的弹性地基梁计算。计算时将等代上部结构刚度考虑的很大（200 倍）。

（4）按 SATWE 或 TAT 的上部刚度进行地基梁计算。

（5）按普通梁单元刚度矩阵的倒楼盖方式计算。

三、弹性地基板内力配筋计算

该菜单主要功能是地基板局部内力分析与配筋，以及钢筋实配和裂缝宽度计算。计算参数界面如图 8-3 所示。

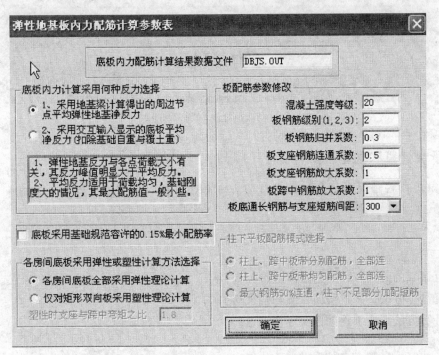

图 8-3　弹性地基底板内力配筋计算参数选择界面

1. 底板内力计算时采用的地基反力选择

（1）采用地基梁计算得出的周边节点平均弹性地基净反力。

（2）采用交互输入显示的底板平均净反力。

一般来说上部荷载不均匀，如高层与裙房共存时，采用第一种反力计算；其余结构采用第二种反力计算。

2. 各房间底板采用弹性或塑性计算方法选择

（1）各房间底板全部采用弹性理论计算。

（2）仅对矩形双向板采用塑性理论计算。

3. 板配筋参数修改

包括混凝土强度等级、板钢筋级别、板钢筋归并系数、板支座钢筋连通系数、板支座钢筋放大系数、板跨中钢筋放大系数。

4. 底板采用基础规范容许的 0.15% 最小配筋率

打"√"表示在平时条件下和人防条件下底板配筋采用 0.15% 配筋率（参照基础规范和人防规范），否则按普通构件的最小配筋率 0.2% 计算。

四、弹性地基梁板结果查询

可查询的结果界面如图8-4所示。

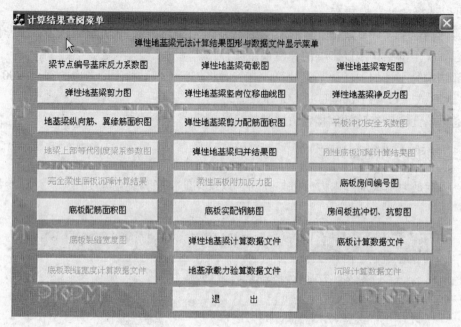

图8-4 弹性地基梁板结果查询界面

五、桩基承台计算和独基沉降计算

通过本菜单可以进行承台和桩的抗弯、抗剪、抗冲切计算与配筋。可以输出基础配筋、沉降等计算结果。

1. 计算参数

（1）沉降计算信息

1）考虑相互影响的距离(m)、室内回填土标高(m)、沉降计算调整系数。用户自行选取。

2）独基沉降计算方法。按工程项目实际情况选择。

3）桩承台计算方法。按工程项目实际情况选择。

（2）计算信息

1）桩钢筋级别，承台(梁)、桩混凝土级别，底层柱底标高，承台混凝土保护层厚度(mm)。

2）承台底($B/2$ 深)土极限阻力标准值(kPa)。也称土极限承载力标准值，当桩承载力按共同作用调整考虑桩间土的分担。

3）桩承载力按共同作用调整。含义为是否采用桩土共同作用计算，参照《建筑桩基技术规范》5.2.2 和5.2.3 条。

4）桩与承台连接。铰接或刚接。

2. 钢筋级配

级配表包括：钢筋直径、间距。用户可以对表中内容进行修改。

3. 承台计算

本菜单运算时首先选择荷载，包括承台计算与单桩计算。

（1）单桩计算

1）基桩竖向承载力的校核。程序先进行单桩竖向承载力标准值的计算，再根据承台形状、布桩形式和土层情况计算桩基中基桩的竖向承载力。

2）基桩横向承载力的校核。群桩基础(不含横向力垂直于单排桩基纵向轴线和力矩较大的情况)的复合基桩横向承载力设计值应考虑由承台、桩群、土相互作用产生的群桩效应。

（2）桩基沉降计算。由于地质条件不均匀、荷载差异很大、体型复杂等因素引起的地基变形就需要对基础形状进行调整。

（3）承台计算。包括抗弯计算、抗冲切计算、抗剪切计算、局部承压验算。

4. 结果计算

计算的结果为：荷载图、单桩反力图、承台配筋图、承台沉降图、数据文件。

六、桩筏及筏板有限元法计算

本菜单用于桩筏和筏板基础的有限元分析计算，采用的筏板基础包括有桩、无桩、有肋、无肋、板厚度变化、地基刚度变化等各种情况。程序接力 SATWE、TAT、PMSAP 等上部模块，考虑上部结构刚度影响进行基础计算。

1. 模型参数

模型参数的内容包括计算模型和计算参数，如图 8-5 所示。

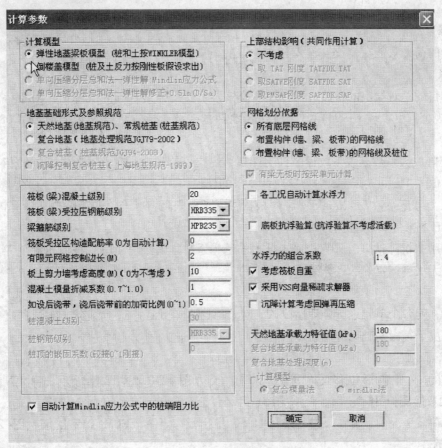

图 8-5　计算参数界面

（1）计算模型。是对桩计算模型的选择，四种模型适应不同的情况。

对于上部结构刚度较低的结构（如框架、多层框架-剪力墙），其受力特性接近 1、3 和 4 模型，其中 1 模型为简化模型；3 模型是弹性解，为规范推荐的桩基、筏基沉降计算方法；4 模型为对 3 模型的一种改进。对于上部结构刚度较高的结构（剪力墙、高层框架-剪力墙），其受力特性接近于 2 模型。

（2）地基基础形式及参照规范。对基础形式进行分类，按工程项目中实际的地基基础形式选择不同的规范。

（3）上部结构影响。包括不考虑、上下部结构共同作用（取 TAT 刚度）、上下部结构共同作用（取 SATWE 刚度）。考虑上下部结构共同作用计算比较准确反应实际受力情况，可减少内力节省钢筋。

（4）桩顶的嵌固系数（0 铰接 ~1 刚接）。程序隐含为 0 对于桩顶和筏板现浇在一起也不能按刚接计算。如果是钢桩或预应力管桩伸入筏板一倍桩径以上的深度，可认为刚接。

（5）如设后浇带，浇后浇带时的荷载系数（0~1）。后浇带将筏板分割成几块独立的筏板，填 0 取整体计算结果，填 1 取分别计算结果；取中间值 a 时，实际结果 = 整体计算结果 × $(1-a)$ + 分别计算结果 × a。

2. 刚度修改

本菜单用于设置各桩的刚度，当无桩时不显示此菜单。

3. 网格调整

有限元计算精度与单元数有关，程序生成筏板上一个个闭合的"房间"，自动添加辅助线，将凹多边形的"房间"转为两个或多个凸多边形"房间"，在此基础上人工进行修改处理，桩筏基础的筏板就形成了以四边形单元为主、三角形单元为辅的有限元网格。

4. 单元划分

在前面网格调整的基础上，按"模型参数"中有限元网格控制边长进行自动加密并划分单元。

5. 筏板布置

本菜单可以在形成好的单元上布置筏板的各项参数、设置后浇带、查询单元及节点的位置。用户可对各单元上的筏板厚度、标高、板面荷载、基床反力系数设置为不同数值，初始值为交互输入的数据，可人为修改。

6. 荷载选择

本菜单选择的荷载只能在"交互输入"中选取的荷载。

7. 沉降试算

沉降试算的目的是对给定的参数进行合理性校核，主要指标是基础的沉降值，对于桩筏基础同时给出《建筑桩基技术规范》(JGJ 94—1994)和地方标准《地基基础设计规范》(条文说明)(DGJ 08-11—1999)的沉降计算值。

(1) 群桩沉降放大系数。该系数程序自动计算，用户可修改，1 表示不考虑群桩的相互作用对沉降的影响。程序隐含值为 1，如大于 1，则为自动计算出的建议值。

(2) 板底反力基床系数 $k(kN/m^3)$。程序根据板底土极限阻力标准值和荷载自动计算该参数的建议值，供用户修改。对于桩筏基础隐含值为 0。

如果没有使用"沉降试算"计算板底土反力的基床系数，则必须使用"筏板布置"菜单人为指定该参数，否则程序将无法得到正确的计算结果。

8. 计算

保存文件时，对各个单元进行合理性校核，对于不合理单元程序进行细分。对数据进行保存并进行有限元计算，且解决了筏板基础局部配筋过大问题。

9. 结果显示

计算结果图形文件包括位移图(DIST * . T)、反力图(TRE * . T)、弯矩图(BEN * . T)、剪力图(SHR * . T)和梁弯矩图(BBE * . T)、梁剪力图(SBE * . T)等。

程序对多种荷载工况的计算结果进行统计归并，给出板弯矩图(ZFBM. T)和配筋量图(ZFPJ. T)。

10. 交互配筋

提供三种配筋方式：梁板(板带)方式配筋、分区域均匀配筋、新梁板(板带)方式配筋。

(1) 梁板(板带)方式配筋的前提条件是必须在筏板上设置肋梁或暗梁(对梁式、墙下筏板式基础)或设置板带(对柱下平板基础)。当筏板较薄，板厚与肋梁高度比较小时采用板带配筋方式。

(2) 分区域均匀配筋。当筏板较厚，板厚与肋梁高度比较大时采用。

(3) 新梁板(板带)方式配筋时，程序自动在各房间分界线处布置柱上板带，并在"模型参数"对话框的"网格划分依据"中进行选择。

第五节　基础平面施工图

先输入绘图参数、基础平面绘图内容，然后显示基础平面，再按以下步骤绘制基础平面施工图。

1. 基础平面图

(1) 标注尺寸

1) 条基尺寸。用于标注条形基础和上面墙体的宽度。

2）柱尺寸。用于标注柱子及相对于轴线尺寸。

3）拉梁尺寸。用于标注拉梁的宽度以及与轴线的关系。

4）独基尺寸。用于标注独立基础及相对于轴线尺寸。

5）承台尺寸。用于标注桩基承台及相对于轴线尺寸。

6）地梁长。用于标注弹性地基梁（包括板上的肋梁）长度。

7）地梁宽。用于标注弹性地基梁宽度及相对于轴线尺寸。

8）标注加腋。用于标注弹性地基梁对柱子的加腋尺寸。

9）筏板剖面。用于绘制筏板肋梁的剖面，标注板及板底标高。

10）标注桩位。用于标注任意桩相对于轴线的位置。

11）标注墙厚。用于标注底层墙体相对轴线位置和厚度。

（2）标注字符

1）柱编号。用于标注柱子编号。

2）拉梁编号。用于标注拉梁编号。

3）独基编号。用于标注独基编号。

4）输入开洞。在底层墙体上开预留洞口。

5）标注开洞。标注"输入开洞"所设置的洞口尺寸。

6）地梁编号。程序提供自动标注和手工标注方式，将地基连续梁编号标注在各个连梁上。

（3）标注轴线

用于标注各类轴线的间距、总尺寸等。

1）自动标注。用于自动标注水平或垂直轴线的间距、总尺寸、轴线号。

2）交互标注。用于交互标注任意方向上的任意根同向轴线。

3）逐根标注。用于对逐根点取的轴线进行标注。

4）弧轴线。用于标注弧轴线的轴线号，弧轴线之间某位置的弧长与半径、角度，以及弧长、半径、角度的单独或不同组合标注。

5）标注板带。本菜单只适用于采用等代梁元法计算，配筋模式按整体通常配置的平板基础。可以用于标注出柱下板带和跨中板带钢筋配置区域。

2. 基础梁平法施工图

根据基础建模程序中构件数据进行基础连续梁的生成和归并、梁跨划分、钢筋选取。

施工图绘制时，通过"弹性地基梁元法计算出的梁施工图绘制"、"桩筏，筏板有限元计算出的梁施工图绘制"两种方式进行梁筋标注、基准标高、修改标注、选画梁图等，立剖面参数定义后就可以正式出图了。

3. 基础详图

按照计算结果绘制独立基础、墙下条基、桩承台的详图，包括插入详图、删除详图、钢筋表、轻隔墙基、拉梁剖面、电梯井、地沟等。一一点取，根据提示，完成以上详图。再经图形编辑、组装成图，则应画的基础详图就完成了。

4. 筏板基础配筋施工图

（1）设计参数。包括布置钢筋参数、钢筋显示参数、校核参数、统计钢筋量参数和剖面图参数。

（2）网线编辑。此部分内容不是必须操作的。为方便筏板钢筋的定位，可对基础平面布置图的网线信息做编辑处理。

（3）取计算配筋。

此菜单运行前，应在筏板计算程序中执行"钢筋实配"或"交互配筋"。通过此菜单，可选择筏板配筋图的配筋信息来自三种计算程序的结果。

1）弹性地基梁法——配筋。来自③基础梁板弹性地基梁法计算——弹性地基板内力配筋计算。

2）筏板有限元法——均匀配筋。来自⑤桩筏筏板有限元计算——交互配筋。

3）筏板有限元法——板带配筋。来自⑤桩筏筏板有限元计算——交互配筋。

（4）改计算配筋。此菜单不是必须执行的。

（5）画计算配筋。通过点取"计算程序中设定的区域边线变网线"或"各区域的通长筋展开表示"其中一项，可将筏板钢筋直接绘制在平面图上。

（6）布板上筋。需要对筏板板面钢筋编辑时，可进入此菜单。

（7）布板中筋。

（8）布板下筋。

（9）裂缝计算。根据板的实际配筋量，计算出板边界和板跨中的裂缝宽度。

（10）画施工图。根据用户要求，绘制施工图。

第九章　LTCAD 楼梯设计软件

LTCAD 软件即普通楼梯和异形楼梯 CAD 软件。采用人机交互方式，用户可以采用独立输入各层楼梯数据、从 APM 软件传来数据、从结构 PMCAD 软件传来数据三种方式。通过软件完成钢筋混凝土楼梯的结构计算、配筋计算和施工图绘制。

在 PKPM 主菜单(图 2-1)界面中用鼠标单击"LTCAD"菜单进入如图 9-1 所示界面。

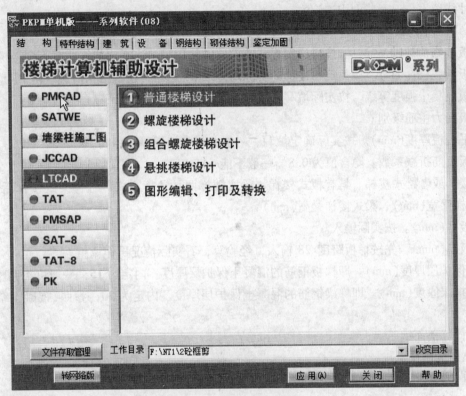

图 9-1　LTCAD 软件界面

其操作的具体步骤为：

(1) 楼梯交互式数据输入。

(2) 楼梯钢筋校验。

(3) 楼梯施工图。

(4) 楼梯表施工图。

(5) 消隐法画楼梯透视图。

(6) 螺旋楼梯设计。

(7) 组合螺旋楼梯设计。

(8) 悬挑楼梯设计。

(9) 图形编辑、打印及转换。

第一节　普通楼梯设计

双击"普通楼梯设计"菜单，进行楼梯数据的输入。可以进行操作的菜单有：

1. 主信息

(1) LTCAD 主信息 1

1）施工图样规格。规格有：1号、2号或3号图样。若想加长图样需填入参数。

2）楼梯平面图比例。一般为1:50，若为特殊比例，则自行输入比例数。

3）楼梯剖面图比例。若剖面图不配筋，一般为1:50，若剖面图要配筋，则用1:25比较好些，这样剖面配筋看得清楚些。

4）楼梯段配筋图比例。一般为1:25，若为特殊比例，则自行输入比例数。

5）踏步是否等分。等分填0，不等分填1。

6）楼层楼板为现浇还是预制。填写实际类别，以现浇楼板居多。

7）X向尺寸线标注位置。可用内定值。

8）Y向尺寸线标注位置。可用内定值。

9）总尺寸线留宽（mm）。可用内定值。

（2）LTCAD主信息2

1）楼梯板装修荷载（kN/m²）。按楼梯实际建筑面层做法填写。注意此装修荷载不含楼梯自重。

2）楼梯板活载（kN/m²）。按建筑物楼梯的实际功能填写，参照《建筑结构荷载规范》取值。

3）楼梯板混凝土强度等级。按实际填写。

4）楼梯板受力主筋级别。

5）休息平台板厚度（mm）。按实际确定填写，一般与相邻楼板厚度相同。

6）楼梯板负筋折减系数。隐含值为0.8。一般不能小于0.5。

7）板式楼梯或者梁式楼梯。具有板式楼梯、梁式楼梯两种选择方式。选择梁式楼梯后需要输入的参数有：梁式楼梯梁宽（mm）、梁式楼梯梁高（mm）。

8）楼梯板宽（mm）。按实际输入。

9）楼梯板厚（mm）。先按梯板跨度/28输入，经验算，看实际情况再作调整。

10）梯板保护层厚度（mm）。即梯板钢筋的混凝土保护层厚度。内定为15，一般可不调整。

11）梁保护层厚度（mm）。即梯梁钢筋的混凝土保护层厚度。内定为30，参照《混凝土结构设计规范》取值。

12）是否计算楼面钢筋。

（3）LTCAD主信息3

1）栏杆延伸长度（mm）。一般不予考虑。

2）栏杆拐角长度（mm）。一般不予考虑。

3）栏杆踢角高度（mm）。一般不予考虑。

2. 新建楼梯

输入完主信息后，回车确认输入信息，然后点取"新建楼梯"或"打开楼梯"。如果过去没有在当前目录内输入过楼梯，则点取"新建楼梯"；如果以前输入过楼梯，则点取"打开楼梯"。输入过去设置的文件名，则进入楼梯的建模、计算、画图等工作，直至完成楼梯施工图。

（1）点取"新建楼梯"，要求输入楼梯文件名，回车后，点取"楼梯间"，如果是规则的楼梯间，则点取矩形房间；如果是不规则楼梯间，则可采用网格输入建模。这里以规则楼梯间为例，则点取"矩形房间"，弹出窗口，要求输入第一标准层楼板厚和层高，输入后回车，则弹出房间信息窗口，要求输入开间、进深、层高和房间边界信息，确定后显示出楼梯间平面，这就可以定轴线名，布置墙或梁、柱、门窗洞口。完成后回车就可进入"楼梯布置"。

（2）楼梯布置

"楼梯布置"适用于各种单跑或多跑楼梯的详细布置。具体的操作步骤有：

1）对话框输入。在对话框中输入楼梯的各项参数，包括：楼梯类型、楼梯跑数、楼梯踏步参数、表示方法、楼梯基础和是否自动布置梯梁等信息。

2）楼梯定义。用于定义单跑楼梯，在楼梯布置前必须进行楼梯定义，定义的参数有：梯段宽度、单跑斜板总投影长（mm）、单跑总高度（mm）、单跑踏步数、梯板厚度（mm）、第一步或最后一步高度（-/+）、材料类别。楼梯定义完后，点"退出"，才可以进行"梯间布置"。

3）梯间布置。本菜单用于布置楼梯。程序中可以选择的梯间类型有 11 种。包括：单跑楼梯、中间带休息平台的单跑楼梯、双跑楼梯、L 形楼梯、对称式三跑楼梯（中间上，两边分）、对称式三跑楼梯（两边上、中间合）、T 形楼梯（中间上两边分）、T 形楼梯（两边上中间合）、三跑楼梯、四跑楼梯、任意平面任意跑楼梯（楼梯跑数≤5）等。

布置的步骤为（以双跑楼梯为例）：

① 选择上楼方向第一跑楼梯起始参考节点（梯间网格点）。

② 选择第一跑楼梯类型（在楼梯定义表中选取）。选取后点取布置。

③ 选取第一跑楼梯所在的网格，输入起始踏步距起始节点的距离；选取第二跑类型和它所在的网格，并输入起始踏步距起始节点的距离。这里要注意楼梯的前进方向，并注意个别楼梯类型中选择叠加和正确输入中间跑楼梯侧面距网格的距离。并通过"单跑布置"对已布好的楼梯间的某一跑个别修改。

④ 点取"楼梯基础"，按基础图示输入外伸距、基础宽、基底宽、基础高、基底高，再输入本层层高，这样一个标准层就建立起来了。同理，点取换"标准层"，重复上述工作，建立起第二标准层直至建完所有标准层。需注意的是，第一自然层因为带基础必须作为一个标准层。到了顶层，为了楼梯平面图的完整，必须设一个不带楼梯平面的空标准层。这样所画出的楼梯标准层平面图就是完整的。

3. 竖向布置

（1）楼层布置。用于完成楼梯的竖向布局。这里需要确定复制层数、标准层号、层高，然后点取添加，则确定了第一自然层的布置，依次类推，则完成全楼所有楼梯自然层的布置。

（2）楼层删除。用于删除已布置的楼层。

（3）楼层插入。用于在楼层布置中增加新的楼层。当布置的自然层少了，可用此菜单插入。

（4）换标准层：用于切换至另一个标准层。

（5）删标准层：用于删除已布置的标准层。

（6）插标准层：用于插入一个新的标准层。

4. 全楼组装

通过"全楼组装"可把各层楼梯全部组装成整体，且能观察全座楼梯布置后的整体效果。组装方式有：不简化组装、交互简化组装、按上次组装方案重新组装。

5. 保存文件

用于保存操作过程中的所有文件。

6. 数据检查

通过执行"数据检查"菜单可以检查输入数据的合理性。

7. 打印图形

第二节　楼梯配筋与绘图

一、楼梯钢筋验算及修改

双击"楼梯配筋校验"菜单后，程序自动进行楼梯平台板、楼梯板等构件的配筋计算，并按楼梯标准层及跑号逐层逐跑显示楼梯及平台板配筋简图。可以进行操作的菜单有：

1. 楼梯钢筋验算及修改

程序可以计算平台板、楼梯板、楼梯梁的配筋，并输出计算书。参数的修改方式有：列表修改和对话框修改。修改的参数包括：楼梯板的钢筋、楼梯梁的钢筋、平台的钢筋。按标准层号、按跑号一一显示。显示完后，点取"退出"、"确认"按钮，则楼梯钢筋验算及修改完毕。

2. 楼梯计算书

在上边工具条点取"计算书"，再在对话框中点取"生成计算书"，则楼梯计算书就生成了。计算书的内容有：荷载和受力计算、配筋计算、实配钢筋计算结果等。

二、楼梯施工图

双击"楼梯施工图"按钮，进入楼梯施工图界面。设置基本绘图的参数后，可操作的菜单有：楼梯平面图、楼梯剖面图、楼梯配筋图、图形归并、退出。

1. 楼梯平面图

可操作的菜单有："选择标准层"、"设置参数"、"标注尺寸"、"标注字符"、"平台钢筋"、"楼面钢筋"、"平法绘图"和"图形合并"等。

2. 楼梯剖面图

可操作的菜单有："设置参数"、"楼梯板钢筋"、"移动标注"、"标注层号"、"标注文字"、"标注尺寸"，——点取则画全座楼梯剖面图。

3. 楼梯配筋图

可操作的菜单有："设置参数"、"选择梯跑"、"修改钢筋"、"标注文字"、"标注尺寸"，——点取则完成各梯段的配筋详图。

4. 图形归并

图形归并是指将前面生成的平面图、立面图、配筋图等按需归并到一张图上。先在窗口中点取各图的图形文件名，再点"插入"，显示该图，拖到适当位置，——排布，则形成一张楼梯施工图。图形文件名的格式为 LT1.T。

三、楼梯表施工图

有的人喜欢用楼梯表画楼梯图，则点取"楼梯表施工图"菜单，很快就生成一张楼梯表施工图。

关于螺旋楼梯设计、悬挑楼梯设计，一般很少采用，这里就不再一一赘述了。

第十章 工程实例

实例1 某市城建公司混凝土框架办公楼设计

1—1 模型输入和结构设计

一、工程概况

本工程为混凝土框架结构工程，地上5层，层顶标高为16.30m，无地下室。使用年限50年，建筑物的重要性类别为二类，安全等级二级，抗震等级三级。基础类型为柱下独立基础。

二、结构设计

根据建筑专业和设备专业所提供的条件图（略）进行结构专业的施工图设计。经过各专业互相协商和配合，最后确定采用混凝土框架结构，柱下独立基础，钢筋混凝土中分式楼梯。

三、建筑模型与荷载输入

在 PKPM 结构系列软件中点取 PMCAD 模块，则根据结构设计条件可进行本工程结构模型和荷载的输入。

1. 确定工程名称代号

根据本工程的特点输入工程名称代号 HLTKJ，这是混凝土框架的拼音缩写名称。

2. 轴线输入

因为楼层平面是比较规则的平面，所以用平行直线输入的方法比较简便一些，最后形成网点，再用网点编辑，去掉不必要的网格和节点，形成本工程所需的首层网格平面。轴线输入完毕后，点取形成网点，这样就可以进行轴线编号了。

轴线命名，可以单根输入，也可以成批输入。这里是用成批输入。点击【Tab】键，移动光标，点取竖向起始轴线，显示出 Y 向的所有轴线及轴线圈，提示有没有不要的轴线？这里没有，就直接输入起始轴线号，回车，程序就把①~⑧号轴线标上了。用同样的方法把 X 向的轴线号Ⓐ~Ⓓ注上。

3. 楼层定义

（1）柱布置。先点取"柱布置"菜单，显示出柱截面表，然后点取"新建"，要求输入柱截面的宽和高。根据楼面荷载的大小、楼层数、柱网尺寸等，按设计条件定义柱的断面尺寸为 350×350。然后点取此断面，再点"布置"，若有偏心和转角，则输入柱断面的偏心和转角。此工程中的柱没有偏心和转角，则直接用光标（也可以用轴线方式或窗口方式）在网格节点上布柱，布完后退出。这一结构标准层的柱就都布上了。

（2）主梁布置。先点取"主梁布置"菜单，显示出梁截面表，然后点取"新建"，要求输入梁截面的宽和高，根据楼面荷载的大小和梁的跨度，按设计条件定义梁的断面尺寸：框架横梁为 250×350，框架纵梁为 250×450。输入后点取断面，再点取"布置"，首先要求输入梁的偏心和梁顶标高，这个项目的主梁均无偏心和错层，所以就直接用轴线方式布梁，布完后退出。这一结构标准层的梁就都布上了。

若梁、柱在布置时有错，可以执行"本层修改"菜单对本层的梁、柱进行增删，然后补布。完后换标准层。根据本工程的具体情况，设定三个结构标准层。在换标准层时，应采用添加标准层菜单，采用"全复制前一标准层"的方法，把前一结构标准层平面作为第二结构标准层的平面。然后再根据实际情况，将网格进行编辑，把多余的网格、节点去掉，改变成第二结构标准层所需的网格平面。如该标准层的构件型号有变，则要重新布置梁、柱构件。这样形成的第二结构标准层的平面不至于产生轴线号错和构件型号错。

用同样方法形成第三结构标准层(屋顶)的平面。这样所有的结构标准层平面就建完了。

（3）楼板生成

1）修改板厚。如果设计板厚不是平面显示的板厚，则需对板厚进行修改，大范围用窗口，小范围用光标。

2）板洞布置。楼板开洞是指在一个房间里开设几个矩形洞或圆洞，有时候整个房间都开成一个大洞。本工程的第一个结构标准层和以后的两个标准层都不开洞，卫生间的小洞在施工时配合设备图在现场预留就行了。楼梯间不开洞，输入板厚为0，这样在竖向导荷时不至于产生遗漏荷载的情况。

3）设悬挑板。本工程第一结构标准层没有悬挑板，第二结构标准层开始才有悬挑板，故需点取"退出本层"，进入第二结构标准层。点取"设悬挑板"菜单，则显示"布悬挑板"、"删悬挑板"、"改悬挑板"等菜单。点取"布悬挑板"菜单，则提示用光标在需布悬挑板的目标梁上点击，一一点完需布相同方向悬挑板的目标梁后回车，提示输入悬挑板的长度、厚度、荷载。这里输入的数值是1000、100、0。荷载输入0表示悬挑板上的荷载与相邻房间的荷载相同。确定后提示指定悬挑板的悬挑方向。这时就需用光标在梁的悬挑板一侧点击一下，则这一部分悬挑方向相同的悬挑板就都布上了。用同样方法把其他方向相同的悬挑板也布上，则这一结构标准层的悬挑板就布完了。然后看看是否有布置多了的，多了就删除，少了就补上，错了就修改。布置完后退出本层，进入下一结构标准层，按照上述方法布置悬挑板，直至全部布完为止。

4. 荷载输入

荷载的输入包括楼面荷载、梁间荷载、柱间荷载、墙间荷载、节点荷载、人防荷载、吊车荷载等。本工程为混凝土框架结构，只有楼面荷载和填充墙作用在梁上的线荷载。所以就只布置楼面荷载、屋面荷载和在有填充墙的梁上布置梁上线恒载。根据建筑要求和结构构造输入楼面荷载 $4.5kN/m^2$、$2.0kN/m^2$，屋面荷载 $6.0kN/m^2$、$0.5kN/m^2$，填充墙折算成梁上线恒载为 $10kN/m$（见计算条件）。将此值一一布在建筑条件图上有墙的梁上即可。这样布完一个结构标准层，再布另一个结构标准层，直至布完所有的结构标准层。

5. 设计参数

（1）总信息

1）结构体系。框架结构。

2）结构主材。钢筋混凝土。

3）结构重要性系数。根据《混凝土结构设计规范》，这里填1。

4）与基础相连的底标高：-0.500；梁柱钢筋混凝土保护层厚度：30；框架梁端弯矩调幅系数：0.85。

（2）材料信息。都采用隐含值，不再另外输入。

（3）地震信息

1）设计地震分组。按地勘报告和抗震规范确定，这个项目定为1。

2）地震烈度。按地勘报告为7度。

3）场地类别。按地勘报告为二类。

4）框架抗震等级。按建筑抗震设计规范为3。

5）设计振型个数15。

6）周期折减系数1。

（4）风荷载信息

1）基本风压。按照荷载规范取为 $0.4kN/m^2$。

2）地面粗糙度类别。按该建筑物的具体位置定为B类。

3）体形系数。按荷载规范定为1.3。

6. 楼层组装

楼层组装是按结构自然层，将结构标准层和荷载标准层以及层高把它一层一层地组装起来，形成整个建筑物的结构模型，以供三维结构计算和绘制施工图使用。组装完退出，保存结构模型文件。

四、平面荷载显示与校核

这一步工作主要是把模型输入的线荷载和楼层调整的楼面荷载显示出来，看看有没有错误或遗漏。若有则返回去修改，若没有则将此数据留存作整体计算和整理计算书用。在作此步工作时，主要是荷载选取适当，这里主要选取主梁荷载、楼面荷载、恒载、活载，交互输入荷载，用图形方式显示。

五、画结构平面图

此为现浇钢筋混凝土楼板，点取菜单后，要求输入绘图参数，然后分别点取楼板计算和楼板钢筋，逐一完成各标准层结构平面图。

1. 输入设计参数和绘图参数

（1）配筋参数。包括负筋位置、多跨负筋、二级钢筋的弯钩形式、钢筋间距符号@、负筋标注、钢筋编号、支座负筋归并长度模数 50。

（2）绘图参数。包括图纸号 2、加宽比例 0、绘图比例 100。

2. 楼板计算

输计算参数：配筋计算参数、钢筋级配表、楼板及挠度参数，然后确定边界，再点取"自动计算"，最后出计算书。由于计算书较长，在设计条件中未予列出。

3. 画结构平面图

若此层结构平面图过去画过，则直接"进入绘图"，否则点取"绘制新图"。此为第一次画，则点取"绘制新图"。屏幕显示该层的原始结构平面图，据此可点取屏幕上边工具条相应菜单对原始结构平面图进行有关的标注。

（1）标注轴线。点取"标注轴线"后，提示按自动标注还是交互标注？这里选择按自动标注，则程序将自动把轴线号和尺寸标注在结构平面图上。

（2）标注尺寸。包括柱尺寸、梁尺寸、洞口尺寸、板厚、楼面标高等。可以一一点取，用鼠标按提示逐一标注。

（3）标注字符。包括柱字符、梁字符、图名等。也是用鼠标按提示逐一标注。

（4）画楼板钢筋

1）板底钢筋。一般用"板底通长"。在不同段号，点取板底筋的起始梁位，再点取终止梁位，回车，这一区段的板底通长筋就画出来了。继续在不同的区段点取起始梁和终止梁，则各种不同区段的板底通长筋就都自动画出来了。

2）支座负筋。支座负筋的画法有三种：一个支座一个支座地画、几个支座同时画、几个支座连通画。这里选择的是几个支座同时画。先按【Tab】键，然后在不同的区段点取起始梁和终止梁，回车，这个区段上的各支座负筋就自动画出来了。用同样方法画出其他区段各支座负筋，则各种不同区段上的支座负筋就画上了。

画完板底筋和支座筋后，看看配筋有无重叠拥挤现象，如有则用"移动钢筋"菜单将其拖动，直到清楚满意为止。

最后插入图框，存图退出，这一层的结构平面图就画完了。同法再画其他层，直至画完为止。最后归并为施工图结施-4~6 顶板配筋图。

六、结构计算

本工程的三维分析计算可用 PKPM 结构系列软件 TAT、SATWE、PMSAP 等模块进行分析计算。因为此工程为混凝土框架结构，所以就选用 SATWE 模块对该项目作空间分析计算。在建模的工作目录下，点取 SATWE 模块，则就进入结构分析计算。

1. 接 PM 生成 SATWE 数据

（1）分析与设计参数补充定义

1）总信息。裙房层数：0；地下室层数：0；结构材料：钢筋混凝土；结构体系：框架结构；风荷载计算信息：计算风荷载；地震作用计算信息：计算水平地震作用。

2）风荷载信息。地面粗糙度类别：B；基本风压：0.4kN/m²；体形系数：1.3。

3）地震信息。结构规则信息：规则；计算地震分组：1；设防烈度：7；场地类别：2；框架抗震等级：3；计算振型个数：15。

4）活荷载信息。用隐含值，未作调整。

5）调整信息。用隐含值，未作调整。

6）设计信息。用隐含值，未作调整。

7）配筋信息。用隐含值，未作调整。

8）荷载组合。用隐含值，未作调整。

填完以上参数并确定，则进入下一菜单。

（2）特殊构件补充定义。特殊构件补充定义是按结构标准层一层一层地定义。

1）特殊梁。这里分一端铰接和两端铰接两种。按实际情况布置完特殊梁。

2）特殊柱。这里包括上端铰接、下端铰接、两端铰接、角柱等菜单。按实际情况布置完特殊柱。

该结构标准层并无特殊支撑、弹性板、吊车荷载、刚性梁等。因此，这一结构标准层的特殊构件补充定义就定义完了。用此方法换第二结构标准层进行特殊构件补充定义，直至布完最后一个结构标准层。则整个工程结构的特殊构件就定义完了。

（3）生成 SATWE 数据。点取此菜单，回车，程序就自动生成 SATWE 计算所需的数据文件和荷载文件。退出进行下一步的结构计算。

2. 结构内力配筋计算

点取此菜单并确认，则程序自动对整个结构进行内力和配筋计算：刚心坐标及层刚度，形成总刚并分解；地震作用；结构位移与构件内力；配筋计算；层间位移等。

3. 分析结果图形和文本文件显示

（1）图形文件输出

1）混凝土构件配筋简图。点取此菜单后逐层显示梁柱配筋图。生成各自然层的配筋文件为 WPJ＊.T，＊表示层号。

2）梁弹性挠度简图。点取此菜单，将逐层显示梁的弹性挠度。若要保存文件则需点取"保存文件"并输入该层梁挠度图的图形文件名＊.T，＊表示层号。

3）底层柱最大组合内力简图。这是基础设计和校对的基本数据。图形文件名为 WDCNL.T。

（2）文本文件输出

1）结构设计信息。这是结构设计的主要文件，也是结构图校对和审核的重要文件。在结构计算书整理时也是必须列入的主要内容。

2）超配筋信息。必须查看这个文件，这个文件可以查看各楼层构件超配筋的构件号和超配筋的数值。若不符合要求，应返回调整模型中的构件。

以上图形和文件经过检查合理无误后，方可进入梁柱绘图。

七、绘制墙梁柱施工图

混凝土框架梁柱施工图的绘制必须经过 TAT 或 SATWE 或 PMSAP 三维分析计算后，才能用梁柱施工图模块来完成。在前面建模时的工作目录下，点取 PKPM 结构系列软件的墙梁柱施工图模块，程序就开始准备绘制本工程的梁柱施工图了。具体步骤是：

1. 平法施工图

目前国内画梁施工图有两种方法，即平法和立剖面画法。一般都用平法，这里也用平法来画梁施工图。

点取梁平法施工图菜单，输入配筋参数，设钢筋层，这里按结构标准层选。首先选标准层1，确定，立即显示本层梁平法配筋平面图。

2. 平法画梁施工图

当输入了配筋参数，选定钢筋标准层并确定后，立即显示该层梁的平法配筋平面图，等待继续详画梁平法施工图。

（1）绘制新图。这是第一次用平法画梁施工图，所以点取"绘制新图"。

1）查改钢筋。点取右侧屏幕菜单"查改钢筋"，显示钢筋修改及次梁加筋等。这里未选钢筋修改。只点次梁加筋，显示箍筋开关和吊筋开关。将两开关都点取，当计算有附加箍筋和吊筋时，则显示出附加箍筋和吊筋，否则不显示。这里附加箍筋和吊筋都有，均显示在平法画梁平面图中。

2）钢筋标注。程序自动画出的梁配筋图往往比较拥挤，有时还重叠不清。这就需要点取钢筋标注里的"移动标注"菜单，将字符移动，直到能看清楚并全部满意为止。

（2）标注

平面图中所显示的配筋字符调整满意后，需用屏幕上边工具条菜单对平面图进一步标注。

1）标注轴线。轴线标注有"自动标注"、"交互标注"、"逐根点取"等三种方法。这里选用自动标注方法，程序将轴线号和相关尺寸自动注上。

2）标注楼面标高、图名，画层高表，最后插入图框，则这一层的平法画梁配筋图就算完成了。文件名为 PL1.T。退出后重复上述过程画出各层梁配筋图，则全楼的梁配筋图就算完成了。这里我们是按结构标准层出的图，一共3张图：1~3层、4层、5层(屋顶)。整理后见图结施-9~11。

3. 柱平法施工图

目前国内画柱施工图有两种方法，即平法和立剖面画法，这里选用的是平法画柱施工图。点取柱平法施工图菜单，输入绘图参数，设置钢筋层，这里按标准层选。首先选标准层1并确定，立即显示该层柱平法配筋平面图。

4. 平法画柱施工图

画柱施工图有立面画法、平面画法和列表画法三种。本工程选用的是全国通用的平面画法。

（1）点取"归并"，则显示柱的配筋和归并号。

（2）参数修改。

1）绘图参数：图纸放置方式1，图纸加长系数0，图纸加宽系数0，平面图比例1:100，剖面图比例1:50，施工图表示方法1。

2）选筋归并参数：选计算结果SATWE，归并系数0.2，主筋放大系数1，箍筋放大系数1，柱名称前缀KZ-，箍筋形式2，连接形式8。

（3）大样移位。本工程平面简单，没有重叠不清的大样，所以大样不用移位。

（4）层高表。点取"层高表"，画出层高表，可以表示出本层所在的位置。

（5）标注图中所显示的柱配筋和大样位置调整好后，需用屏幕上边工具条菜单对平面图进一步标注。

1）标注轴线。有"自动标注"、"交互标注"、"逐根点取"等三种方式。与梁一样，选用自动标注方法。

2）标注楼面标高，写图名，画层高表，最后插入图框，则这一层的平法画柱施工图就完成了。文件名为柱施工图1.T。退出重复上述过程画出各层柱配筋图，则全楼的柱配筋图就全部完成了。这里是按结构标准层画的，画出后看1结构标准层和2结构标准层的柱配筋完全一样，所以也归并到一结构标准层即一张图里。整个楼的柱施工图就两张：1~4层柱配筋图、5层(屋顶)柱配筋图，见结施-7、结施-8。

八、基础设计

基础设计必须是结构建模通过内力分析计算后才能进行。根据上部结构类型和该项目的地质条件，确定该工程的基础为柱下独立基础。采用PKPM结构系列软件JCCAD模块进行设计计算。由于该项目结构简单、体量小、层数少、荷载不大、地质条件又比较好，不必作沉降计算，所以就没有输入地质资料，直接进行基础设计。

1. 基础人机交互输入

点取"基础人机交互输入"后，程序提示是读取已有数据还是重新输入数据。由于是第一次输入，则点取"重新输入数据"并确定。

（1）参数输入

1）地基承载力计算参数。地基承载力特征值为180kPa，地基承载力宽度修正系数为1，基础埋置深度为室外地坪下0.95m。在北京地区基础埋深必须大于冻深0.8m。

2）基础设计参数。室外自然地坪标高为 -0.3m，基础归并系数为0.2，混凝土强度为C20，结构重要性系数为1，结构荷载作用点标高为 -0.5m，即基顶标高。

3）其他参数。这是一般的普通独立基础，这项参数就不必输入了。

（2）个别参数。如果个别基础的埋深或地基承载力不相同，可点取"个别参数"修改，这里未作个别参数修改。

（3）荷载输入

1）荷载参数。这里用的是隐含值，未作修改。

2）附加荷载。这个工程的附加荷载是指底层填充墙重量作用在独基上的节点荷载 $p = gl = 10 \times 8.6$kN $= 86$kN。近似按各柱相等输入，这样既方便又安全也不致于造成不必要的浪费。

3）读取荷载。这里读取的是SATWE计算荷载。

（4）上部构件。上部构件是指框架柱筋和拉梁。

1）框架柱筋。框架柱筋在画框架柱施工图时已画过并已保存，这里仍然有效，就不必再输入框架柱筋而程序直接引用就行了。

2）拉梁。这里是用来承受底层填充墙的地梁。先是定义拉梁断面 $bh = 250 \times 450$，顶标高 -0.05，无偏心。然后在有填充墙的网格上布置拉梁。

（5）柱下独基。柱下独基可用自动生成和人工布置两种，这里用自动生成，用窗口方式选取确认前面输入的参数。独基形式选用阶形现浇，独基的最小高度750mm，基底标高 -1.25m，基底长宽比1，独立基础最小配筋率0.15，基底钢筋级别1级。填完后回车，柱下独立基础就自动生成了。程序提示，是否进行基础碰撞检查，点取"确认"，独立基础就正式生成了，结束退出，以备后面作正式施工图。

2. 基础平面施工图

（1）绘图参数

1）平面图比例：1:80。

2）地基梁画法：双线表示不画翼缘。

（2）基础平面图绘图内容。全用隐含值。

（3）绘制基础平面图。输完参数后确认回车，点取"绘制新图"就自动显示出基础的原始平面图，然后在标注轴线栏逐一进行标注。

1）标注轴线。标注轴线分"自动标注"、"交互标注"、"逐根点取"等三种方法。这里选用自动标注方法，程序就自动把轴线、轴线号和轴线尺寸都注上了。

2）标注字符、构件。柱编号：因在画柱施工图时已有柱号，这里就不再进行柱编号。拉梁编号：因为拉梁就一种断面，所以就编一个号DL-1，在图中有拉梁的网格上一一点取，DL-1就被标注上了。独基编号：点取此菜单后，用光标在平面图上一一点取柱下独基，显示出红圈，表示柱下独基的编号和基底标高，按鼠标左键确定，这个柱下独立基础的编号和基底标高就自动标注上了。一一点取，重复操作，则整个基础平面的独立基础字符就标完了。回主菜单。

3）标注尺寸。拉梁尺寸：用光标在平面图中有拉梁的网格上点一下，这根拉梁对轴线的定位尺寸就被注上了。独基尺寸：用光标在平面图上点取一个类型的独立基础，注意你想把尺寸注在独基的哪个方向，比如右上方，你在点取独基时，就在基础内的右上方区格内点一下，则基础的定位尺寸就在基础的右方和上方标上了。你想标在哪个方向就点取哪个方向，十分方便。

4）基础详图。画基础详图首先确定是在本张上画还是另画一张，这里选用就在本张上画。点一下"插入详图"，显示出基础详图编号表，在编号表上点一个基础号，比如J-1，就自动显示出这个独立基础的平面和立面详图模型。拖到适当位置定下来，再去点第二个基础号，又拖到适当位置排定下来，这样一个一个地点取独基号，再拖到适当位置定下来，这一张独立基础的详图就画完了。再用移动菜单编排一下图面就行了。

5）拉梁剖面。点取"拉梁剖面"菜单，显示出拉梁的断面，输入箍筋的规格型号，确定后，拉梁的剖面详图就画好了。回主菜单。

（4）插入图框。插入图框是在轴线标注栏点取。基础平面、详图、拉梁画好后，这张图很零乱，需经拖动排列编辑，分成两张图，分别插入图框，编排成图，见结施-2、结施-3。

九、楼梯设计

楼梯设计是根据建筑条件图，用 PKPM 结构系列软件 LTCAD 模块进行设计的。LTCAD 模块（程序）分普通楼梯、螺旋楼梯和悬挑楼梯三种。这里选用的是普通中分式楼梯，其操作过程如下：

1. 楼梯交互式数据输入

点取"新建楼梯"，输入楼梯文件名 LT-1，确认。

（1）主信息

1）主信息一。包括图纸规格 2，平面图比例 1:50，剖面图比例 1:25。

2）主信息二。包括楼梯板装修荷载 1.0，楼梯板活荷载 3.5，混凝土强度等级 25，楼梯板受力主筋 HPB235，休息平台板厚度 100，楼梯板负筋折减系数 0.8，楼梯板宽度 2000，楼梯板的厚度 120，梯板钢筋保护层厚度 15，梯梁钢筋保护层厚度 25。

主信息三是栏杆参数，这里不必输入。

（2）楼梯间

1）矩形房间。点此菜单显示出一矩形框，输入开间 4500，进深 6000，层高 3200，周边梁宽 250，周边梁高 450。确认后楼梯房间就显示出来了。

2）本层信息。输入板厚 100，层高 3200。

3）轴线命名。点取竖向一轴线，输入轴线号④（因为楼梯间在结构平面图上的这根轴线号为④），点取竖向第二轴线，输入轴线号⑤，点取横向一轴线，输入轴线号ⓒ，点取横向二轴线，输入轴线号ⓓ。这样楼梯间的轴线就输入完了。

（3）楼梯布置。用对话输入，显示各类楼梯型号。选用双分平行楼梯 2，输入下列参数：

1）起始节点号 3。

2）踏步总数 22。

3）踏步宽度 300。

4）各梯段宽 2000。

5）平台宽度 1500。

6）梯梁布置：自动。

7）梯梁宽 250。

8）梯梁高 350。

9）各标准跑详细数据：踏步数 11，起始位置 1500，结束位置 1500，宽度 2000、1050、1050，起始高 0、1600、1600，梯段高 1600，投影长 3000。

（4）竖向布置。竖向布置是将楼梯标准层布置到结构自然层中去。

1）复制层数 4。

2）楼梯标准层号 1。

3）层高 3200。

4）点取添加，就将 1~4 层的楼梯组装好了。

（5）退出程序。点取此菜单，确认存盘退出，则楼梯文件就被保存了。下次进入就点取开始输入的楼梯文件名，就可继续操作了。

2. 楼梯配筋校验

点取此菜单，就显示第一楼梯标准层第一跑的钢筋图，再点取左上角梯跑图标又显示出第一楼梯标准层第二跑的钢筋图。再点取左上角楼梯跑图标，直到显示没有下一跑时，再用左上角右边的图标退出。

3. 楼梯施工图

（1）楼梯平面图。点此菜单显示出楼梯底层平面图。

1）标注轴线。分"自动标注"、"交互标注"、"逐根点取"三种标注方法，这里选用自动标注方法。

2）标注尺寸。包括注柱尺寸，点取网格上的柱，该柱的定位尺寸就注上了，用同样方法标注梁的定位尺寸。

3）平台钢筋。点取此菜单，楼梯平面图上的平台钢筋就注上了。

（2）楼梯立面图。点取此菜单显示出该楼梯的立面图。楼梯立面图可以配筋，也可以不配筋。本工程选择的是整体配筋。这就是楼梯配筋整体表示的一种方法。为了表示得更清楚一些，这里可以调整比例。隐含值是 1:50，这里选择的是 1:25。

1）梯板钢筋。点取此菜单，梯板钢筋就都标上了。这时图面比较乱，需用"移动标注"来调整图面。

2）标注层号。点取此菜单，填上参数，回车，则楼层号就自动标上去了。

（3）配筋图。点取此菜单，楼梯配筋图将采用梯板配筋分离式画法。这里边有梯梁配筋断面图。本来选择的是整体配筋，不必采用分离画法画梯板配筋图。这是为了在拼图时能用上梯梁配筋断面图，才点取此菜单。

（4）图形拼接。楼梯施工图是由前面画过的平面图、立面图、配筋图组成。但这些图还是一张张的单体图，还不能成为一张完整的施工图。这就需要把这些单独的图拼接起来成为一张完整的楼梯施工图。具体操作是点取"插入图形"，显示出楼梯平面图、立面图、配筋图等文件名，一一点取，拖放到适当位置，经过编辑整理，才成为一张完整的楼梯施工图，见结施-12。

十、结构施工图整理

本工程通过 PMCAD 建模，画了各结构标准层的结构平面图，通过 SATWE 结构分析计算，用墙梁柱施工图画了各结构标准层的梁柱配筋图，通过 JCCAD 画了基础施工图，通过 LTCAD 画了楼梯详图。这些图都是零散的，还需通过编辑插入图框、编写图号、增加说明、编制目录和施工图封面等操作，才能形成一套完整的工程结构施工图。这里需说明一点，结构设计总说明是本人根据自己设计经验编制的，仅供参考，用户可视具体情况，采用本单位结构设计说明或其他设计单位的说明。

十一、结构计算条件整理

工程结构施工图设计完了以后，还需整理一份结构设计条件，相当于计算书或计算书的一部分。结构设计条件可供设计、校对、审核用，也可供施工审图用，最后归档存查。这里仅把计算信息、各标准层构件断面、各标准层荷载平面、各标准层配筋平面、层间位移角曲线、底层柱最大组合内力图等组合整理成一份简单的计算条件供参考，用户不必照此套用。

1—2 结构设计条件

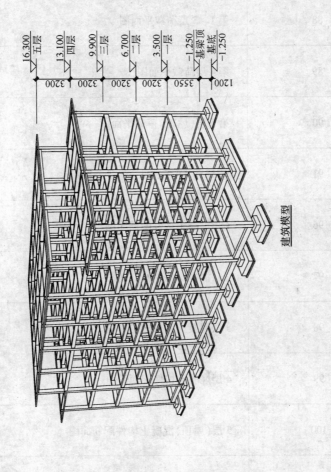

建筑模型

16.300 ▽ 五层
13.100 ▽ 四层 3200
9.900 ▽ 三层 3200
6.700 ▽ 二层 3200
3.500 ▽ 一层 3200
-1.250 ▽ 基梁顶 3550
-1.250 ▽ 基底 1200

设计：　　　　校对：　　　　审核：

83

结构设计条件目录

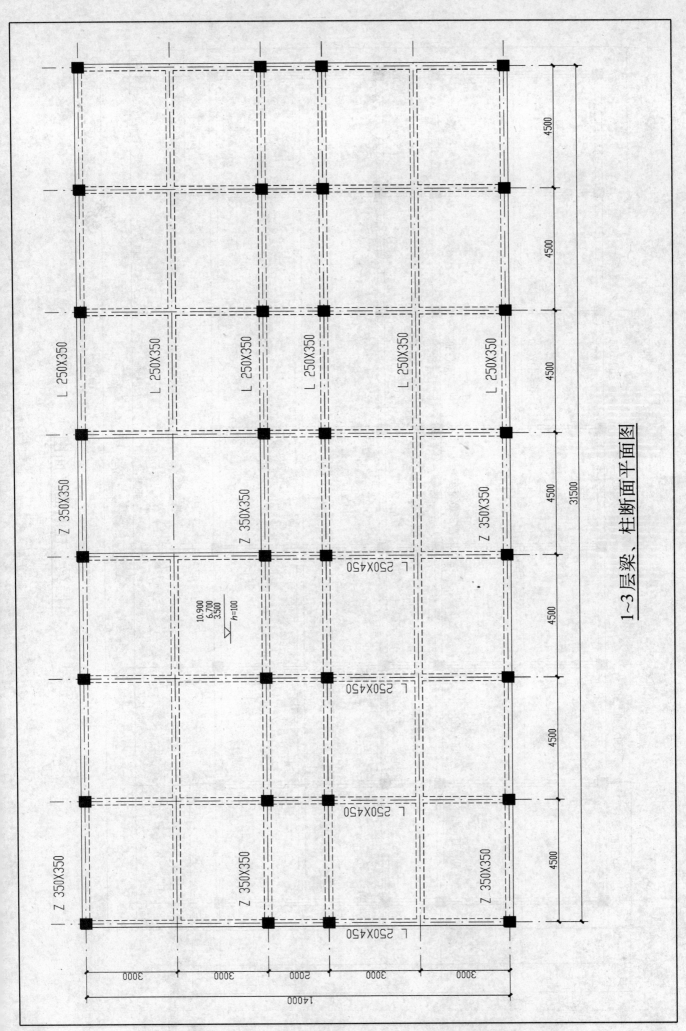

1~3层梁、柱断面平面图

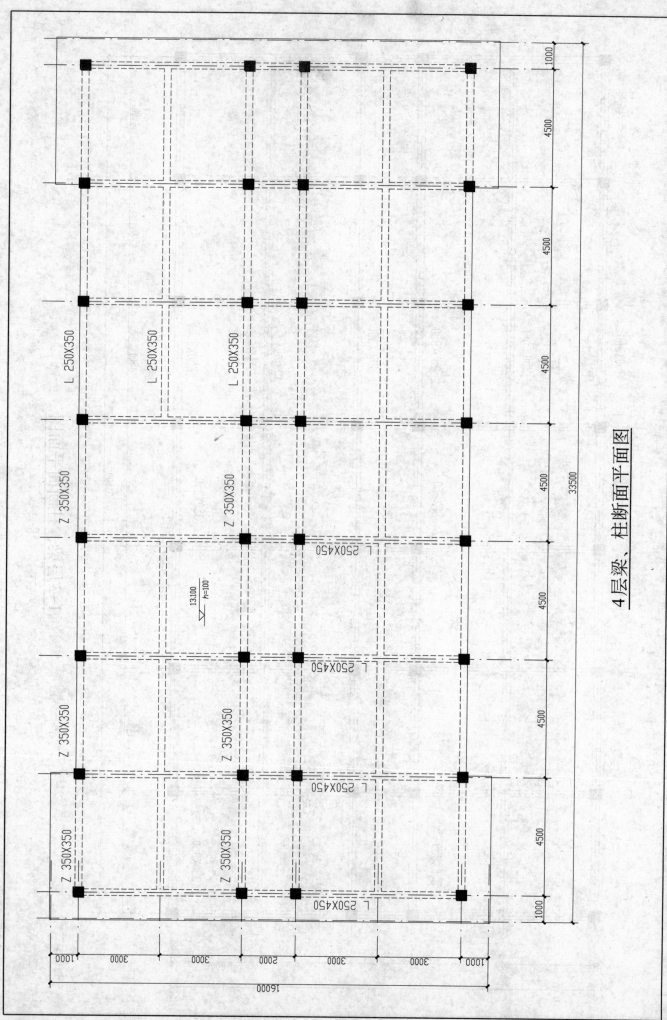

4层梁、柱断面平面图

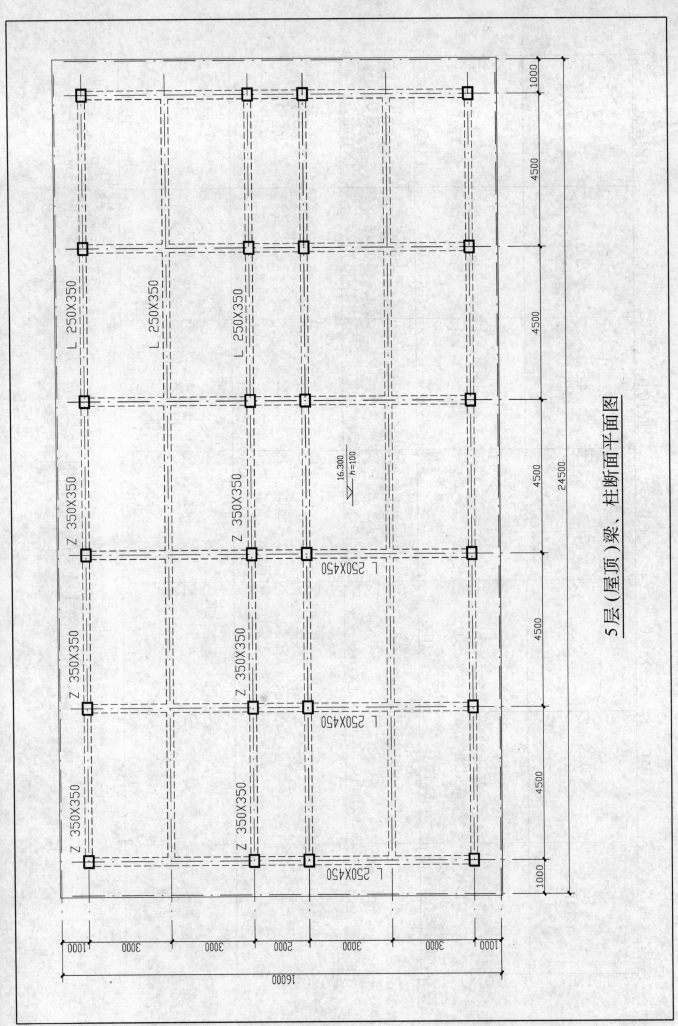

5层（屋顶）梁、柱断面平面图

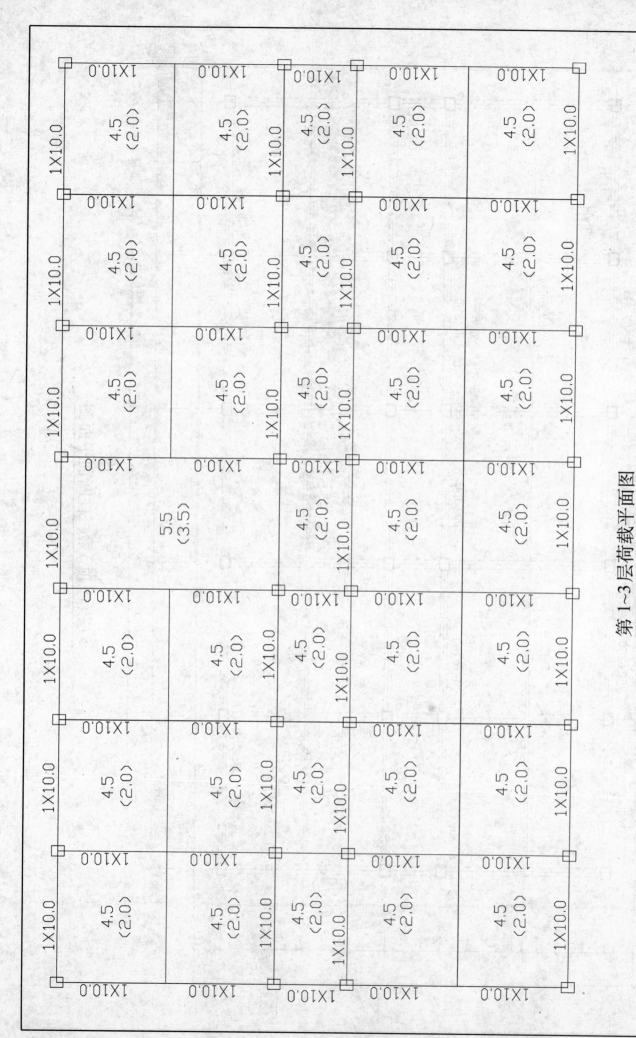

第 1~3 层荷载平面图

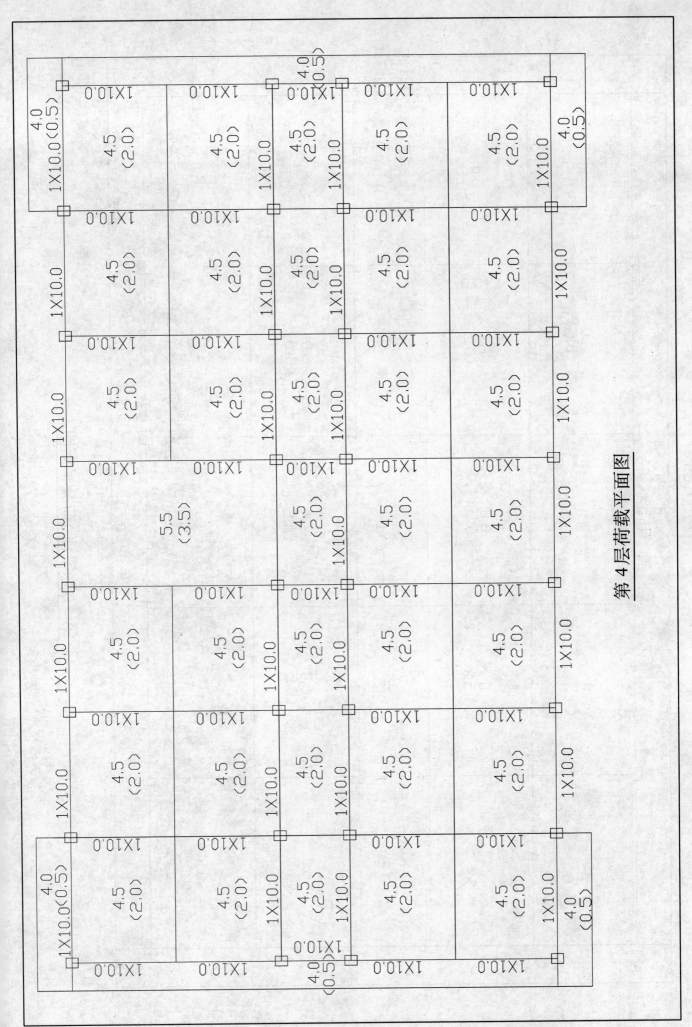

第 4 层荷载平面图

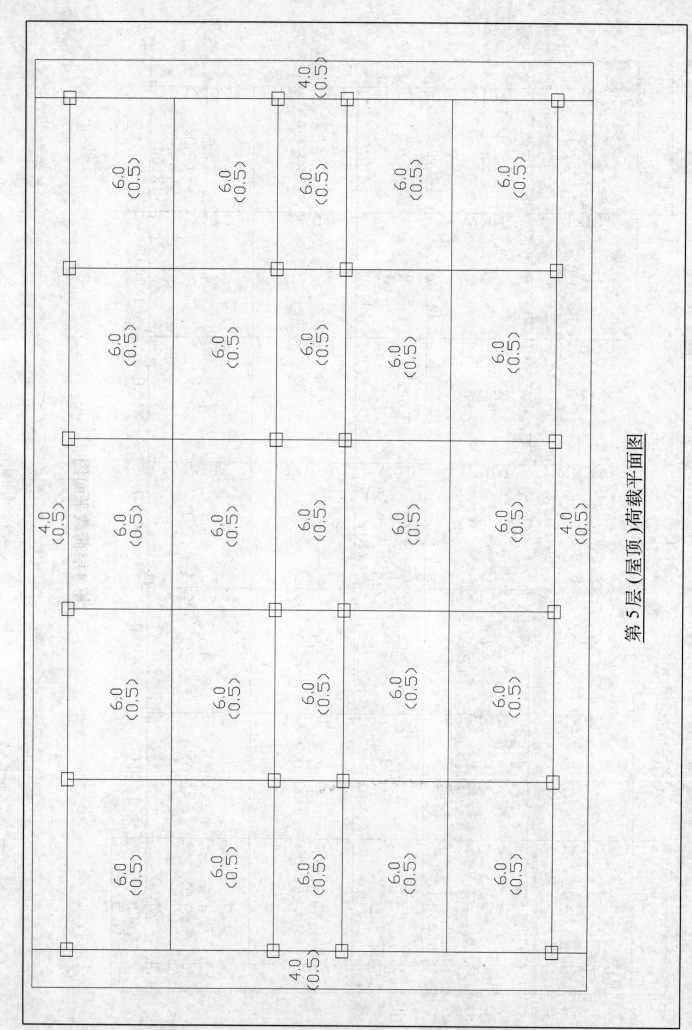

第 5 层（屋顶）荷载平面图

某市城建公司混凝土框架办公楼结构计算总信息

WMASS. OUT

//

公司名称：某市城建公司

建筑结构的总信息
SATWE 中文版
文件名：WMASS. OUT

工程名称：混凝土框架办公楼　　　　　设计人：
工程代号：　　　　　　校核人：　　　　　　　日期：

//

总信息...
结构材料信息：　　　　　　　　　　混凝土结构
混凝土容重（kN/m³）：　　　　　　 Gc　　 = 25.00
钢材容重（kN/m³）：　　　　　　　 Gs　　 = 78.00
水平力的夹角（Rad）：　　　　　　 ARF　　= 0.00
地下室层数：　　　　　　　　　　　MBASE　=　　 0
竖向荷载计算信息：　　　　　　　　按模拟施工加荷计算方式
风荷载计算信息：　　　　　　　　　计算 X，Y 两个方向的风荷载
地震力计算信息：　　　　　　　　　计算 X，Y 两个方向的地震力
特殊荷载计算信息：　　　　　　　　不计算
结构类别：　　　　　　　　　　　　框架结构
裙房层数：　　　　　　　　　　　　MANNEX =　　 0
转换层所在层号：　　　　　　　　　MCHANGE =　 0
墙元细分最大控制长度（m）　　　　 DMAX　 = 2.00
墙元侧向节点信息：　　　　　　　　内部节点
是否对全楼强制采用刚性楼板假定　　是
采用的楼层刚度算法　　　　　　　　层间剪力比层间位移算法
结构所在地区　　　　　　　　　　　全国

风荷载信息...
修正后的基本风压（kN/m²）　　　　 WO　　 = 0.40
地面粗糙程度：　　　　　　　　　　B 类
结构基本周期（秒）：　　　　　　　 T1　　 = 0.29
体形变化分段数：　　　　　　　　　MPART　=　　 1
各段最高层号：　　　　　　　　　　NSTi　 =　　 5
各段体形系数：　　　　　　　　　　USi　　= 1.30

地震信息...
振型组合方法（CQC 耦联；SRSS 非耦联）　　CQC
计算振型数：　　　　　　　　　　　NMODE =　　 15
地震烈度：　　　　　　　　　　　　NAF　 = 7.00
场地类别：　　　　　　　　　　　　KD　　=　　 2
设计地震分组：　　　　　　　　　　一组
特征周期　　　　　　　　　　　　　TG　　= 0.35
多遇地震影响系数最大值　　　　　　Rmax1 = 0.08
罕遇地震影响系数最大值　　　　　　Rmax2 = 0.50
框架的抗震等级：　　　　　　　　　NF　　=　　 3
剪力墙的抗震等级：　　　　　　　　NW　　=　　 3
活荷质量折减系数：　　　　　　　　RMC　 = 0.50
周期折减系数：　　　　　　　　　　TC　　= 0.8
结构的阻尼比（%）：　　　　　　　 DAMP　= 5.00
是否考虑偶然偏心：　　　　　　　　否
是否考虑双向地震扭转效应：　　　　否
斜交抗侧力构件方向的附加地震数　　=　　 0

活荷载信息...
考虑活荷不利布置的层数　　　　　　从第 1 到 5 层
柱、墙活荷载是否折减　　　　　　　不折算
传到基础的活荷载是否折减　　　　　折算
－－－－－－－－ 柱，墙，基础活荷载折减系数 －－－－－－－－－
计算截面以上的层数 －－－－－－－ 折减系数

91

1	1.00
2-3	0.85
4-5	0.70
6-8	0.65
9-20	0.60
>20	0.55

调整信息···

中梁刚度增大系数：	BK =	1.00
梁端弯矩调幅系数：	BT =	0.85
梁设计弯矩增大系数：	BM =	1.00
连梁刚度折减系数：	BLZ =	0.70
梁扭矩折减系数：	TB =	0.40
全楼地震力放大系数：	RSF =	1.00
0.2Qo 调整起始层号：	KQ1 =	0
0.2Qo 调整终止层号：	KQ2 =	0
顶塔楼内力放大起算层号：	NTL =	0
顶塔楼内力放大：	RTL =	1.00
九度结构及一级框架梁柱超配筋系数 CPCOEF91 =		1.15
是否按抗震规范 5.2.5 调整楼层地震力 IAUTO525 =		1
是否调整与框支柱相连的梁内力 IREGU_KZZB =		0
剪力墙加强区起算层号 LEV_JLQJQ =		1
强制指定的薄弱层个数 NWEAK =		0

配筋信息···

梁主筋强度（N/mm^2）：	IB =	300
柱主筋强度（N/mm^2）：	IC =	300
墙主筋强度（N/mm^2）：	IW =	210
梁箍筋强度（N/mm^2）：	JB =	210
柱箍筋强度（N/mm^2）：	JC =	210
墙分布筋强度（N/mm^2）：	JWH =	210
梁箍筋最大间距（mm）：	SB =	100.00
柱箍筋最大间距（mm）：	SC =	100.00
墙水平分布筋最大间距（mm）：	SWH =	200.00
墙竖向筋分布最小配筋率（%）：	RWV =	0.30
单独指定墙竖向分布筋配筋率的层数：	NSW =	0
单独指定的墙竖向分布筋配筋率（%）：	RWV1 =	0.60

设计信息···

结构重要性系数：	RWO =	1.00
柱计算长度计算原则：	有侧移	
梁柱重叠部分简化：	不作为刚域	
是否考虑 P-Delt 效应：	否	
柱配筋计算原则：	按单偏压计算	
钢构件截面净毛面积比：	RN =	0.85
梁保护层厚度（mm）：	BCB =	30.00
柱保护层厚度（mm）：	ACA =	30.00
是否按混凝土规范（7.3.11-3）计算砼柱计算长度系数：否		

荷载组合信息···

恒载分项系数：	CDEAD =	1.20
活载分项系数：	CLIVE =	1.40
风荷载分项系数：	CWIND =	1.40
水平地震力分项系数：	CEA_H =	1.30
竖向地震力分项系数：	CEA_V =	0.50
特殊荷载分项系数：	CSPY =	0.00
活荷载的组合系数：	CD_L =	0.70
风荷载的组合系数：	CD_W =	0.60
活荷载的重力荷载代表值系数；	CEA_L =	0.50

剪力墙底部加强区信息···

剪力墙底部加强区层数	IWF =	2
剪力墙底部加强区高度（m） Z_STRENGTHEN =		6.70

```
********************************************************
*            各层的质量、质心坐标信息                    *
********************************************************
```

层号	塔号	质心 X	质心 Y(m)	质心 Z(m)	恒载质量(t)	活载质量(t)
5	1	8.354	6.561	16.300	296.5	9.8
4	1	8.354	6.573	13.100	549.9	46.0
3	1	8.354	6.574	9.900	529.9	44.8
2	1	8.354	6.574	6.700	529.9	44.8
1	1	8.354	6.574	3.500	532.8	44.8

活载产生的总质量(t)：　　　　　　　　　　　　　190.153

恒载产生的总质量(t)：　　　　　　　　　　　　　2438.918

结构的总质量(t)：　　　　　　　　　　　　　　　2629.071

恒载产生的总质量包括结构自重和外加恒载

结构的总质量包括恒载产生的质量和活载产生的质量

活载产生的总质量和结构的总质量是活载折减后的结果(1t=1000kg)

```
********************************************************
*          各层构件数量、构件材料和层高                  *
********************************************************
```

层号	塔号	梁数(混凝土)	柱数(混凝土)	墙数(混凝土)	层高(m)	累计高度(m)
1	1	81(25)	32(30)	0(30)	3.500	3.500
2	1	81(25)	32(30)	0(30)	3.200	6.700
3	1	81(25)	32(30)	0(30)	3.200	9.900
4	1	99(20)	32(25)	0(25)	3.200	13.100
5	1	72(20)	24(25)	0(25)	3.200	16.300

```
********************************************************
*                    风荷载信息                        *
********************************************************
```

层号	塔号	风荷载 X	剪力 X	倾覆弯矩 X	风荷载 Y	剪力 Y	倾覆弯矩 Y
5	1	45.99	46.0	147.2	70.43	70.4	225.4
4	1	40.90	86.9	425.2	84.60	155.0	721.5
3	1	31.85	118.7	805.2	69.77	224.8	1440.8
2	1	29.49	148.2	1279.5	64.99	289.8	2368.2
1	1	29.62	177.8	1902.0	65.74	355.5	3612.5

```
====================================================
   各楼层等效尺寸(单位:m,m**2)
====================================================
```

层号	塔号	面积	形心 X	形心 Y	等效宽 B	等效高 H	最大宽 BMAX	最小宽 BMIN
1	1	414.00	8.35	6.30	32.49	13.90	32.49	13.90
2	1	414.00	8.35	6.30	32.49	13.90	32.49	13.90
3	1	414.00	8.35	6.30	32.49	13.90	32.49	13.90
4	1	491.00	8.35	6.56	34.33	14.75	34.33	14.75
5	1	392.00	8.35	6.56	24.50	16.00	24.50	16.00

```
====================================================
   各楼层的单位面积质量分布(单位:kg/m**2)
====================================================
```

层号	塔号	单位面积质量 g[i]	质量比 max(g[i]/g[i-1],g[i]/g[i+1])
1	1	1395.13	1.01
2	1	1388.03	1.00
3	1	1388.03	1.14
4	1	1213.66	1.55
5	1	781.35	1.00

==
计算信息
==

Project File Name   : HTK 架
计算日期   : 2006. 6. 13
开始时间   : 17：20：55

可用内存   : 167.00MB

第一步：计算每层刚度中心、自由度等信息
  开始时间   : 17：20：55

第二步：组装刚度矩阵并分解
  开始时间   : 17：20：55
  Calculate block information
刚度块总数： 1
自由度总数： 759
大约需要 2.5MB 硬盘空间
  刚度组装：从 1 行到 759 行

第三步：地震作用分析
  开始时间   : 17：20：56
  方法 1（侧刚模型）
   起始列 = 1   终止列 = 15

第四步：计算位移
  开始时间   : 17：20：56
  形成地震荷载向量
  形成风荷载向量

  形成垂直荷载向量
Calculate Displacement
  LDLT 回代：从 1 列到 38 列
  写出位移文件

第五步：计算杆件内力
  开始时间   : 17：20：57
  活载随机加载计算
  计算杆件内力
  结束日期   : 2006. 6. 13
  时间   : 17：21：0
  总用时   : 0：0：5

==
各层刚心、偏心率、相邻层侧移刚度比等计算信息

Floor No.   : 层号
Tower No.   : 塔号
Xstif, Ystif   : 刚心的 X，Y 坐标值
Alf   : 层刚性主轴的方向
Xmass, Ymass   : 质心的 X，Y 坐标值
Gmass   : 总质量
Eex, Eey   : X，Y 方向的偏心率
Ratx, Raty   : X，Y 方向本层塔侧移刚度与下一层相应塔侧移刚度的比值
Ratx1, Raty1   : X，Y 方向本层塔侧移刚度与上一层相应塔侧移刚度 70% 的比值
   或上三层平均侧移刚度 80% 的比值中之较小者
RJX, RJY, RJZ   : 结构总体坐标系中塔的侧移刚度和扭转刚度

==
Floor No.   1   Tower No.   1
Xstif   =   8. 3540（m）   Ystif   =   6. 5610（m）   Alf   =   45. 0000（Degree）
Xmass   =   8. 3540（m）   Ymass   =   6. 5735（m）   Gmass   =   622. 3639（t）
Eex   =   0. 0000   Eey   =   0. 0011
Ratx   =   1. 0000   Raty   =   1. 0000
Ratx1   =   1. 6930   Raty1   =   1. 5534   薄弱层地震剪力放大系数 = 1. 00
RJX   = 1. 8217E + 05（kN/m）   RJY = 2. 1223E + 05（kN/m）   RJZ = 0. 0000E + 00（kN/m）

WMASS. OUT

Floor No.   2   Tower No.   1
Xstif   =   8.3540(m)   Ystif   =   6.5610(m)   Alf   =   45.0000(Degree)
Xmass   =   8.3540(m)   Ymass   =   6.5736(m)   Gmass   =   619.4239(t)
Eex   =   0.0000   Eey   =   0.0011
Ratx   =   0.7600   Raty   =   0.8374
Ratx1   =   1.4206   Raty1   =   1.4745   薄弱层地震剪力放大系数 =1.00
RJX   = 1.3845E+05(kN/m)   RJY   = 1.7773E+05(kN/m)   RJZ   = 0.0000E+00(kN/m)

Floor No.   3   Tower No.   1
Xstif   =   8.3540(m)   Ystif   =   6.5610(m)   Alf   =   45.0000(Degree)
Xmass   =   8.3540(m)   Ymass   =   6.5736(m)   Gmass   =   619.4239(t)
Eex   =   0.0000   Eey   =   0.0011
Ratx   =   0.9698   Raty   =   0.9689
Ratx1   =   1.4666   Raty1   =   1.5146   薄弱层地震剪力放大系数 =1.00
RJX   = 1.3427E+05(kN/m)   RJY   = 1.7219E+05(kN/m)   RJZ   = 0.0000E+00(kN/m)

Floor No.   4   Tower No.   1
Xstif   =   8.3540(m)   Ystif   =   6.5610(m)   Alf   =   45.0000(Degree)
Xmass   =   8.3540(m)   Ymass   =   6.5731(m)   Gmass   =   641.9349(t)
Eex   =   0.0000   Eey   =   0.0011
Ratx   =   0.9741   Raty   =   0.9432
Ratx1   =   1.6284   Raty1   =   1.7556   薄弱层地震剪力放大系数 =1.00
RJX   = 1.3079E+05(kN/m)   RJY   = 1.6241E+05(kN/m)   RJZ   = 0.0000E+00(kN/m)

Floor No.   5   Tower No.   1
Xstif   =   8.3540(m)   Ystif   =   6.5610(m)   Alf   =   45.0000(Degree)
Xmass   =   8.3540(m)   Ymass   =   6.5610(m)   Gmass   =   316.0773(t)
Eex   =   0.0000   Eey   =   0.0000
Ratx   =   0.7676   Raty   =   0.7120
Ratx1   =   1.2500   Raty1   =   1.2500   薄弱层地震剪力放大系数 =1.00
RJX   = 1.0040E+05(kN/m)   RJY   = 1.1564E+05(kN/m)   RJZ   = 0.0000E+00(kN/m)

抗倾覆验算结果

	抗倾覆弯矩 Mr	倾覆弯矩 Mov	比值 Mr/Mov	零应力区(%)
X 风荷载	414078.6	1932.6	214.26	0.00
Y 风荷载	184035.0	3863.4	47.64	0.00
X 地震	414078.6	6442.1	64.28	0.00
Y 地震	184035.0	7127.0	25.82	0.00

结构整体稳定验算结果

层号	X 向刚度	Y 向刚度	层高	上部重量	X 刚重比	Y 刚重比
1	0.182E+06	0.212E+06	3.50	26291.	24.25	28.25
2	0.138E+06	0.178E+06	3.20	20515.	21.60	27.72
3	0.134E+06	0.172E+06	3.20	14768.	29.09	37.31
4	0.131E+06	0.162E+06	3.20	9022.	46.39	57.61
5	0.100E+06	0.116E+06	3.20	3063.	104.89	120.82

该结构刚重比 Di*Hi/Gi 大于 10，能够通过高规(5.4.4)的整体稳定验算
该结构刚重比 Di*Hi/Gi 大于 20，可以不考虑重力二阶效应

```
**************************************************
*          楼层抗剪承载力及承载力比值              *
**************************************************
```

Ratio_Bu：表示本层与上一层的承载力之比

层号	塔号	X 向承载力	Y 向承载力	Ratio_Bu：X,	Y
5	1	0.1048E+04	0.1254E+04	1.00	1.00
4	1	0.1718E+04	0.1994E+04	1.64	1.59
3	1	0.2241E+04	0.2304E+04	1.30	1.16
2	1	0.2555E+04	0.2694E+04	1.14	1.17
1	1	0.2432E+04	0.2763E+04	0.95	1.03

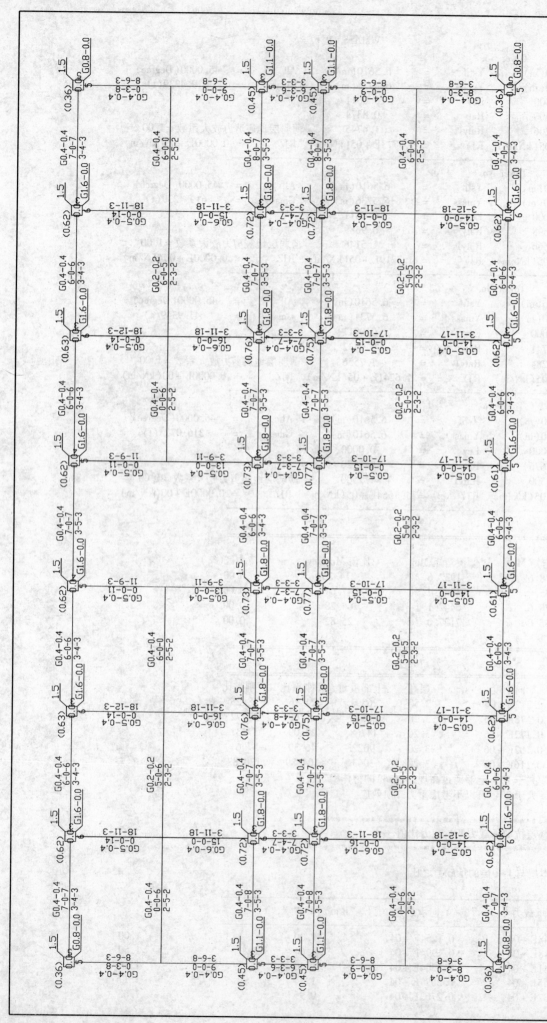

1层混凝土构件配筋简图

本层层高：3550mm；混凝土强度等级：梁 C_b=25 柱 C_c=30 板 C_w=25。

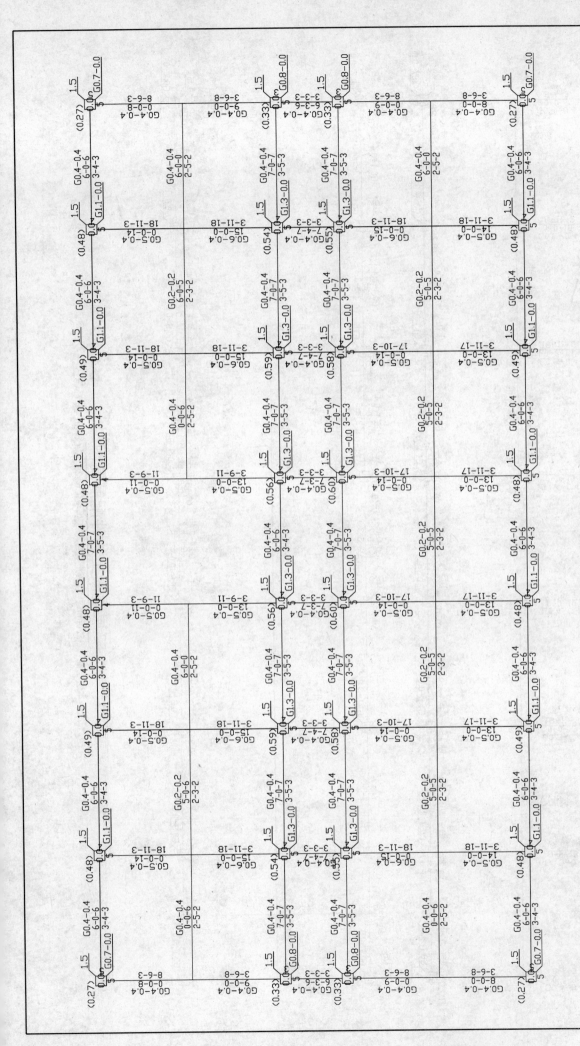

2层混凝土构件配筋简图

本层层高：3550mm；混凝土强度等级：梁 Cb=25 柱 Cc=30 板 Cw=25。

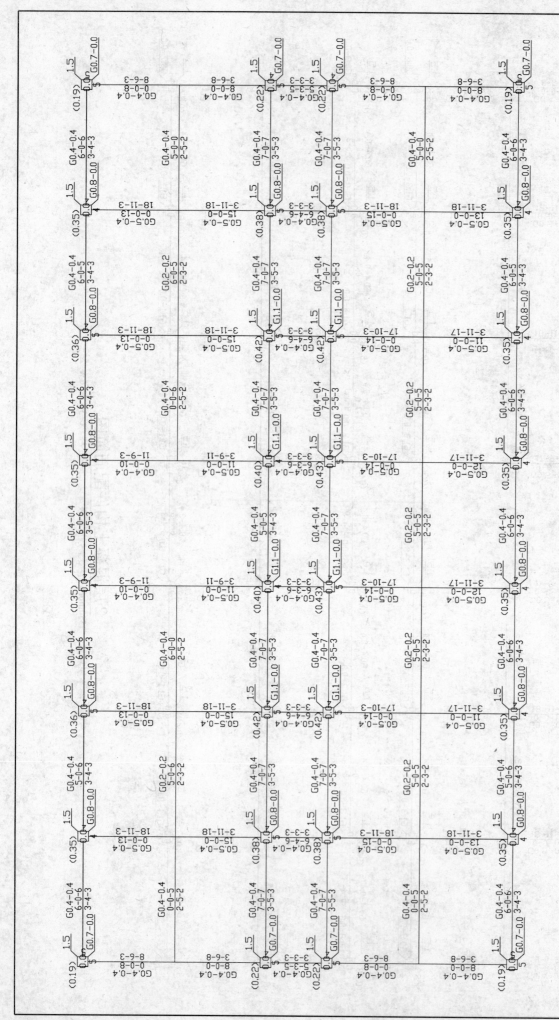

3层混凝土构件配筋简图

本层层高：3550mm；混凝土强度等级：梁 Cb=25 柱 Cc=30 板 Cw=25。

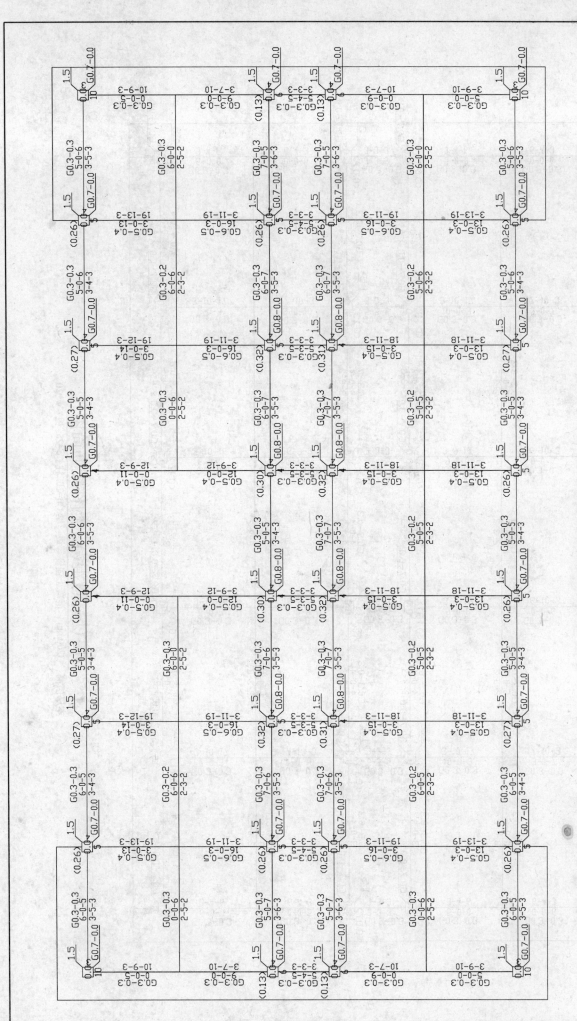

4层混凝土构件配筋简图

本层层高：3200mm；混凝土强度等级：梁 $Cb=20$ 柱 $Cc=25$ 板 $Cw=20$。

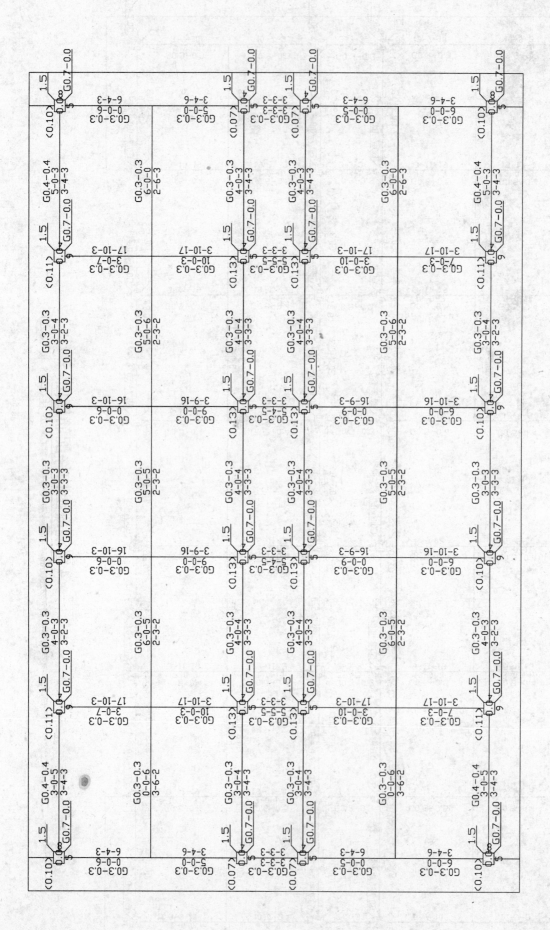

5层(屋顶)混凝土构件配筋简图

本层层高: 3200mm, 混凝土强度等级: 梁 $C_b=20$ 柱 $C_c=25$ 板 $C_w=20$。

100

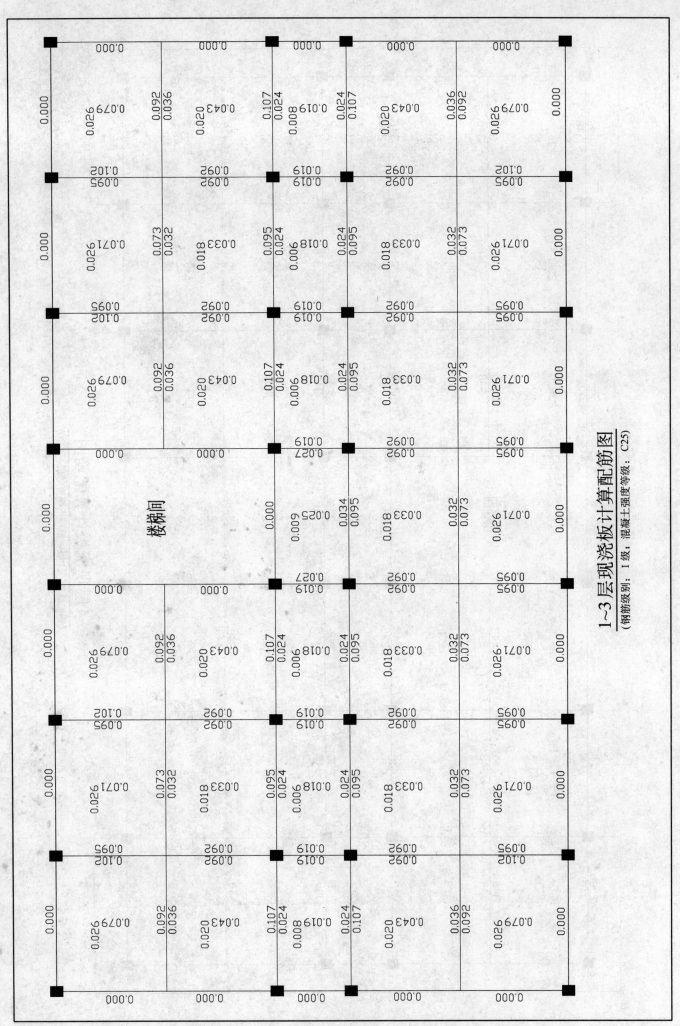

1~3层现浇板计算配筋图

（钢筋级别：Ⅰ级，混凝土强度等级：C25）

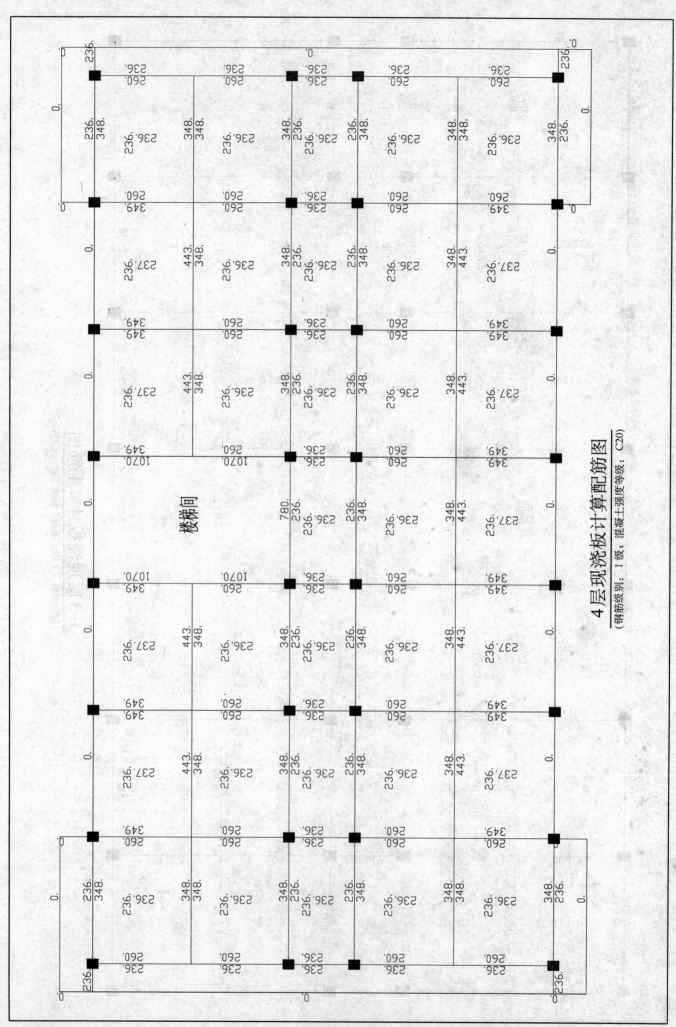

4 层现浇板计算配筋图
(钢筋级别: I 级; 混凝土强度等级: C20)

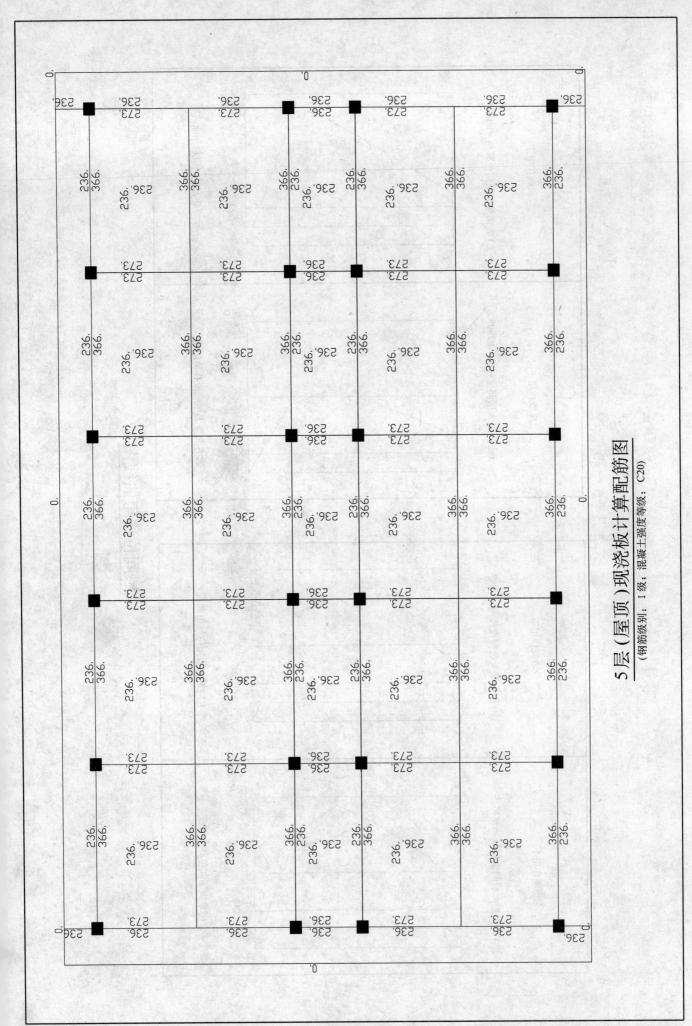

5层（屋顶）现浇板计算配筋图
（钢筋级别：Ⅰ级，混凝土强度等级：C20）

103

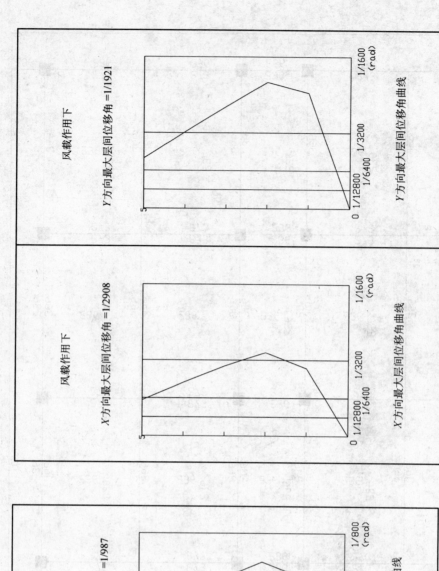

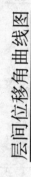

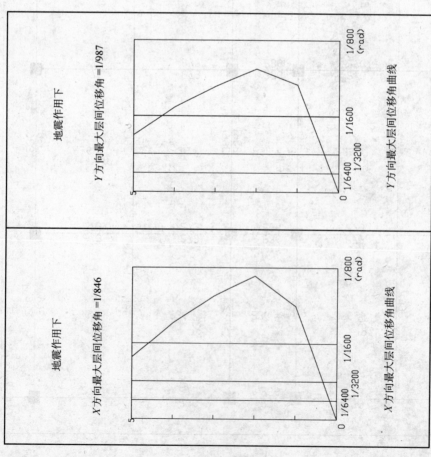

层间位移角曲线图

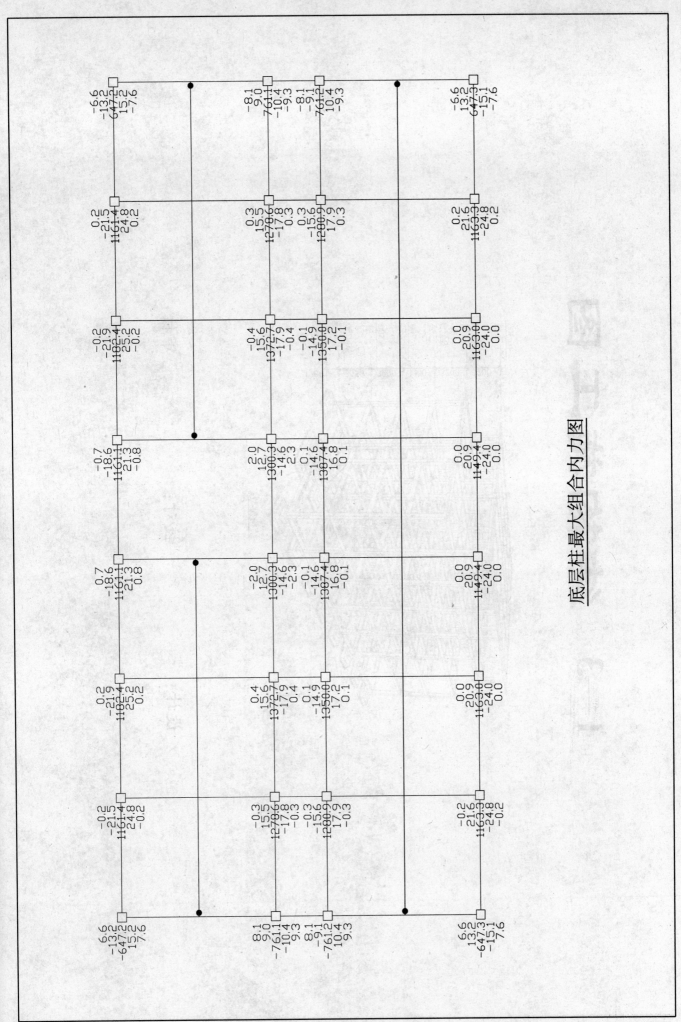

底层柱最大组合内力图

1—3 结构施工图

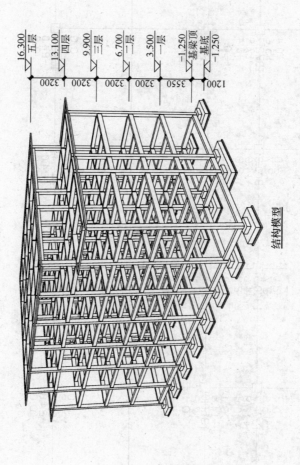

16.300 ▽五层
3200
13.100 ▽四层
3200
9.900 ▽三层
3200
6.700 ▽二层
3200
3.500 ▽一层
3550
-1.250 ▽基梁顶
基底
1200 -1.250

结构模型

设计：　　　　　校对：　　　　　审核：

106

图 纸 目 录

序 号	图 号	图 纸 名 称	规 格	备 注
1	结施-1	结构设计总说明	A2	
2	结施-2	基础平面布置图	A2	
3	结施-3	基础 J-1～J-4 详图	A2	
4	结施-4	1～3 层顶板配筋图	A2	
5	结施-5	4 层顶板配筋图	A2	
6	结施-6	5 层(屋顶)顶板配筋图	A2	
7	结施-7	1～4 层柱配筋平面图	A2	
8	结施-8	5 层(屋顶)柱配筋平面图	A2	
9	结施-9	1～3 层梁配筋图	A2	
10	结施-10	4 层梁配筋图	A2	
11	结施-11	5 层(屋顶)梁配筋图	A2	
12	结施-12	楼梯详图	A2	

结构设计总说明

一、工程概述

本工程系根据国家现行规范标准进行设计，施工过程中材料和工程质量的验收应严格按照验收规范进行。施工过程中材料和各类工程施工及验收规范（规程）要求进行。

本工程为混凝土框架结构工程，地上五层，无地下室，使用年限为50年，建筑物的重要性类别为二类，安全等级为二级，抗震等级为三级，基础为方柱下独立基础。基础设计等级为乙级。

本工程的方位和±0.000的绝对标高见该项目的总平面图。

二、主要设计依据

1.《混凝土结构设计规范》（GB 50010—2002）
2.《建筑地基基础设计规范》（GB 50007—2002）
3.《混凝土结构施工图平面整体表示方法制图规则和构造详图》（04G101-1）
4.《建筑抗震设计规范》（GB 50011—2001）
5.《建筑地基基础设计规范》（GB 50009—2001）
6.《建筑结构荷载规范》（GB/T 50105—2001）
7. 该工程的地质勘察报告与设计委托书及设计合同

三、主要设计条件

1. 基本雪压：0.30kN/m²　　2. 基本风压：0.45kN/m²
3. 抗震设防烈度：7度　　　4. 标准冻土深度：800mm
5. 场地土类别：Ⅲ类　　　 6. 屋面活荷载：0.5kN/m²
7. 楼面层活荷载：一层±0.000地面：4kN/m²
8. 标准层楼面活荷载：2.0kN/m²
9. 盥洗、卫生间活荷载：2.0kN/m²
10. 楼梯间活荷载：3.5kN/m²
11. 设计、计算、绘图均采用PKPM系列软件PMCAD、SATWE、PK、JCCAD、LTCAD、地基基础。

四、地基基础

1. 根据***勘察测绘研究院为本工程提供的岩土工程勘察报告，地层概况如下：

土层编号及名称	性状	层厚	承载力标准值/kPa
①杂填土	杂色，稍湿、稍密	1.0~1.5m	不宜做天然地基
②粘质粉土	灰褐色~灰黑色~黄褐色，稍密	0.60~4.90m	120
③粉质粘土	灰褐~灰黑，稍密	0.60~5.30m	160
④砂质粉土	灰色	0.70~9.40m	200
⑤砂质粉土中密	黄褐，饱和，稍密	1.10~10.50m	300

场地土：中软场地土；场地类别：Ⅲ类；混凝土环境类别：Ⅱa类；地下水：埋深7.1m，无浸蚀性。

2. 基坑开挖应采取可靠的支护措施，保证施工及相邻建筑物的安全。
2. 基坑开挖同应采取有效的防水、排水措施，并尽量缩短基土的暴露时间。
3. 基础落在砂质粉土层上，地基承载能力为 $f_k = 200$kPa。
4. 基槽开挖后应钎探并验槽，应及时通知勘察、监理与设计单位协商处理。
5. 基坑用原土分层回填夯实，压实系数不小于0.95。

五、材料（注明除外）

1. 混凝土：基础垫层C10；圈梁C20；基础C20；柱C30；梁、板、楼梯C25。
2. 钢筋 HPB235级直径8~20mm，HRB335级直径6~50mm。
3. 填充墙所用材料见建筑施工图。

六、混凝土结构构造

1. 混凝土保护层厚度：
楼板：15mm；楼层梁及地圈梁：25mm；柱：30mm；基础：40mm。

2. 钢筋的锚固长度 l_a 见下表：

钢筋 ＼ 混凝土		C20	C25	C30	C35	≥C40
HPB235		31d	27d	24d	22d	20d
HRB335	d≤25	39d	33d	30d	27d	25d
	d>25	43d	36d	33d	30d	27d

3. 钢筋的搭接长度 l_l 见下表：

钢筋 ＼ 混凝土		C20	C25	C30	C35	≥C40
HPB235		37d	33d	29d	27d	24d
HRB335	d≤25	47d	40d	36d	33d	30d
	d>25	52d	44d	40d	36d	33d

表中数值按接头百分率为25%计，若接头百分率大于25%则表中的数值也要相应提高钢筋的连接应优先采用《钢筋机械连接通用技术规程》的有关规定，施工时应应用《钢筋机械连接通用技术规程》的有关规定进行施工。

4. 板
(1) 现浇钢筋混凝土楼板的板底钢筋不得在跨内搭接，其在支座的锚固长度为10d，且应伸至支座中心线。板顶钢筋（负筋）不留在支座搭接，两端设弯钩，弯钩长度设为板厚。
(2) 凡详图未注明板内分布筋见下表：

板厚/mm	<120	120~180	>180
板内分布筋	φ6@250	φ8@250	φ10@250

(3) 楼板上的孔洞应预留，当孔洞尺寸不大于300mm时，不另加钢筋，板内钢筋由洞边绕过；当孔洞尺寸大于300mm时，应按设计加设洞边加强钢筋或按详图设计。

(4) 楼板上小于300mm的孔洞未在结构图上表示，详见其他工种施工图。

5. 梁、柱
(1) 柱内配筋构造按03G101施工。
(2) 除详图中注明必须焊接的主筋外，柱内直径大于22mm的主筋连接应采用机械连接或电渣压力焊，其他主筋也可采用等强机械连接接头，各种接头应按规范（规程）要求采用。用等强焊接接头时，对焊缝应严格检查，各种接头经试验合格后，方可使用。
6.《门窗过梁按京92G15选用，沟盖板按京92G21选用。

七、

施工时应对照总图、工艺、建筑、暖通、给水排水、电信等各工种进行协调施工，以防错漏。

八、常用构件代号按下表采用：

构件名称	代号	构件名称	代号	构件名称	代号
基础	JC	地基梁	DL-#	地拉梁	DLL
混凝土框架柱	KZ	混凝土框架梁	KL	普通混凝土梁	LL
普通混凝土过梁	GL	普通混凝土过梁	GZ	钢梁	GL
刚架	GJ	屋面檩条	WLT	水平支撑	SC
柱间支撑	ZC	屋面隅撑	WYC	屋面檩条	WLG
屋面斜拉条	WXL	墙架撑杆	WCG	墙架梁	QL
墙架斜拉条	QTL	墙架斜拉条	QXL	墙架撑杆	QCG
墙架隅撑	QYC	墙架柱	QZ	抗风柱	KFZ

九、

本工程施工时应严格按照《钢筋混凝土工程施工及验收规范》的有关规定进行施工。

十、其他

1. 当总说明中的说明或施工详图中的说明或标准注有矛盾时应以施工图为准。
2. 本工程设计图面表示方法均以正面投影法为准。
3. 本工程尺寸单位：标高以米计，其余均以毫米计。

某建筑工程设计有限公司				
项目名称	某市城建办公楼		设计号	例1
结构设计总说明			设计阶段	施工图
			专业	结构
			图号	结施-1
			日期	

工程号		
审定		
审核		
制图		
校对		
主持人		
专业负责人		

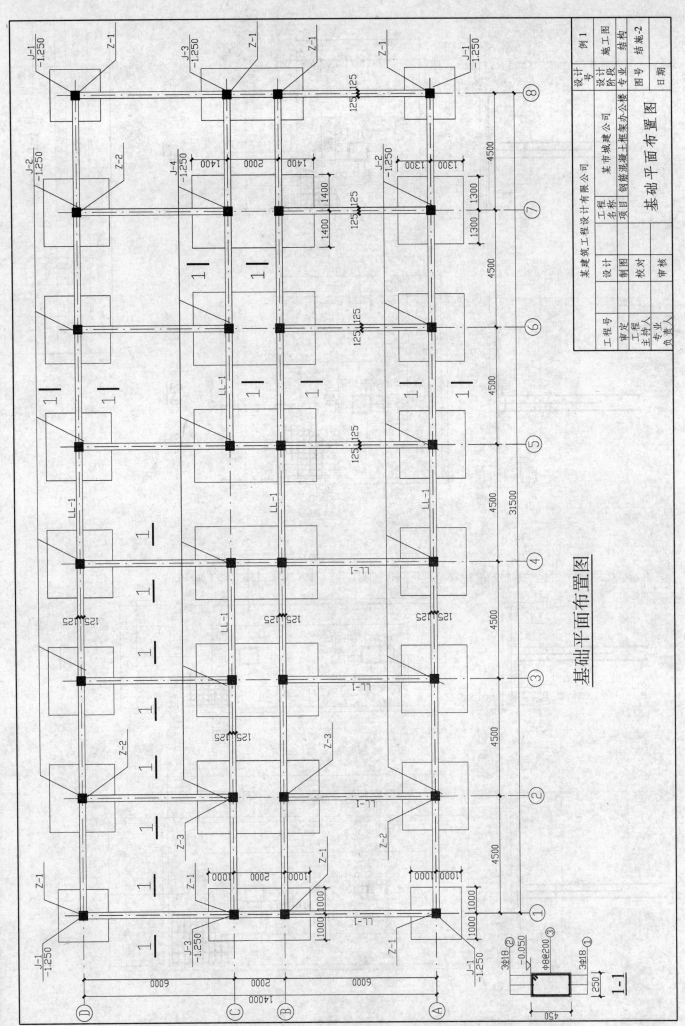

基础平面布置图

109

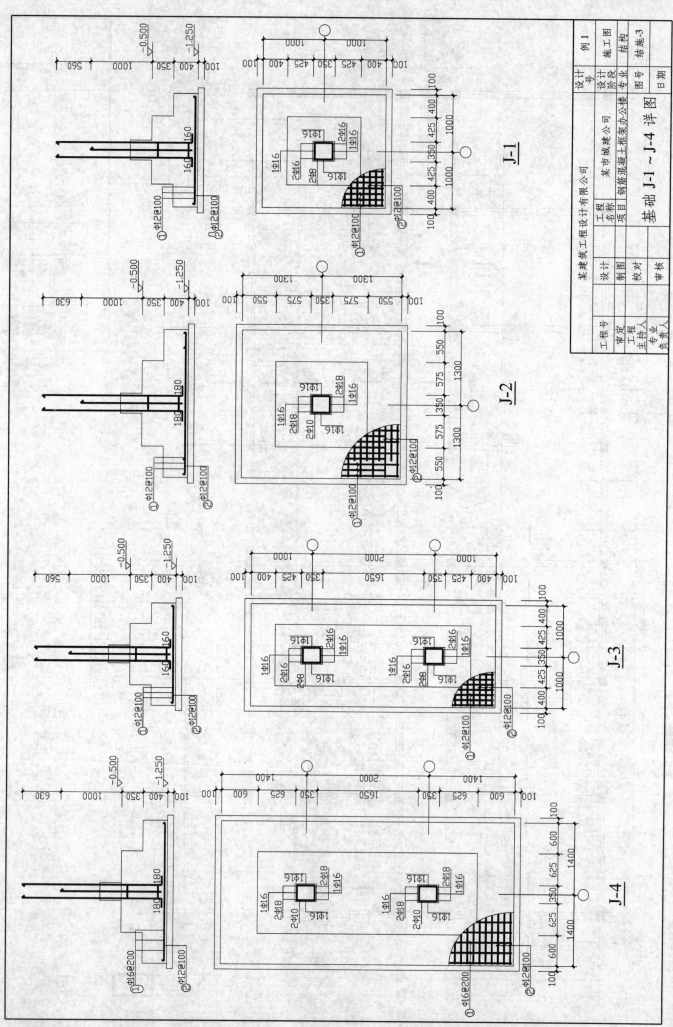

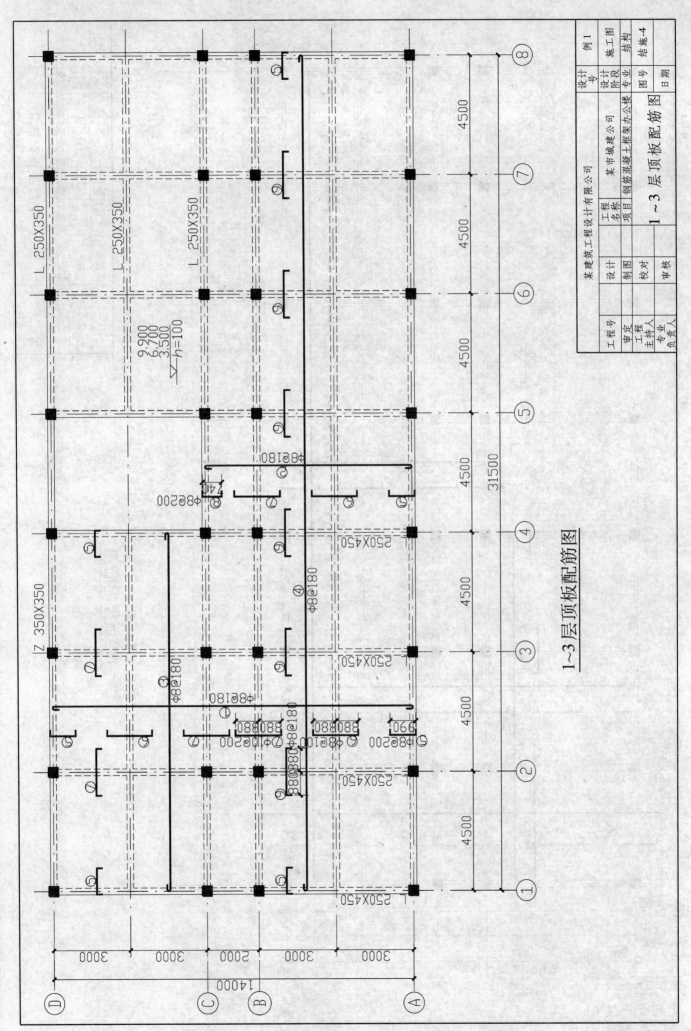

1~3层顶板配筋图

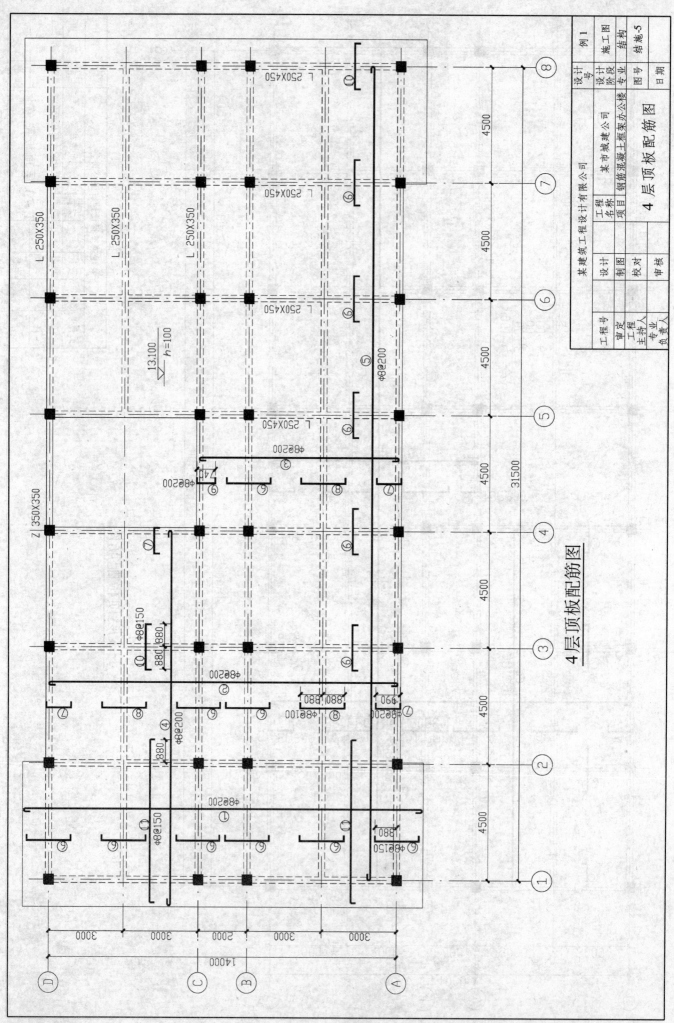

4层顶板配筋图

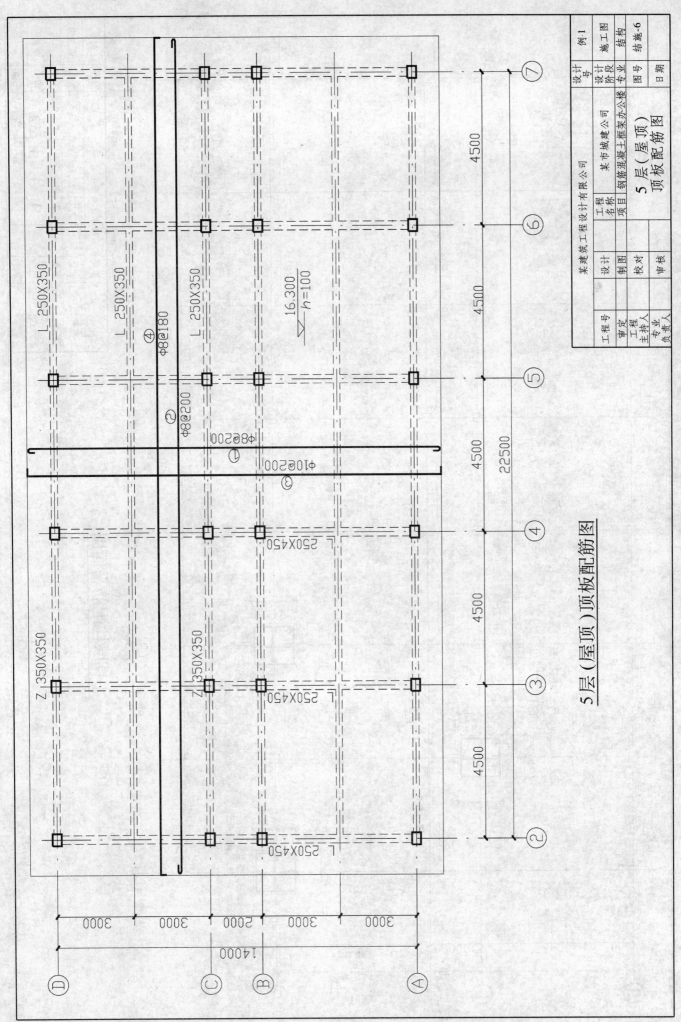

5层(屋顶)顶板配筋图

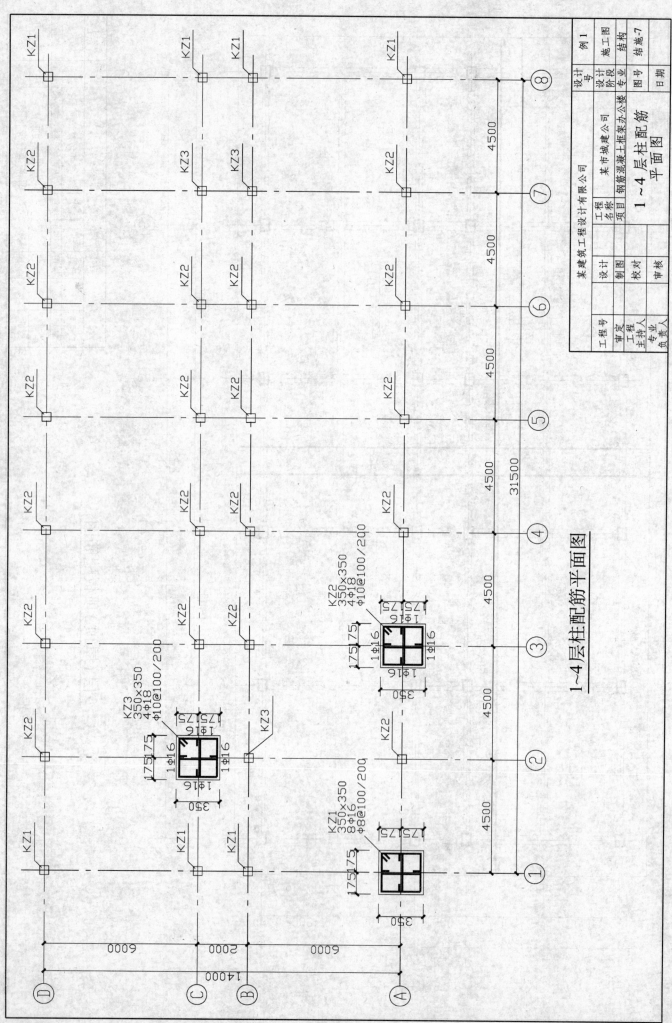

1~4层柱配筋平面图

								某建筑工程设计有限公司		例1
工程号		设计				设计号				
审定		制图		工程名称	某市城建公司	设计阶段	施工图			
工程主持人		校对		项目名称	钢筋混凝土框架办公楼	专业	结构			
专业负责人		审核		图名	1~4层柱配筋平面图	图号	结施-7			
						日期				

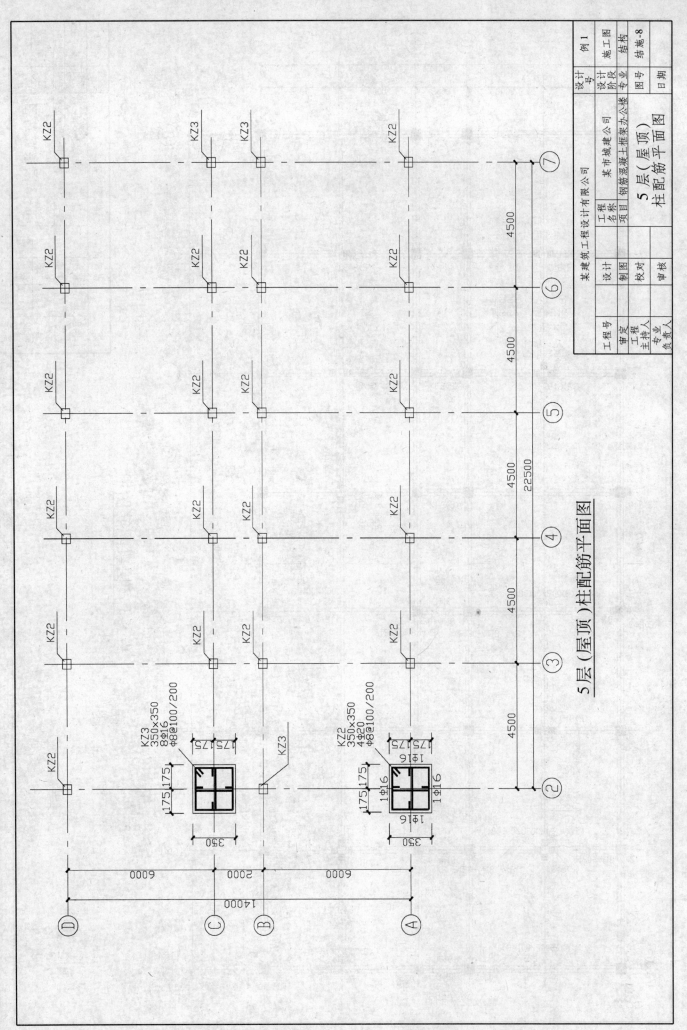

5 层（屋顶）柱配筋平面图

某建筑工程设计有限公司					设计	例 1		施工图
					设计			结构
某建筑工程设计有限公司					阶段			结构
					专业			结施-8
工程名称	某市城建公司		设计		图号			
项目	钢筋混凝土框架办公楼		制图					
			校对		日期			
5 层（屋顶）			审核					
柱配筋平面图								

工程号						
审定						
工程主持人						
专业负责人						

KZ3
350×350
8Φ16
Φ8@100/200

KZ2
350×350
4Φ20
Φ8@100/200

175 175

175 175

1Φ16

1Φ16

1Φ16

1Φ16

350

350

KZ2

KZ3

KZ2 KZ3 KZ3 KZ2

KZ2 KZ2 KZ2 KZ2

KZ2 KZ2 KZ2 KZ2

KZ2 KZ2 KZ2 KZ2

4500 4500 4500 4500 4500

22500

6000 2000 6000

14000

② ③ ④ ⑤ ⑥ ⑦

Ⓓ Ⓒ Ⓑ Ⓐ

115

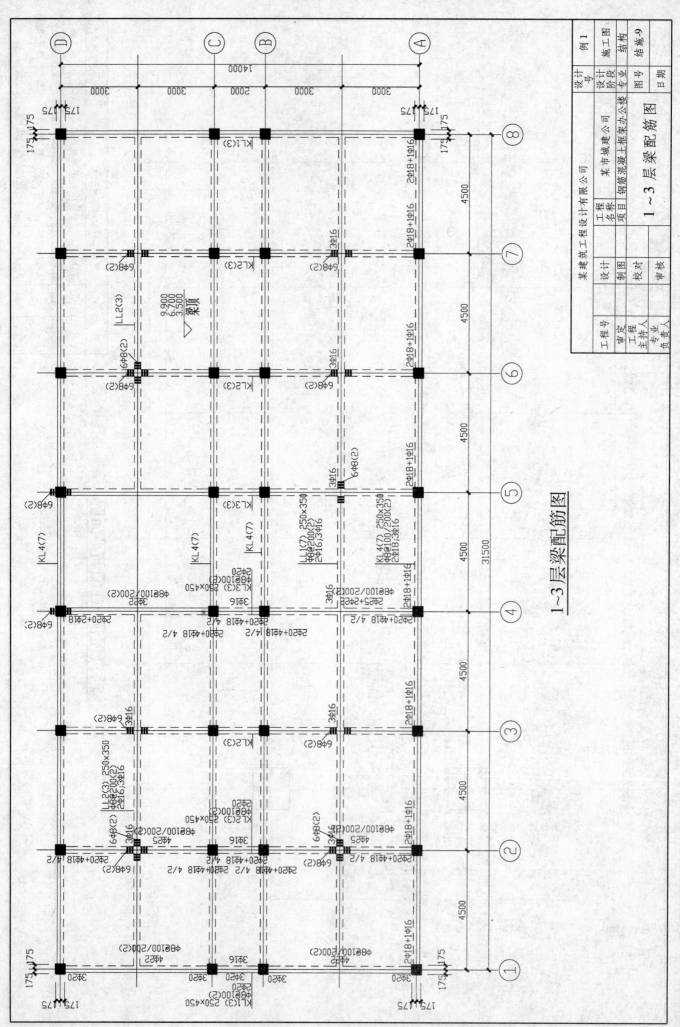

1~3层梁配筋图

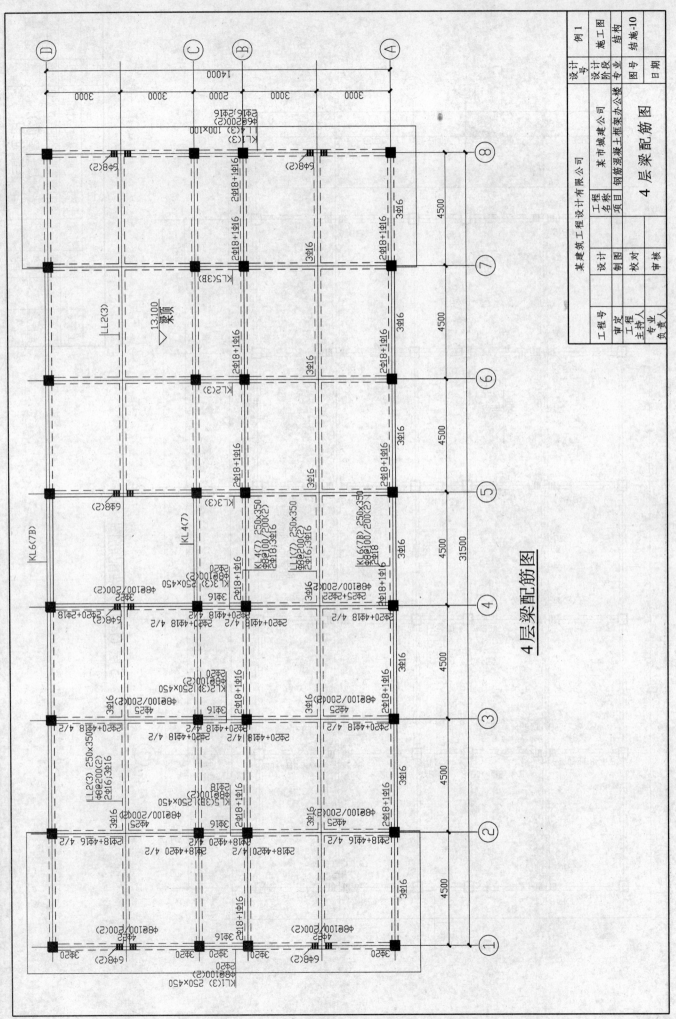

4层梁配筋图

117

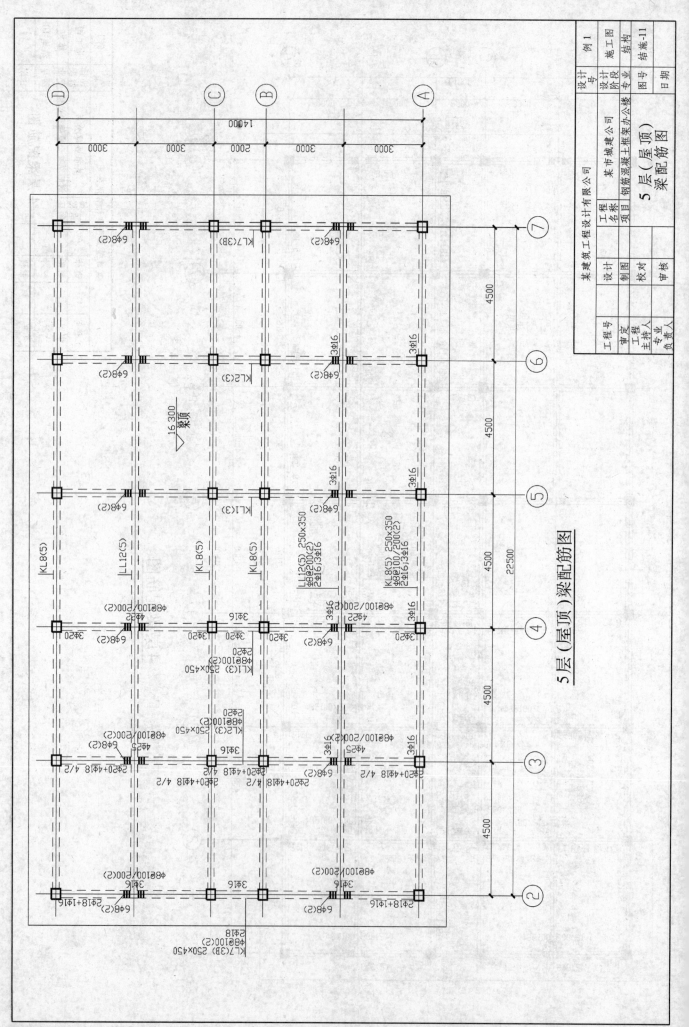

5层（屋顶）梁配筋图

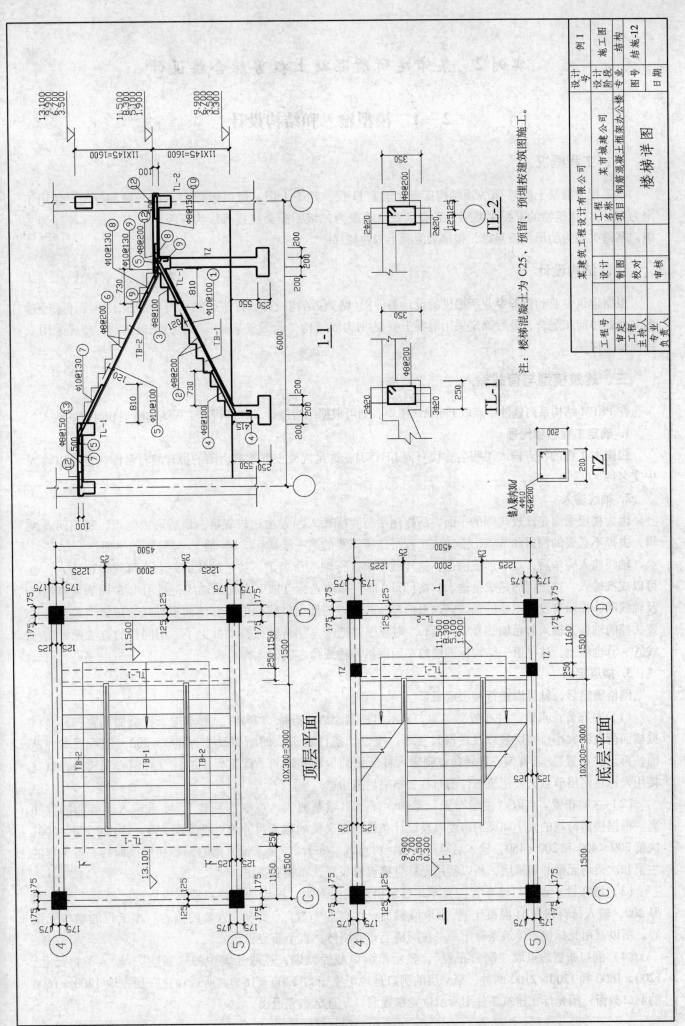

楼梯详图

注: 楼梯混凝土为 C25, 预留、预埋按建筑施工图施工。

某建筑工程设计有限公司
工程名称 某市城建公司
项目名称 钢筋混凝土框架办公楼
图号 结施-12

设计
制图
校对
审核

工程号
审定
工程主持人
专业负责人

设计
例 1
设计阶段 施工图
专业 结构
图号 结施-12
日期

1-1

TL-2

TL-1

TZ

顶层平面

底层平面

119

实例2 某市建研所混凝土框剪综合楼设计

2—1 模型输入和结构设计

一、工程概况

本工程为混凝土框架-剪力墙结构工程，地上11层，地下1层，屋顶标高33.45m，两部电梯。使用年限为50年，建筑物的重要性类别为二类，安全等级为二级，框架抗震等级为三级，剪力墙抗震等级为二级。基础类型为肋形筏板基础，楼梯为混凝土双跑楼梯。

二、结构设计

根据建筑专业和设备专业所提供的设计条件图(略)和结构设计条件进行结构专业的施工图设计。经过各专业的协商和配合，最后确定采用混凝土框架-剪力墙结构，地下室基础采用带肋筏板基础，楼梯采用双跑混凝土楼梯。

三、建筑模型与荷载输入

在PKPM结构系列软件中点取PMCAD模块，则可根据结构设计条件进行本工程结构模型和荷载的输入。

1. 确定工程名称代号

根据本工程的特点输入工程名称代号为LHTKJJ，这是混凝土框架剪力墙的拼音缩写名称，也可以输入中文名称。

2. 轴线输入

因为楼层平面是比较规则的平面，所以用平行直线输入的方法比较省事，最后形成网点。利用网点编辑，去掉不必要的网格和节点，形成该工程平面所需要的第一结构标准层(地下一层)网格平面。

轴线输入完毕后，点取形成网点，这样就可以进行轴线命名了。关于轴线的命名，可以单根输入，也可以成批输入，这里用的是成批输入。按【Tab】键，移动光标点取竖向起始轴线，显示出X向的所有轴线及轴线圈，提示有没有不要的轴线。这里把起始和终点的地窗轴线和电梯井的两根轴线去掉，点取没有再要去掉的轴线，输入起始轴线号1，回车，则程序就把①～⑦号轴线自动标上了。用同样的方法把纵向轴线Ⓐ～Ⓓ也注上，这样第一结构标准层的平面网格和轴线命名就输入完了。

3. 楼层定义

网格确定后，就可以进行楼层定义了。

(1) 柱布置。点取"柱布置"菜单，显示出柱截面表，点取"新建"，要求输入柱截面的宽和高。根据楼面荷载的大小、楼层数以及柱网尺寸等，按设计条件定义柱的断面尺寸为400×400。然后点取此断面，再点"布置"。若有偏心和转角，则输入柱断面的偏心和转角。此工程中的柱没有偏心和转角，就直接用光标在网格节点上按建筑条件图布柱，布完后退出。

(2) 主梁布置。点取"主梁布置"菜单，显示出梁断面表，点取"新建"，要求输入梁截面的宽和高。根据楼面荷载的大小和梁的跨度以及设计条件，定义梁的截面尺寸为：框架梁250×450和250×500，次梁200×400和200×450。输入后点取断面，再点取"布置"，要求输入梁的偏心和梁顶标高。本工程的主梁和次梁均无偏心和错层，所以就用光标直接点取布置，布完后退出。

(3) 墙布置。点取"墙布置"菜单，显示出墙截面列表，按设计条件点取列表中的"新建"输入墙厚200，输入材料列表6(混凝土)。点取墙截面，再点"布置"，要求输入墙的偏心。本工程的墙均无偏心，所以就用光标按照建筑条件图一一在网格上布置墙体，直至布完退出。

(4) 洞口布置。点取"洞口布置"，显示出洞口截面列表，点取列表中的"新建"，输入洞口尺寸：1200×1600和1200×2100两种，第一层的洞口是地下室窗口1200×1600，所以在这一层点取1200×1600的洞口截面，用光标在建筑条件图所示位置布置洞口，直至布完退出。

（5）楼板生成。楼板生成包括生成板厚、楼板开洞、设悬挑板等。本工程楼板厚度均为100，楼板开洞仅电梯开全房间洞，均不设悬挑板。

当柱、梁、墙和洞口布完后，若发现有错，可以用"本层修改"菜单对本层的柱、梁、墙和洞口进行修改和增删，然后补布。修改完后换标准层。根据本工程的情况，设置6个结构标准层。

在换标准层时，应采用"添加标准层"菜单，采用全复制前一标准层方法，把前一标准层平面作为第二标准层的平面，然后再根据实际情况，将网格进行编辑，把多余的网格、节点去掉，变成第二结构标准层所需的平面。这样形成的第二结构标准层平面，不致于产生轴线号、构件号错误和节点错位等情况。本工程的第二结构标准层，是把第一结构标准层的平面完全复制过来，去掉地下室的外墙，即成为第二结构标准层的平面。若构件截面型号有改变，则用本层修改进行删、补，直至完成后退出。用同样方法形成3～6结构标准层的平面。这样所有的结构标准层平面就布置完了。

4. 荷载输入

荷载的输入包括楼面荷载、梁间荷载、柱间荷载、墙间荷载、节点荷载、人防荷载、吊车荷载。本工程为混凝土框剪结构，只有填充墙作用在梁上的线荷载，所以就只在有填充墙的梁上布置梁上线荷载。根据本工程的具体情况和荷载规范计算出楼面的恒、活荷载值分别为 $4.5kN/m^2$、$2.0kN/m^2$，屋面的恒、活荷载值分别为 $5.5kN/m^2$、$0.5kN/m^2$。建筑条件图所提供的填充墙材料和层高，折算成梁上线恒载为 $10kN/m$，将此值一一布在建筑条件图有墙的梁上即可。这样布完一个结构标准层，再布另一个结构标准层，直至布完所有的结构标准层。

5. 设计参数

（1）总信息

1）结构体系。混凝土框剪结构。

2）结构主材。钢筋混凝土。

3）结构重要性系数。根据《混凝土结构设计规范》，这里填1。

4）与基础相连的最大底标高 $-3.350m$。

5）梁、柱钢筋的混凝土保护层厚度30。

6）框架梁端负弯矩调幅系数0.85。

（2）材料信息

就按隐含值用，不再另外输入。

（3）地震信息

1）设计地震分组。按地勘报告和抗震规范确定，这个项目定为1。

2）地震烈度。按地勘报告为7度。

3）场地类别。按地勘报告为二类。

4）框架抗震等级。按抗震规范为三级。

5）剪力墙抗震等级。按抗震规范为二级。

（4）风荷载信息

1）基本风压。按荷载规范为 $0.45kN/m^2$。

2）地面粗糙度类别。按该建筑物的具体位置定为B类。

3）体形系数。按荷载规范为1.3。

（5）绘图参数

1）施工图纸规格。根据平面尺寸和比例这里输入2。

2）结构平面图比例。这里输入100。

6. 楼层组装

楼层组装是按结构自然层，将结构标准层和层高把它一层一层地组装起来，形成一幢完整的建筑物结构模型。以供三维结构计算和绘制结构施工图用。组装完后退出，保存结构模型文件。

四、平面荷载显示与校核

这一步工作主要是把模型输入的线荷载与楼层调整后的楼面荷载显示出来，看看有没有错误或遗漏。

若有则要退回去修改。若没有则将此数据留存，作为三维整体计算和整理计算书用。

五、画结构平面图

点取此菜单后，要求输入要画结构平面图的自然层号。一般是一个结构标准层画一张结构平面图。所以首次画结构平面图，总是点取层号1，再点取"绘制新图"，则第一层结构平面就显示出来了。

1. 绘图参数

（1）配筋参数。支座受力钢筋的最小直径为6；板分布钢筋的最大间距250；双向板的计算方法：按弹性算法；靠边缘梁板的算法：简支；支座负筋长度模数：50。

（2）绘图参数。图纸号：2；构件画法：柱涂黑，梁用虚线；负筋标注位置：梁中；钢筋间距符号：@。

2. 楼板计算

点取"自动计算"，则程序就自动把楼板的受力、配筋、裂缝等自动计算完成。

3. 画结构平面图

若此层结构平面图过去画过，则点取"进入绘图"，否则点取"重新绘图"。此为第一次画结构平面图，所以点取"重新绘图"菜单，进行以下操作。

（1）标注轴线。点取"重新绘图"菜单后，显示出所选层号的原始结构平面图。点取"标注轴线"菜单后，提示按自动标注还是交互标注，这里选择自动标注，则程序就自动把轴线、轴线号和尺寸标注在结构平面图上。

（2）标注构件

1）标注尺寸。包括柱尺寸、梁尺寸、洞口尺寸、墙尺寸、板厚、楼面标高等。这里一一点取，按提示标注完成。

2）标注字符。包括柱字符、梁字符、图名等，一一点取，按提示标注。

（3）画楼板钢筋

1）板底钢筋。一般用板底通长。在不同区段，点取板底的起始梁位，再点取终止梁位回车，这一区段的板底通长筋就自动画出来了。继续在不同的区段点取起始梁和终止梁，则各种不同区段的板底通长钢筋就都自动画出来了。

2）支座负筋。支座负筋的画法有三种：一个支座一个支座地画、几个支座同时画、几个支座连通画。这里选择的是几个支座同时画。先按【Tab】键，然后在不同的区段点取起始梁和终止梁回车，这个区段上的各支座负筋就自动画出来了。用同样的方法画出其他区段各支座负筋，则各种不同区段上的支座负筋就画完了。

画完板底筋和支座筋后，看看配筋有无重叠和拥挤的情况，若有则用移动钢筋菜单将其移动，直到清楚满意为止。

最后插入图框，存图退出，这一层的结构平面图就画完了，图名为 PM1. T。用同样方法画其他结构标准层的结构平面图，直至画完所有的结构标准层为止。最后归并成施工图结施-19~22 的顶板配筋图。

六、结构计算

本工程的三维分析计算用 PKPM 结构系列软件 SATWE 模块进行分析计算。在计算机前面建模的工作目录下，点取"SATWE 模块"，则就进入结构三维分析计算。

1. 接 PM 生成 SATWE 数据

（1）分析与设计参数补充定义

1）总信息。裙房层数：0；地下室层数：1；结构材料：钢筋混凝土；结构体系：框剪结构；风荷载计算信息：计算风荷载；地震作用计算信息：计算水平地震作用。

2）风荷载信息。地面粗糙度类别：B；基本风压（kN/m²）：0.45；体形系数：1.3。

3）地震信息。结构规则信息：规则；计算地震分组：1；设防烈度：7；场地类别：2；框架抗震等级：3；计算振型个数：15。

4）活荷载信息。用隐含值，未作调整。

5）调整信息。用隐含值，未作调整。

6）设计信息。用隐含值，未作调整。

7）配筋信息。用隐含值，未作调整。

8）荷载组合。用隐含值，未作调整。

填完以上参数后确定，则进入下一菜单。

（2）特殊构件补充定义。特殊构件补充定义是按结构标准层一层一层地定义。

1）特殊梁。这里分一端铰接和两端铰接两种。本工程有次梁与主梁连接的边端为一端铰接，次梁一端与主梁连接，另一端与墙连接为两端铰接。

2）特殊柱。这里包括上端铰接、下端铰接、两端铰接、角柱等菜单。本标准层即第一结构标准层没有特殊柱，这里就不点取特殊柱了。

该结构标准层并无特殊支撑、弹性板、吊车荷载、刚性梁等。因此，这一结构标准层的特殊构件补充定义就定义完了。用此方法换第二结构标准层进行特殊构件补充定义，直至布完最后一个结构标准层，则整个建筑的特殊结构构件就定义完了。

（3）生成SATWE数据文件。点取此菜单回车，程序就自动生成SATWE计算所需的数据文件和荷载文件。退出进行下一步的结构计算。

2. 结构内力配筋计算

点取此菜单并确认，则程序自动对整个结构进行内力和配筋计算：刚心坐标及层刚度比，形成总刚并分解，地震作用，结构位移，构件内力，配筋计算，层间位移等。

3. 分析结果图形和文本文件显示

（1）图形文件输出

1）混凝土构件配筋及钢构件验算简图。点取此菜单后，逐层显示梁、柱、墙配筋。若有钢构件，则还显示钢构件应力比简图，生成各自然层即1~11层的配筋文件。配筋文件名为WPJ*.T，*表示层号。

2）梁弹性挠度简图。点取此菜单，将逐层显示梁的弹性挠度。若要保存文件则需点取"保存文件"并输入该层梁弹性挠度图的图形文件名RD*.T，*表示层号。

3）底层柱、墙最大组合内力简图。这是基础设计和校对用的基本数据。图形文件名为WDCNL.T。

（2）文本文件输出

1）结构设计信息。这是结构设计的主要文件，也是结构图校审的主要文件。在结构计算书整理时也是必须列入的主要内容。

2）超配筋信息。这个文件可以查看各楼层构件超配筋的构件号和超配筋的数值。若超配较多，还需返回去调整模型构件，直到符合要求为准。

以上图形和文件经过检查无误后，方可进入梁、柱、墙的绘图。

七、绘制墙梁柱施工图

混凝土框剪墙梁柱施工图的绘制必须经过TAT或SATWE或PMSAP三维分析计算后，才能用"墙梁柱施工图"菜单完成墙梁、柱施工图的绘制。在前面建模时的工作目录下，点取PKPM结构系列软件墙梁柱施工图菜单，则程序就开始准备绘制本工程的墙梁柱施工图了。具体步骤是：

1. 梁平法施工图

目前国内画墙梁柱施工图有两种方法，即平法和立、剖面画法。一般都用平法。所以这里也用平法画墙梁柱施工图。

点取"梁平法施工图"菜单，输入配筋参数，设钢筋层，这里按标准层选。首先选标准层1确定，立即显示本层梁平法配筋平面图。

2. 平法画梁施工图

当输入了配筋参数，选定钢筋标准层并确定后，立即显示该层梁的平法配筋平面图。

（1）绘制新图。这是第一次用平法画梁施工图，所以点取"绘制新图"。如果事前画过梁平法施工图则点取"进入绘图"。

1）查改钢筋、点取左侧屏幕菜单"查改钢筋"，立即显示钢筋修改及次梁加筋等菜单，这里未点钢筋修改，只点次梁加筋，显示箍筋开关和吊筋开关。将两开关都点取，当计算有附加箍筋时，则显示附加箍筋，当计算有附加吊筋时则显示附加吊筋，否则不显。这里箍筋和吊筋都有，均显示在平面图上。

2）钢筋标注。程序自动画出的梁配筋图往往比较拥挤或重叠，这就需要点取钢筋标注里的"移动标注"等菜单，将字符适当移动，直到全部能看清楚为止。

（2）标注

平面图中所显示的配筋字符调整满意后，需用屏幕上边的工具条菜单对平面图进一步标注。

1）标注轴线。轴线的标注有自动标注、交互标注、逐根点取三种方法。这里选用自动标注。

2）标注楼面标高，图名，画层高表，最后插入图框，则平法画梁的配筋图就完成了。文件名为PL1.T。退出后重复上述过程，画出各结构标准层梁的配筋图，则全楼梁的配筋图就全部画完了。这里是按结构标准层画的并作了归并，画出1、2~9、10、11层梁配筋图，见楼层梁配筋图结施16~18。

3. 柱平法施工图

目前国内画柱施工图也有两种方法，即平法和立面画法。这里也用平法画柱施工图。点取"柱平法施工图"菜单，输入绘图参数，设置钢筋层，这里按标准层选，首先选标准层1并确定，立即显示该层柱平法配筋平面图。

4. 平法画柱施工图

画柱施工图有立面画法、平面画法和列表画法三种。本工程选用的是全国通用的平面画法。

（1）点取归并则显示1层柱的归并号和配筋。

（2）参数修改。

1）绘图参数。图纸放置方式1；图纸加长0；图纸加宽0；平面图比例1:100；剖面图比例1:50；施工图表示方法1。

2）选筋归并参数。计算结果SATWE；归并系数0.2；箍筋放大系数1；柱名称前缀KZ-；箍筋形式2；连接形式8。

（3）大样移位。本工程平面简单，没有重叠不清的情况，不必进行大样移位。

（4）层高表。点取"层高表"菜单，程序自动画出楼层分布及层高表，标明本层所在的位置，校审、施工都比较方便。

（5）标注。图中所显示的柱配筋和大样位置调整好后，需用屏幕上边工具条菜单对平面作进一步的标注。

1）标注轴线。标注轴线的方法有自动标注、交互标注、逐根点取三种，这里选用的是自动标注。

2）标注楼面标高，写图名，画层高表，插入图框。则这一层的平法画柱配筋图就完成了，文件名为柱施工图1-T。退出柱的标注，再重复上述过程，画出各标准层的柱配筋图，则全楼的柱配筋图就画完了。柱配筋图画完后，经归并整理出1、2~9、10、11层柱配筋图，见楼层柱配筋图结施7~9。

5. 画剪力墙配筋图

点取"剪力墙施工图"菜单，则显示出首层剪力墙平面。

（1）工程设置

1）显示内容。平面布置。

2）绘图设置。平面图1:100；详图1:40；截面注写图1:50。

3）选筋设置。直接用隐含值，未作修改。

4）构件规并范围。墙柱20%；分布筋20%；墙梁20%。

5）构件名称。暗柱AZ；转角墙JZ；翼墙柱YZ；端柱DZ；墙身Q。

（2）墙筋标准层。点取此菜单后，显示出钢筋标准层及钢筋标准层分配表，根据钢筋标准层及对应的自然层选择要画的自然层号。首选择第一钢筋标准层所对应的自然层号第一自然层。

（3）选配筋结果。配筋结果选择有TAT、SATWE、PMSAP，本工程是用SATWE计算，未用TAT及PMSAP分析，所以这里就只能选择SATWE计算结果。

（4）自动配筋。点取此菜单，立即显示出剪力墙及剪力墙构件的配筋，再用"移动标注"对图进行编辑。

（5）画墙梁表。点取墙梁表菜单，立即显示出该层的墙梁表，拖到适当位置设定。

（6）画墙身表。点取墙身表菜单，立即显示出该层的墙身表，拖到适当位置设定。

（7）画墙柱布点大样图。首先点取"墙柱大样表"菜单，显示出大样表，点取要画的大样及钢筋标准层号，确定后提示指定详图位置角点，用框画拉出大样图的布置图。

（8）标注。标注主要是标注剪力墙平面的轴线，楼面标高，写图名，画层高表，插入图框等。点取屏幕上边工具条菜单，显示出要标注的内容：

1）标注轴线。轴线的标注有自动标注、交互标注、函根点取三种方法。由于该工程平面规整不复杂，这里就点取"自动标注"，点取后，立即自动把轴线和尺寸标注上了。

2）标注楼面标高。点取此菜单，输入标高值0.25并确定，立即显示出标高值及图样，拖到平面图中适当位置敲定。

3）标注图名。点取标注图名菜单，立即显示该层图名，拖到平面图中适当位置。

4）画层高表。点取"层高表"菜单，即显示层高表图形，拖到适当位置敲定。该表就标明了当前所画楼层在整幢楼中的分布位置。

5）插入图框。点取"插入图框"，显示出绘图参数所确定的图框号，拖到适当位置确定。

（9）图面调整。当平面图、墙梁表、墙身表、层高表画完后，排版比较凌乱，这就需要对此层平面图作调整。由于此模块没有编辑功能，就只能退出到"图形编辑"去处理。

重复上述步骤，画出自然层1、2、3~8、9、10、11的剪力墙平面图，形成全楼的剪力墙配筋平面图，见楼层剪力墙平面图结施-10~15。

八、基础设计

基础设计是在结构建模通过内力计算以后进行。根据上部结构的具体情况和地质特征，确定该工程的基础为带肋筏板基础。用PKPM结构系列软件JCCAD模块进行设计计算。由于该项目结构简单，体形规则，荷载不大，地质条件又好，这里就没有输入地质资料进行沉降计算。

1. 基础人机交互输入

点取"基础人机交互输入"菜单后，程序提示是读取已有数据还是重新输入数据，由于是第一次输入，则点取重新输入数据并确定。

（1）参数输入

1）地基承载力计算参数。地基承载力特征值：180kPa；地基承载力宽度修正系数：0.5；深度修正系数：2.2；基础埋置深度：3.7m。

2）基础设计参数。室外自然地坪标高：-0.9m；基础归并系数：0.2；混凝土强度等级：C30；结构重要性系数：1；结构荷载作用点标高：-4.2m。

3）其他参数。该基础为一般带肋筏板基础，不考虑人防等情况，这项参数就不必输入了。

4）个别参数。若个别基础或局部埋深或承载力不同，可以点此菜单修改，这里未作修改。

（2）荷载输入

1）荷载参数。这里均用隐含值，未修改。

2）附加荷载。这个工程的附加荷载是指底层填充墙重量作用在柱基处的节点荷载 $p = glh = 10 \times 5 \times 4.2 = 210kN$。这里近似地按各柱相同输入。

3）读取荷载。这里读取的是SATWE计算荷载。

（3）上部构件。对于这个带地下室的框剪结构来说，主要是指框架柱的柱筋。框架柱柱筋在画框架柱施工图时已画过并储存，这里就直接读取，不必另行输入。

（4）筏板。点取"筏板"，按要求输入。

1）新建筏板定义。根据本人设计经验定义板厚为500，板底标高为-4.200，筏板挑出1200。

2）筏板布置。用围区布置，用光标在基础平面围一圈并确就自动形成筏板平面。

（5）点取"地梁"，按要求输入。

1）新建地梁定义。根据地梁受荷情况定义地梁断面为 450×850 的矩形梁，梁底标高为 -4.200。

2）地梁布置。按设计经验定义地基梁的断面为 450×850，布置时用光标点取此断面，在框剪墙和梁的网格上直接布置地基梁，此处用的是轴线方式。

布完筏板和地基梁后，点取结束直接退出。

2. 基础梁板弹性地基梁法计算

点取"基础梁板弹性地基梁法计算"，显示出计算选择菜单。由于结构简单规则，地基承载力和构造都比较好，这里未作沉降计算。

（1）弹性地基梁结构计算。弹性地基梁的计算方法有五种，这里选择按普通弹性地基梁计算。"点取计算分析"计算完后显示计算结果：地梁平面、荷载图、内力图、配筋图等。退出图形显示，要求输入归并系数（0~1.0），这里输入地梁的归并系数 0.2，归并后显示出地梁归并号平面。

（2）地基板内力配筋计算，地基板内力配筋计算可以采用弹性地基板内力配筋计算和筏板有限元计算两种方法，这里选用前项方法。地基板计算采用地基梁计算得出的周边节点平均弹性理论计算。确定后显示出房间编号平面、板配筋平面。输入计算参数，钢筋实配时通长筋的连通系数应 ≥0.8，其位置用自动区域确定。配置出 X 向上筋 Φ18@170，下筋 Φ20@150；Y 向上筋 Φ18@200，下筋 Φ20@200。用有限元算出的配筋略小一点，读者根据实际情况可以自行选取计算方法。

3. 基础施工图

（1）参数设置

1）钢筋标注。梁筋归并系数 0.3，梁筋放大系数 1.0。

2）绘图参数。平面图比例 1:100。

（2）绘制地梁施工图。先点"梁筋标注"，显示出地梁平法标注图。现在很多设计人员都用这种方法画地梁施工图。这里选用的是立剖面法画地梁施工图。根据计算结果和自己的设计经验选用 DL-1、DL-2 各一张施工图，DL-3~DL-5 为一张施工图。然后点"梁画图"，选画梁图，点"DL-1"，显示绘图参数，立面图比例 60，剖面图比例 30，输入图形文件名 DL-1.T。图框号 2，确定后即显示 DL-1 施工图，经编辑整理，就画好了这一张图。同法画出 DL-2、DL-3~5，则地梁施工图就画完了，详见地基梁详图结施-4~6。

4. 基础平面施工图

（1）点取"绘制新图"，显示出基础平面图。

（2）筏板钢筋

1）点取"筏板钢筋"，建立新数据文件，取计算配筋。

2）画计算配筋。点此菜单，程序将自动把计算结果的配筋画上了。

（3）标注轴线。标注轴线分自动标注、交互标注、逐根点取三种方法，这里选用自动标注。点取后程序就自动把轴线、轴线号、轴线尺寸标上了。

（4）标注字符。这里主要是标注地基梁编号和电梯井坑。地基梁的编号是按地基梁画图时的归并号标注，这里显示的梁号如果与选画的梁号不一致时，要把此处的梁号改为与输入的梁号一致。电梯井坑就在基础平面图电梯井的位置注上"电梯井坑"就行了。

（5）标注尺寸。这里主要是标注电梯井坑、地基梁和剪力墙的断面和定位尺寸以及梁顶、板顶标高。其中电梯井坑需要用线线距离来标注，而地基梁和剪力墙则可用平面点取自动标注。

（6）基础详图。基础详图包括独基详图、轻隔墙基、拉梁剖面、电梯井坑、地沟等，这里主要是画电梯井坑。

1）绘图参数。电梯井个数：2；井宽：2000；进深：2000；壁厚：200；基础板厚（与筏板等厚）：500；板顶标高：-3.700；井底与板面高差：1000；板顶 X 向钢筋：Φ18；板底 X 向钢筋：Φ20；板顶 Y 向钢筋：Φ18；板底 Y 向钢筋：Φ20；混凝土强度等级：C30。

2）绘制电梯井坑详图。将上面的参数输入、确定，电梯井坑详图就自动画出来了。一个平面、两个剖面，用图形编辑将详图拖动、编辑、修改，加上图框，则基础平面及详图就画完了，见结施-2、3。

九、楼梯设计

楼梯设计是根据建筑条件图，用 PKPM 结构系列软件 LTCAD 模块进行设计。在进行设计之前必须在 PKPM 结构系列菜单中点取 LTCAD 菜单，才能进行楼梯自动设计。LTCAD 模块（程序）分普通楼梯、螺旋楼梯和悬挑楼梯三种，这里选用的是普通两跑楼梯，其操作过程是：

1. 楼梯交互式数据输入

点取"新建楼梯"，输入楼梯文件名 LT-2，确认。

（1）主信息

1）主信息一。包括图纸规格：2；平面图比例：50；剖面图比例：25。

2）主信息二。包括楼梯板装修荷载：1.0；楼梯板活荷载：3.5；混凝土强度等级 C25；楼梯板受力主筋：HPB235；休息平台板厚：120；楼梯板负筋折减系数：0.8；楼梯板宽：1200；楼梯板厚：120；楼板钢筋保护层厚：15；梯梁钢筋保护层厚：25。

（2）楼梯间

1）矩形房间。点取此菜单显示出一矩形框，要求输入开间：2800；进深：6000；层高：3600；周边梁宽：250；周边梁高：450。确认后楼梯间的房间就显示出来了。

2）本层信息。楼板厚：100；层高：3600。

3）轴线命名。点取竖向一轴线，输入轴线号 1/4，点取竖向第二轴线，输入轴线号 5；点取横向一轴线，输入轴线号 C，点取横向二轴线，输入轴线号 D。这样楼梯间的轴线号就输完了。

（3）楼梯布置。用对话框输入，显示各类楼梯型号。选用 2 跑楼梯，输入以下参数：

1）起始节点号 4。

2）踏步总数 24，踏步宽 300。

3）各梯段宽 1350。

4）梯板厚 120。

5）平台宽 1350。

6）梯梁布置：自动。

7）梯梁宽 200。

8）梯梁高 400。

9）标准跑详细数据：踏步数：12；起始位置：1350；结束位置：1350；梯宽：1350；起始高：1 跑为 0，2 跑为 1800；投影长度 3300。

（4）换标准层。点取"添加、全部复制、确定"则进入楼梯间第二标准层。第二标准层同第一标准层的区别是第一标准层有楼梯基础，第二标准层没有楼梯基础。同法进入第三标准层，踏步数改为 11，起始位置改为 1500，起始高：1 跑为 0，2 跑为 1600，投影长度改为 3000。

同法进入第四标准层即顶层为空层。将楼梯删除，只剩下梯间框，就成为空层了。这是为画楼梯顶层用的。

（5）楼梯基础。点取"楼梯基础"，弹出对话框，要求输入外伸距：0；上阶宽：250；下阶宽：600；上阶高：500；下阶高：250。

（6）竖向布置。竖向布置是将楼梯标准层布置到房屋自然层中去。

1）布置第一标准层。复制层数：1；楼梯标准层号：1；层高：3600。

2）布置第二标准层。复制层数：1；楼梯标准层号：2；层高：3600。

3）布置第三标准层。复制层数：8；楼梯标准层号：3；层高：3200。

4）布置第四标准层。复制层数：1；楼梯标准层号：4；层高：3200。

（7）退出程序。点此菜单，确认存盘退出，则楼梯文件就被保存了。下次进入就点取开始输入的楼梯文件 LT-2，就可以继续操作了。

2. 楼梯配筋校验

点取此菜单，就显示第一楼梯标准层第一跑的钢筋图，再点取左上角梯跑图标，又显示出第一楼梯标准层第二跑的钢筋图。不断点取，直到显示没有下一跑时，再用左上角右边的图标退出。

3. 楼梯施工图

（1）楼梯平面图。点此菜单显示出楼梯底层平面图。

1）标注轴线。分自动标注、交互标注、逐根点取三种方法，这里选用自动标注。

2）标注尺寸。包括标注柱尺寸、梁尺寸、墙尺寸等，这里只点取标注梁尺寸，在网格梁上点一下，梁的宽度和定位尺寸就标上了。

3）平台钢筋。点此菜单，楼梯平面图上的平台钢筋就标上了。

用同样方法重复1）~3），则楼梯各标准层的平面图就都画好了。

（2）楼梯立面图。点取此菜单显示出该楼梯的立面图。楼梯立面图可以配筋，也可以不配筋。本工程选用的是整体配筋画法，所以在立面图上要选择配筋。为了表示得清楚一些，这里将改变一下楼梯立面图的画图比例，隐含值是1:50，这里改成1:25。

1）梯板钢筋。点取此菜单，梯板钢筋就都标上了。这时图面比较乱，需用移动标注来调整图面。

2）标准层号。点此菜单，填上参数回车，则楼层号就自动标上了。

（3）梯板配筋图。点此菜单，楼梯配筋图采用梯板配筋分离式画法。前面已经采用了整体画法，这里可以不必采用分离式画法。

（4）图形拼接。楼梯施工图是用前面画成的平面图、立面图、配筋图组成。但前面画出的这些图，还是一张张单体图，还不能成为一张完整的楼梯施工图。这就需要把这些单体图拼接起来成为一张完整的楼梯施工图。具体操作是点取"插入图形"，显示出以上单体图的文件名，一一点取，拖送到适当位置固定。经过图形编辑整理，才成为结施-23楼梯施工图。

十、结构施工图整理

本工程通过 PMCAD 建模，画了各结构标准层的结构平面图；通过 SATWE 结构分析计算；用墙梁柱施工图画出各结构标准层的墙梁柱配筋图；通过 JCCAD 画了基础图；通过 LTCAD 画了楼梯详图。这些图还是零散的，还需通过插入图框、编制图号、增加说明、编制结构图目录和施工图封面等操作，才能形成一整套完整的工程结构施工图。这里需要说明一点，结构设计总说明是作者根据自己设计经验编制的，仅供参考，用户可视具体情况，采用本单位设计说明或外单位的参考图。

十一、结构计算条件整理

工程结构施工图设计完了以后，还需整理一份结构设计条件，相当于计算书或计算书的一部分。结构设计条件可供设计、校对、审核用，也可供施工审图用。最后归档存查。这里仅把计算信息、各标准层构件断面、各标准层荷载平面、各标准层配筋平面、层间位移角曲线等组合成一份简单的结构设计条件供参考，用户可以按本单位的习惯自行整理，不可简单套用。

2—2 结构设计条件

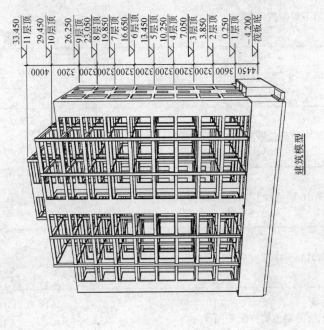

建筑模型

标高	层
33.450	11层顶
29.450	10层顶
26.250	9层顶
23.050	8层顶
19.850	7层顶
16.650	6层顶
13.450	5层顶
10.250	4层顶
7.050	3层顶
3.850	2层顶
0.250	1层顶
-4.200	筏板底

设计：　　　　校对：　　　　审核：

结构设计条件目录

序号	页 码	内 容
1	131	1层构件平面图
2	132	2~9层构件平面图
3	133	10层、11层(屋顶)构件平面图
4	134	第1层荷载平面图
5	135	第2~8层荷载平面图
6	136	第9层荷载平面图
7	137	第10层、11层(屋顶)荷载平面图
8	138	WMASS. OUT 文件
9	144	1层混凝土构件配筋图
10	145	2层混凝土构件配筋图
11	146	3~8层混凝土构件配筋图
12	147	9层混凝土构件配筋图
13	148	10层混凝土构件配筋图
14	149	11层混凝土构件配筋图、位移角曲线图

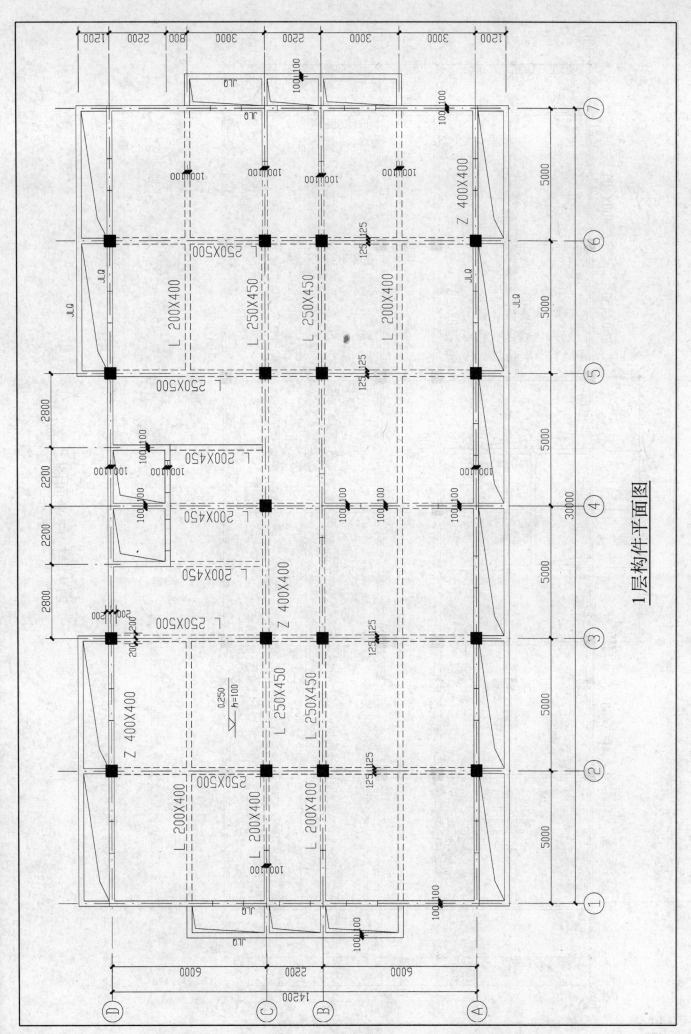

1层构件平面图

131

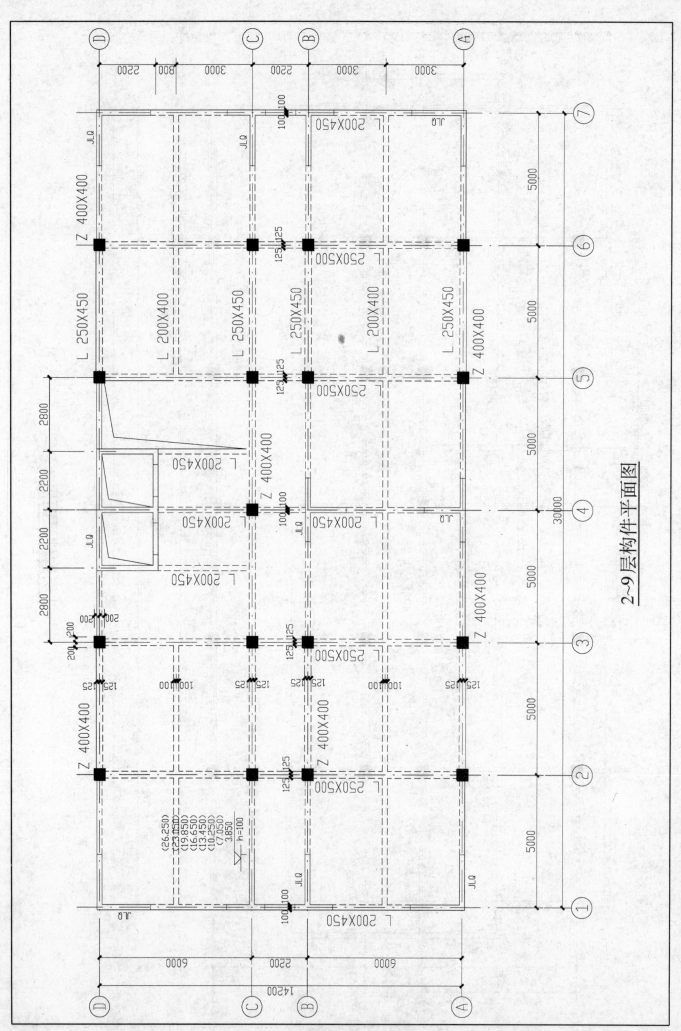

2~9层构件平面图

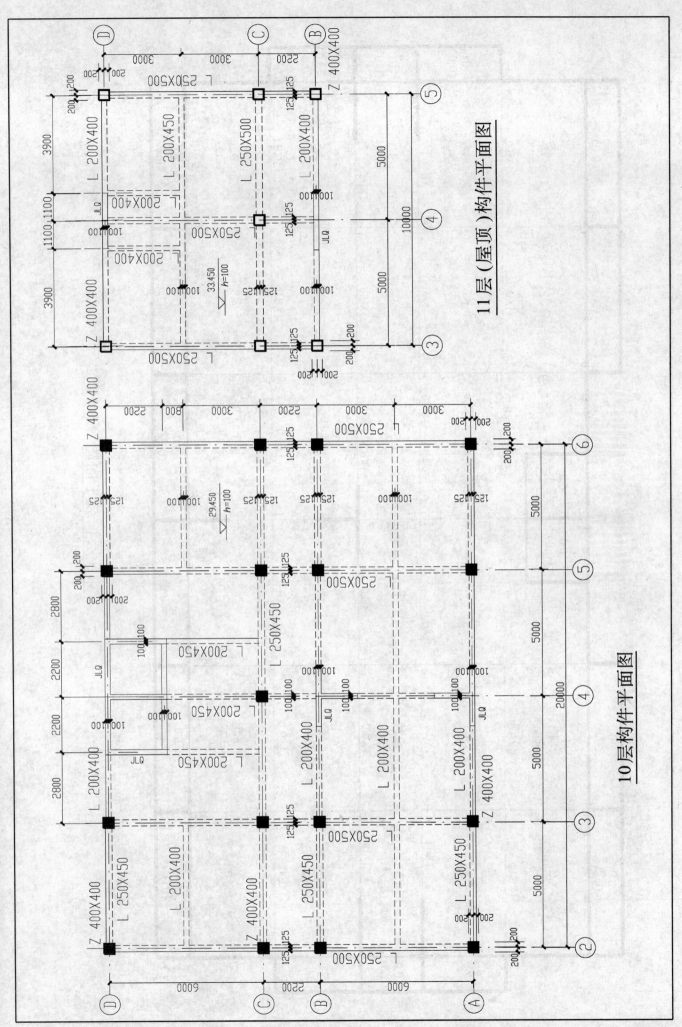

11层(屋顶)构件平面图

10层构件平面图

133

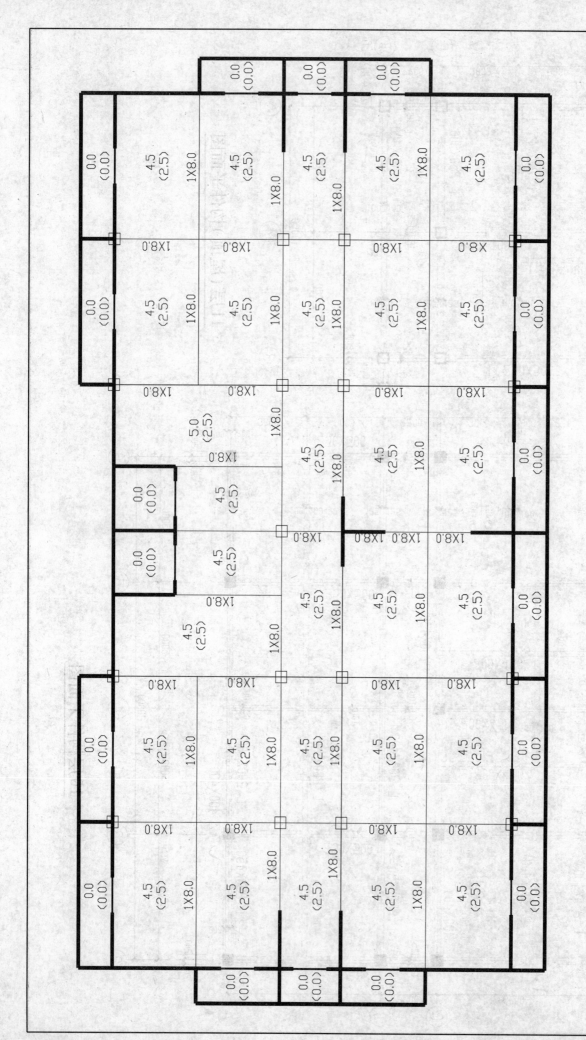

第1层荷载平面图
（括号中为活荷载值）

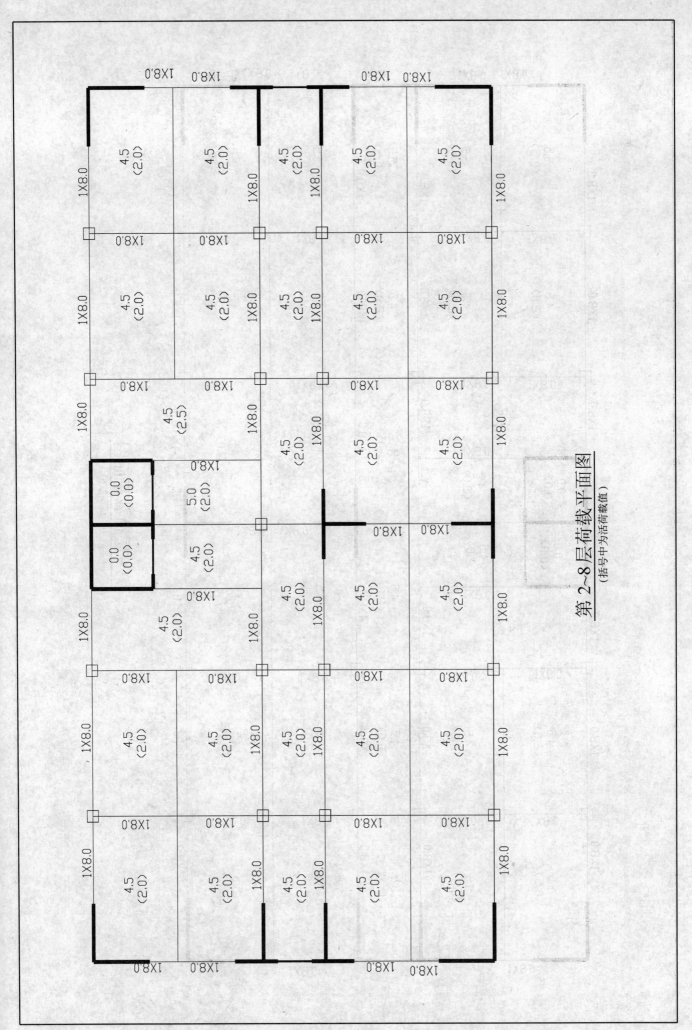

第2~8层荷载平面图
(括号中为活荷载值)

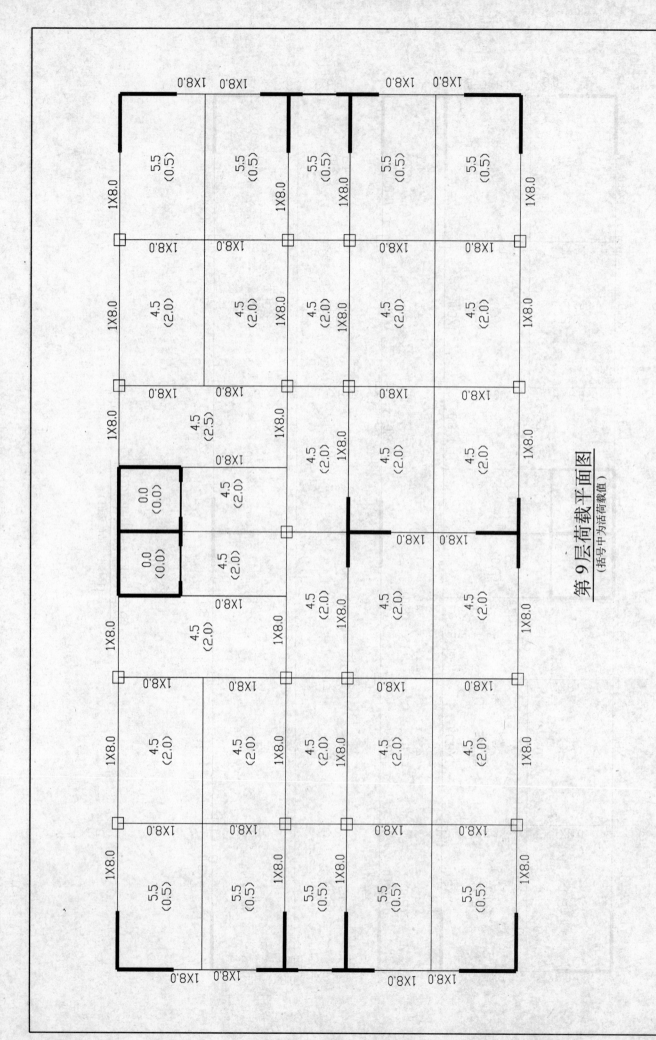

第 9 层荷载平面图
(括号中为活荷载值)

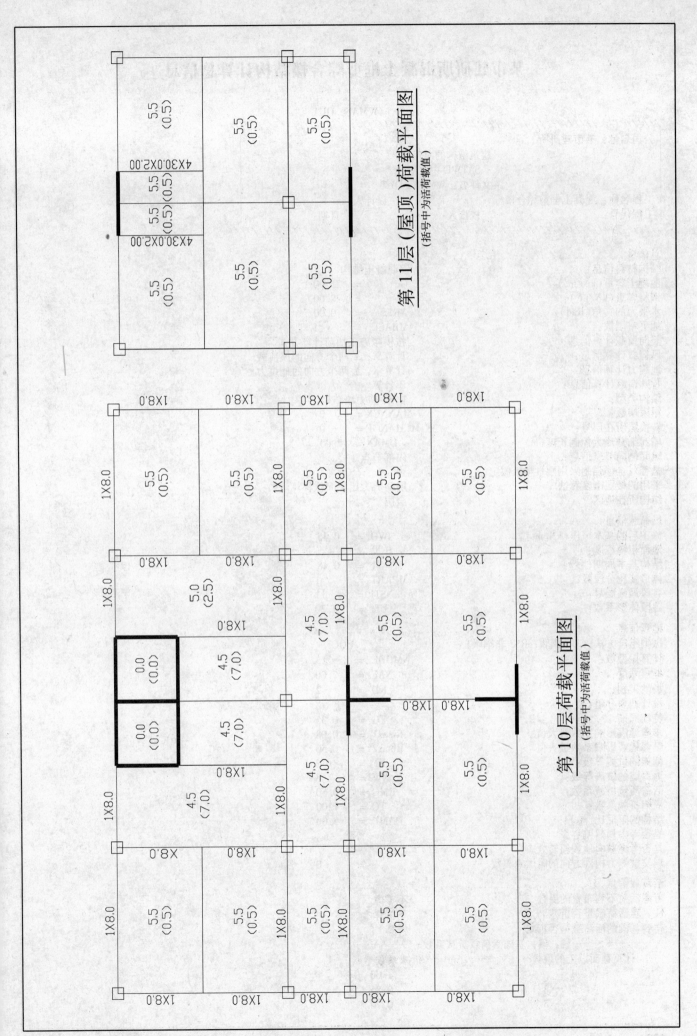

第11层（屋顶）荷载平面图
（括号中为活荷载值）

第10层荷载平面图
（括号中为活荷载值）

137

某市建研所混凝土框剪综合楼结构计算总信息

WMASS. OUT

//
公司名称：某市建研所

建筑结构的总信息
SATWE 中文版
文件名：WMASS. OUT

工程名称：混凝土框剪综合楼　　　　设计人：
工程代号：　　　　　　校核人：　　　　日期：
//

总信息..
结构材料信息：	钢混凝土结构
混凝土容重(kN/m³)：	Gc = 25.00
钢材容重(kN/m³)：	Gs = 78.00
水平力的夹角(Rad)：	ARF = 0.00
地下室层数：	MBASE = 1
竖向荷载计算信息：	按模拟施工加荷计算方式
风荷载计算信息：	计算 X，Y 两个方向的风荷载
地震力计算信息：	计算 X，Y 两个方向的地震力
特殊荷载计算信息：	不计算
结构类型：	框架-剪力墙结构
裙房层数：	MANNEX = 0
转换层所在层号：	MCHANGE = 0
墙元细分最大控制长度(m)	DMAX = 2.00
墙元侧向节点信息：	内部节点
是否对全楼强制采用刚性楼板假定	否
采用的楼层刚度算法	层间剪力比层间位移算法
结构所在地区	全国

风荷载信息..
修正后的基本风压(kN/m²)：	WO = 0.45
地面粗糙程度：	B 类
结构基本周期(秒)：	T1 = 0.48
体形变化分段数：	MPART = 1
各段最高层号：	NSTi = 11
各段体形系数：	USi = 1.30

地震信息..
振型组合方法(CQC 耦联；SRSS 非耦联)	CQC
计算振型数：	NMODE = 15
地震烈度：	NAF = 7.00
场地类别：	KD = 2
设计地震分组：	一组
特征周期	TG = 0.35
多遇地震影响系数最大值	Rmax1 = 0.08
罕遇地震影响系数最大值	Rmax2 = 0.50
框架的抗震等级：	NF = 3
剪力墙的抗震等级：	NW = 3
活荷质量折减系数：	RMC = 0.50
周期折减系数：	TC = 1.00
结构的阻尼比(%)：	DAMP = 5.00
是否考虑偶然偏心：	否
是否考虑双向地震扭转效应：	否
斜交抗侧力构件方向的附加地震数	= 0

活荷载信息..
考虑活荷不利布置的层数	不考虑
柱、墙活荷载是否折减	不折算
传到基础的活荷载是否折减	折算

----------------------柱，墙，基础活荷载折减系数----------------------
计算截面以上的层数	折减系数
1	1.00
2 ---- 3	0.85
4 ---- 5	0.70

6 ---- 8	0.65	
9 ---- 20	0.60	
>20	0.55	

调整信息..
中梁刚度增大系数：	BK =	1.00
梁端弯矩调幅系数：	BT =	0.85
梁设计弯矩增大系数：	BM =	1.00
连梁刚度折减系数：	BLZ =	0.70
梁扭矩折减系数：	TB =	0.40
全楼地震力放大系数：	RSF =	1.00
0.2Qo 调整起始层号：	KQ1 =	0
0.2Qo 调整终止层号：	KQ2 =	0
顶塔楼内力放大起算层号：	NTL =	0
顶塔楼内力放大：	RTL =	1.00
九度结构及一级框架梁柱超配筋系数	CPCOEF91 =	1.15
是否按抗震规范 5.2.5 调整楼层地震力	IAUTO525 =	1
是否调整与框支柱相连的梁内力	IREGU _ KZZB =	0
剪力墙加强区起算层号	LEV _ JLQJQ =	1
强制指定的薄弱层个数	NWEAK =	0

配筋信息..
梁主筋强度（N/mm²）：	IB =	300
柱主筋强度（N/mm²）：	IC =	300
墙主筋强度（N/mm²）：	IW =	300
梁箍筋强度（N/mm²）：	JB =	210
柱箍筋强度（N/mm²）：	JC =	210
墙分布筋强度（N/mm²）：	JWH =	210
梁箍筋最大间距（mm）：	SB =	100.00
柱箍筋最大间距（mm）：	SC =	100.00
墙水平分布筋最大间距（mm）：	SWH =	200.00
墙竖向筋分布最小配筋率（%）：	RWV =	0.30
单独指定墙竖向分布筋配筋率的层数：	NSW =	0
单独指定的墙竖向分布筋配筋率（%）	RWV1 =	0.60

设计信息..
结构重要性系数：	RWO =	1.00
柱计算长度计算原则：	有侧移	
梁柱重叠部分简化：	不作为刚域	
是否考虑 P-Delt 效应：	否	
柱配筋计算原则：	按单偏压计算	
钢构件截面净毛面积比：	RN =	0.85
梁保护层厚度（mm）：	BCB =	30.00
柱保护层厚度（mm）：	ACA =	30.00
是否按混凝土规范(7.3.11-3)计算混凝土柱计算长度系数：否		

荷载组合信息..
恒载分项系数：	CDEAD =	1.20
活载分项系数：	CLIVE =	1.40
风荷载分项系数：	CWIND =	1.40
水平地震力分项系数：	CEA _ H =	1.30
竖向地震力分项系数：	CEA _ V =	0.50
特殊荷载分项系数：	CSPY =	0.00
活荷载的组合系数：	CD _ L =	0.70
风荷载的组合系数：	CD _ W =	0.60
活荷载的重力荷载代表值系数：	CEA _ L =	0.50

地下信息..
回填土对地下室约束相对刚度比：	Esol =	3.00
回填土容重（kN/m³）：	Gsol =	18.00
回填土侧压力系数：	Rsol =	0.50
外墙分布筋保护厚度（mm）：	WCW =	35.00
室外地平标高（m）：	Hout =	− 0.35
地下水位标高（m）：	Hwat =	− 20.00
室外地面附加荷载（kN/m²）：	Qgrd =	0.00
正负零以下解除回填土约束的层数	MMSOIL =	0

剪力墙底部加强区信息..

剪力墙底部加强区层数　　　　　　　IWF ＝　3

剪力墙底部加强区高度(m)　　　　Z ＿ STRENGTHEN ＝　10.40

****

*　　　　　　　各层的质量、质心坐标信息　　　　　　　　　*

****

层号	塔号	质心 X	质心 Y (m)	质心 Z (m)	恒载质量 (t)	活载质量 (t)
11	1	18.051	19.356	36.800	88.1	2.1
10	1	18.011	17.010	32.800	283.6	28.5
9	1	18.053	16.374	29.600	497.3	31.2
8	1	18.053	16.373	26.400	483.2	41.8
7	1	18.053	16.373	23.200	483.2	41.8
6	1	18.053	16.373	20.000	483.2	41.8
5	1	18.053	16.373	16.800	483.2	41.8
4	1	18.053	16.373	13.600	483.2	41.8
3	1	18.053	16.373	10.400	483.2	41.8
2	1	18.053	16.380	7.200	488.6	41.8
1	1	18.051	16.100	3.600	745.7	52.1

活载产生的总质量(t)：　　　　　　　　　　　　　406.730

恒载产生的总质量(t)：　　　　　　　　　　　　5002.289

结构的总质量(t)：　　　　　　　　　　　　　　5409.020

恒载产生的总质量包括结构自重和外加恒载

结构的总质量包括恒载产生的质量和活载产生的质量

活载产生的总质量和结构的总质量是活载折减后的结果(1t ＝ 1000kg)

****

*　　　　　　各层构件数量、构件材料和层高　　　　　　　*

****

层号	塔号	梁数 (混凝土)	柱数 (混凝土)	墙数 (混凝土)	层高 (m)	累计高度 (m)
1	1	81(30)	17(40)	74(40)	3.600	3.600
2	1	73(30)	17(40)	31(40)	3.600	7.200
3	1	73(25)	17(35)	31(35)	3.200	10.400
4	1	73(25)	17(35)	31(35)	3.200	13.600
5	1	73(25)	17(35)	31(35)	3.200	16.800
6	1	73(25)	17(35)	31(35)	3.200	20.000
7	1	73(25)	17(35)	31(35)	3.200	23.200
8	1	73(25)	17(35)	31(35)	3.200	26.400
9	1	73(20)	17(25)	31(25)	3.200	29.600
10	1	57(20)	17(25)	13(25)	3.200	32.800
11	1	21(20)	7(25)	4(25)	4.000	36.800

****

*　　　　　　　　　　风荷载信息　　　　　　　　　　　　*

****

层号	塔号	风荷载 X	剪力 X	倾覆弯矩 X	风荷载 Y	剪力 Y	倾覆弯矩 Y
11	1	40.06	40.1	160.2	48.85	48.8	195.4
10	1	51.94	92.0	454.6	72.15	121.0	582.6
9	1	49.01	141.0	905.9	102.20	223.2	1296.8
8	1	46.04	187.0	1504.4	96.08	319.3	2318.5
7	1	42.98	230.0	2240.5	89.76	409.0	3627.5
6	1	39.76	269.8	3103.9	83.11	492.2	5202.3
5	1	36.30	306.1	4083.3	75.93	568.1	7020.2
4	1	32.43	338.5	5166.6	67.91	636.0	9055.4
3	1	30.97	369.5	6349.0	64.98	701.0	11298.5
2	1	33.03	402.5	7798.0	69.45	770.4	14072.0
1	1	0.00	402.5	9247.1	0.00	770.4	16845.5

==

　　　　　　各楼层等效尺寸(单位：m，m**2)

==

层号	塔号	面积	形心 X	形心 Y	等效宽 B	等效高 H	最大宽 BMAX	最小宽 BMIN
1	1	407.92	17.98	16.02	30.59	13.84	30.59	13.84
2	1	407.92	17.98	16.02	30.59	13.84	30.59	13.84
3	1	407.92	17.98	16.02	30.59	13.84	30.59	13.84
4	1	407.92	17.98	16.02	30.59	13.84	30.59	13.84
5	1	407.92	17.98	16.02	30.59	13.84	30.59	13.84
6	1	407.92	17.98	16.02	30.59	13.84	30.59	13.84
7	1	407.92	17.98	16.02	30.59	13.84	30.59	13.84
8	1	407.92	17.98	16.02	30.59	13.84	30.59	13.84
9	1	407.92	17.98	16.02	30.59	13.84	30.59	13.84
10	1	265.92	17.94	15.88	20.52	13.62	20.53	13.61
11	1	82.00	18.05	19.28	10.00	8.20	10.00	8.20

===
各楼层的单位面积质量分布(单位:kg/m ** 2)
===

层号	塔号	单位面积质量 g[i]	质量比 max(g[i]/g[i-1],g[i]/g[i+1])
1	1	1955.58	1.50
2	1	1300.47	1.01
3	1	1287.03	1.00
4	1	1287.03	1.00
5	1	1287.03	1.00
6	1	1287.03	1.00
7	1	1287.03	1.00
8	1	1287.03	1.00
9	1	1295.71	1.10
10	1	1173.62	1.07
11	1	1099.31	1.00

===
计算信息
===

Project File Name　　　　:　hltkj
计算日期　　　　　　　　:　2006.8.3
开始时间　　　　　　　　:　　9:16:15
可用内存　　　　　　　　:　195.00MB

第一步:计算每层刚度中心、自由度等信息
　　　开始时间　　　　　:　　9:16:15

第二步:组装刚度矩阵并分解
　　　开始时间　　　　　:　　9:16:19
　　　Calculate block information
　　　刚度块总数:　　1
　　　自由度总数:　　　2700
　　　大约需要　　5.3MB　硬盘空间
　　　　　刚度组装:从　　1 行到　　2700 行

第三步:地震作用分析
　　　开始时间　　　　　:　　9:16:22
　　　方法1(侧刚模型)
　　　　　起始列=1　　　　　　终止列=23

第四步:计算位移
　　　开始时间　　　　　:　　9:16:22
　　　形成地震荷载向量
　　　形成风荷载向量
　　　形成垂直荷载向量
　　　Calculate Displacement
　　　　LDLT 回代:从　　1 列到　44 列
　　　写出位移文件

第五步:计算杆件内力
　　　开始时间　　　　　:　　9:16:25
　　　　结束日期　　　　:　2006.8.3
　　　　时间　　　　　　:　　9:16:37
　　　　总用时　　　　　:　0:0:22

===
各层刚心、偏心率、相邻层侧移刚度比等计算信息
Floor No.　　　　　:层号
Tower No.　　　　　:塔号
Xstif,Ystif　　　　:刚心的 X,Y 坐标值

Alf　　　　　：层刚性主轴的方向
Xmass,Ymass　：质心的 X,Y 坐标值
Gmass　　　　：总质量
Eex,Eey　　　：X,Y 方向的偏心率
Ratx,Raty　　：X,Y 方向本层塔侧移刚度与下一层相应塔侧移刚度的比值
Ratx1,Raty1　：X,Y 方向本层塔侧移刚度与上一层相应塔侧移刚度 70% 的比值
　　　　　　　　或上三层平均侧移刚度 80% 的比值中之较小者
RJX,RJY,RJZ　：结构总体坐标系中塔的侧移刚度和扭转刚度

==

```
Floor No.            1      Tower No. 1
Xstif   =           18. 0260( m)  Ystif   =        15. 5061( m)   Alf    =      0. 0000( Degree)
Xmass   =           18. 0506( m)  Ymass   =        16. 0998( m)   Gmass  =     849. 7821( t)
Eex     =            0. 0021      Eey     =         0. 0328
Ratx    =            1. 0000      Raty    =         1. 0000
Ratx1   =          142. 2496      Raty1   =        76. 6530     薄弱层地震剪力放大系数 = 1.00
RJX     =    1. 5450E +08( kN/m)  RJY   = 7. 0322E +07( kN/m) RJZ =  0. 0000E +00( kN/m)
```
. . . .
```
Floor No.            2      Tower No. 1
Xstif   =           18. 0517( m)  Ystif   =        18. 3619( m)   Alf    =      0. 0000( Degree)
Xmass   =           18. 0534( m)  Ymass   =        16. 3803( m)   Gmass  =     572. 3331( t)
Eex     =            0. 0002      Eey     =         0. 1535
Ratx    =            0. 0100      Raty    =         0. 0186
Ratx1   =            2. 2369      Raty1   =         2. 3123     薄弱层地震剪力放大系数 = 1.00
RJX     =    1. 5516E +06( kN/m)  RJY   = 1. 3106E +06( kN/m) RJZ =  0. 0000E +00( kN/m)
```
. . . .
```
Floor No.            3      Tower No. 1
Xstif   =           18. 0514( m)  Ystif   =        17. 8564( m)   Alf    =      0. 0000( Degree)
Xmass   =           18. 0535( m)  Ymass   =        16. 3732( m)   Gmass  =     566. 8530( t)
Eex     =            0. 0002      Eey     =         0. 1142
Ratx    =            0. 6386      Raty    =         0. 6178
Ratx1   =            1. 9401      Raty1   =         1. 9695     薄弱层地震剪力放大系数 = 1.00
RJX     =    9. 9093E +05( kN/m)  RJY   = 8. 0969E +05( kN/m) RJZ =  0. 0000E +00( kN/m)
```
. . . .
```
Floor No.            4      Tower No. 1
Xstif   =           18. 0514( m)  Ystif   =        17. 8564( m)   Alf    =      0. 0000( Degree)
Xmass   =           18. 0535( m)  Ymass   =        16. 3732( m)   Gmass  =     566. 8530( t)
Eex     =            0. 0002      Eey     =         0. 1142
Ratx    =            0. 7363      Raty    =         0. 7253
Ratx1   =            1. 8188      Raty1   =         1. 8119     薄弱层地震剪力放大系数 = 1.00
RJX     =    7. 2964E +05( kN/m)  RJY   = 5. 8729E +05( kN/m) RJZ =  0. 0000E +00( kN/m)
```
. . . .
```
Floor No.            5      Tower No. 1
Xstif   =           18. 0514( m)  Ystif   =        17. 8564( m)   Alf    =      0. 0000( Degree)
Xmass   =           18. 0535( m)  Ymass   =        16. 3732( m)   Gmass  =     566. 8530( t)
Eex     =            0. 0002      Eey     =         0. 1142
Ratx    =            0. 7854      Raty    =         0. 7884
Ratx1   =            1. 7306      Raty1   =         1. 7249     薄弱层地震剪力放大系数 = 1.00
RJX     =    5. 7308E +05( kN/m)  RJY   = 4. 6304E +05( kN/m) RJZ =  0. 0000E +00( kN/m)
```
. . . .
```
Floor No.            6      Tower No. 1
Xstif   =           18. 0514( m)  Ystif   =        17. 8564( m)   Alf    =      0. 0000( Degree)
Xmass   =           18. 0535( m)  Ymass   =        16. 3732( m)   Gmass  =     566. 8530( t)
Eex     =            0. 0002      Eey     =         0. 1142
Ratx    =            0. 8235      Raty    =         0. 8282
Ratx1   =            1. 6479      Raty1   =         1. 6738     薄弱层地震剪力放大系数 = 1.00
RJX     =    4. 7191E +05( kN/m)  RJY   = 3. 8349E +05( kN/m) RJZ =  0. 0000E +00( kN/m)
```
. . . .
```
Floor No.            7      Tower No. 1
Xstif   =           18. 0514( m)  Ystif   =        17. 8564( m)   Alf    =      0. 0000( Degree)
Xmass   =           18. 0535( m)  Ymass   =        16. 3732( m)   Gmass  =     566. 8530( t)
Eex     =            0. 0002      Eey     =         0. 1142
Ratx    =            0. 8669      Raty    =         0. 8535
Ratx1   =            1. 6199      Raty1   =         1. 6719     薄弱层地震剪力放大系数 = 1.00
RJX     =    4. 0910E +05( kN/m)  RJY   = 3. 2730E +05( kN/m) RJZ =  0. 0000E +00( kN/m)
```
. . . .
```
Floor No.            8      Tower No. 1
Xstif   =           18. 0514( m)  Ystif   =        17. 8564( m)   Alf    =      0. 0000( Degree)
Xmass   =           18. 0535( m)  Ymass   =        16. 3732( m)   Gmass  =     566. 8530( t)
Eex     =            0. 0002      Eey     =         0. 1142
Ratx    =            0. 8819      Raty    =         0. 8544
Ratx1   =            1. 7582      Raty1   =         1. 7964     薄弱层地震剪力放大系数 = 1.00
RJX     =    3. 6077E +05( kN/m)  RJY   = 2. 7966E +05( kN/m) RJZ =  0. 0000E +00( kN/m)
```
. . . .
```
Floor No.            9      Tower No. 1
Xstif   =           18. 0514( m)  Ystif   =        17. 8564( m)   Alf    =      0. 0000( Degree)
Xmass   =           18. 0530( m)  Ymass   =        16. 3744( m)   Gmass  =     559. 7452( t)
Eex     =            0. 0001      Eey     =         0. 1141
Ratx    =            0. 8125      Raty    =         0. 7952
Ratx1   =            2. 2272      Raty1   =         2. 2738     薄弱层地震剪力放大系数 = 1.00
```

RJX = 2.9313E+05(kN/m) RJY = 2.2240E+05(kN/m) RJZ = 0.0000E+00(kN/m)

....

Floor No. 10 Tower No. 1
Xstif = 18.0521(m) Ystif = 20.3019(m) Alf = 0.0000(Degree)
Xmass = 18.0110(m) Ymass = 17.0103(m) Gmass = 340.5724(t)
Eex = 0.0082 Eey = 0.5493
Ratx = 0.6414 Raty = 0.6283
Ratx1 = 4.1873 Raty1 = 4.3979 薄弱层地震剪力放大系数=1.00
RJX = 1.8802E+05(kN/m) RJY = 1.3973E+05(kN/m) RJZ = 0.0000E+00(kN/m)

....

Floor No. 11 Tower No. 1
Xstif = 18.0510(m) Ystif = 18.7633(m) Alf = 0.0000(Degree)
Xmass = 18.0510(m) Ymass = 19.3564(m) Gmass = 92.1994(t)
Eex = 0.0000 Eey = 0.0553
Ratx = 0.2985 Raty = 0.2842
Ratx1 = 1.2500 Raty1 = 1.2500 薄弱层地震剪力放大系数=1.00
RJX = 5.6129E+04(kN/m) RJY = 3.9716E+04(kN/m) RJZ = 0.0000E+00(kN/m)

==

抗倾覆验算结果

==

	抗倾覆弯矩 Mr	倾覆弯矩 Mov	比值 Mr/Mov	零应力区(%)
X 风荷载	876261.2	10358.2	84.60	0.00
Y 风荷载	448948.7	19825.5	22.65	0.00
X 地震	876261.2	27515.4	31.85	0.00
Y 地震	448948.7	25858.1	17.36	0.00

==

结构整体稳定验算结果

==

X 向刚重比 EJd/GH**2 = 8.61
Y 向刚重比 EJd/GH**2 = 6.17
该结构刚重比 EJd/GH**2 大于 1.4,能够通过高规(5.4.4)的整体稳定验算
该结构刚重比 EJd/GH**2 大于 2.7,可以不考虑重力二阶效应
****
* 楼层抗剪承载力、及承载力比值 *
****
Ratio_Bu:表示本层与上一层的承载力之比

层号	塔号	X 向承载力	Y 向承载力	Ratio_Bu:X,Y	
11	1	0.9714E+03	0.3603E+03	1.00	1.00
10	1	0.3191E+04	0.2738E+04	3.28	7.60
9	1	0.5637E+04	0.5229E+04	1.77	1.91
8	1	0.6863E+04	0.6550E+04	1.22	1.25
7	1	0.7285E+04	0.6740E+04	1.06	1.03
6	1	0.7599E+04	0.6843E+04	1.04	1.02
5	1	0.7828E+04	0.6973E+04	1.03	1.02
4	1	0.7944E+04	0.7080E+04	1.01	1.02
3	1	0.7655E+04	0.7281E+04	0.96	1.03
2	1	0.7560E+04	0.7216E+04	0.99	0.99
1	1	0.2789E+05	0.1516E+05	3.69	2.10

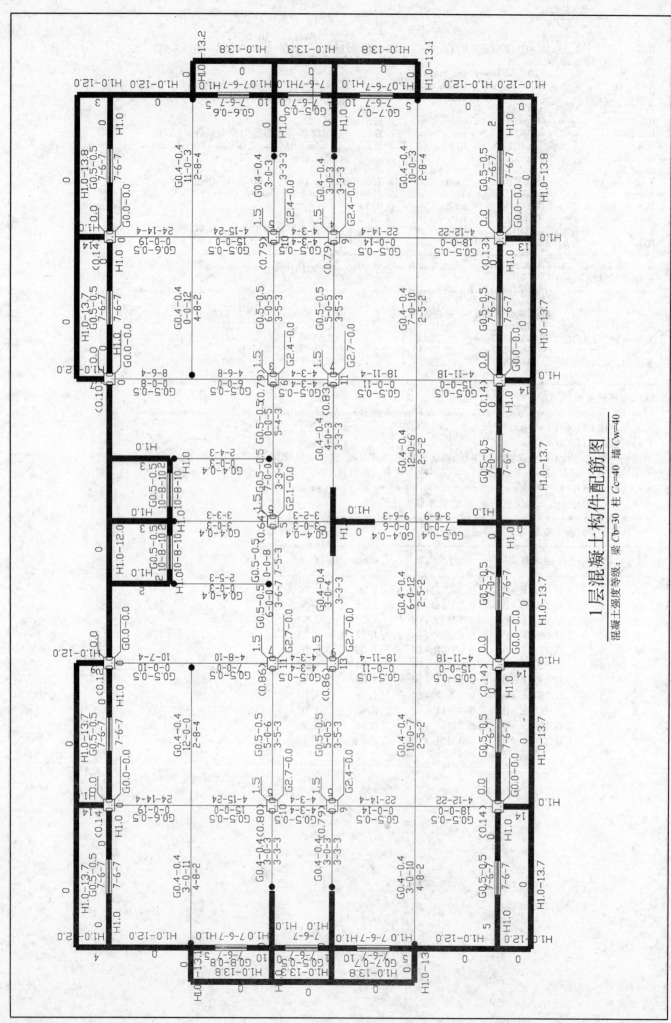

1层混凝土构件配筋图

混凝土强度等级：梁 Cb=30 柱 Cc=40 墙 Cw=40

144

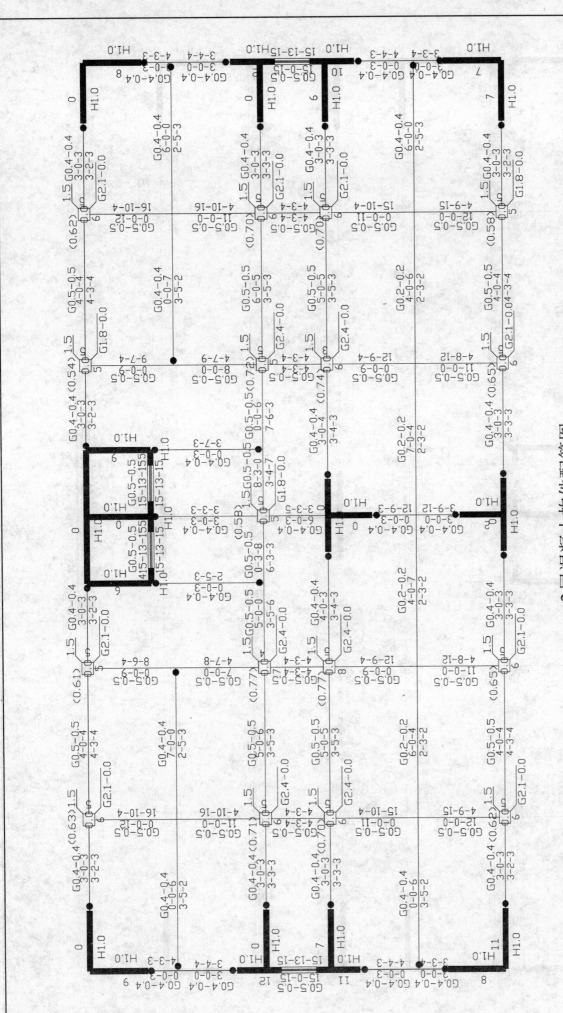

2层混凝土构件配筋图

混凝土强度等级：梁 Cb=25　柱 Cc=35　墙 Cw=35

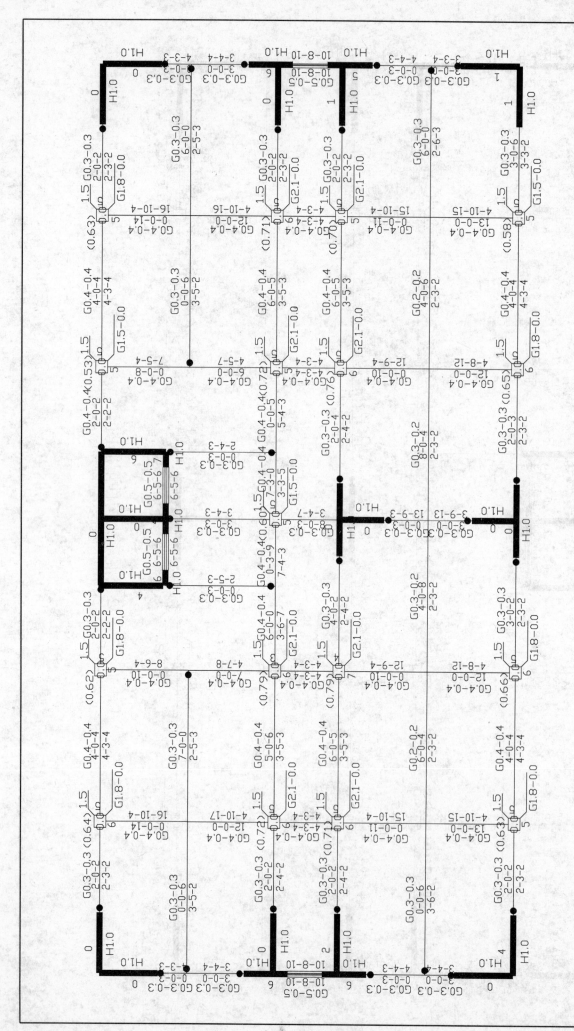

3~8层混凝土构件配筋图

混凝土强度等级：梁 Cb=25 柱 Cc=35 墙 Cw=35

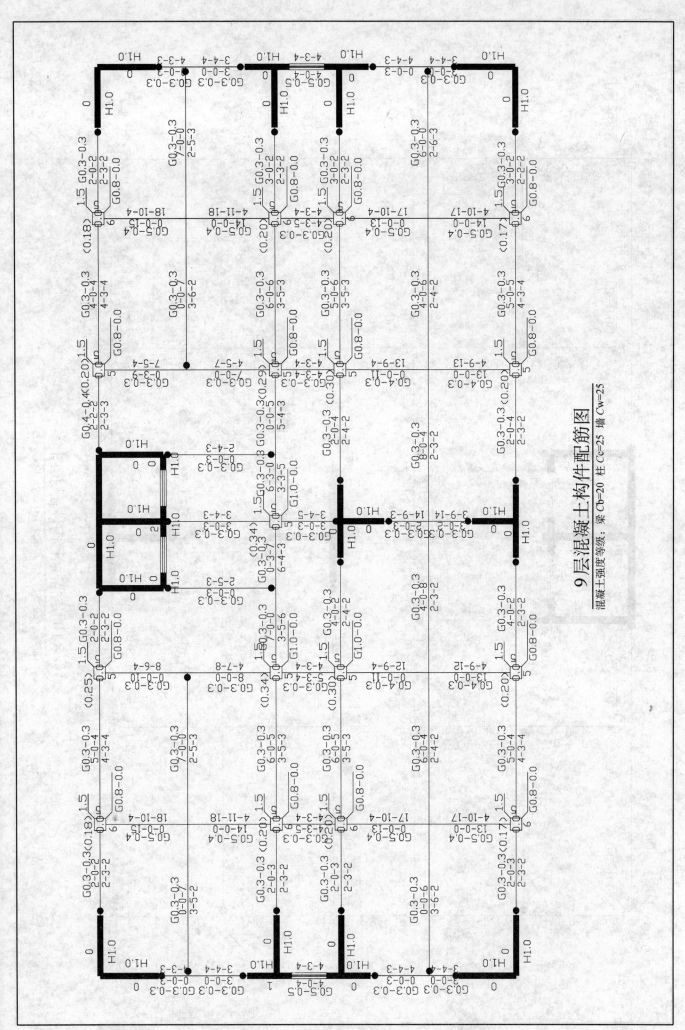

9层混凝土构件配筋图

混凝土强度等级：梁 Cb=20 柱 Cc=25 墙 Cw=25

147

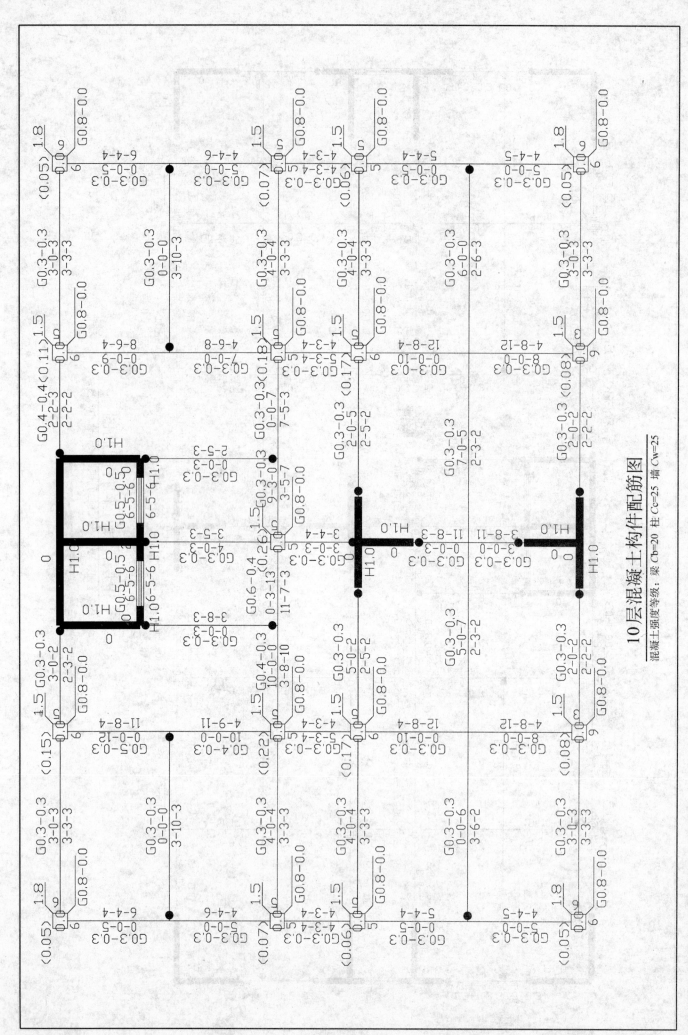

10层混凝土构件配筋图

混凝土强度等级：梁 Cb=20 柱 Cc=25 墙 Cw=25

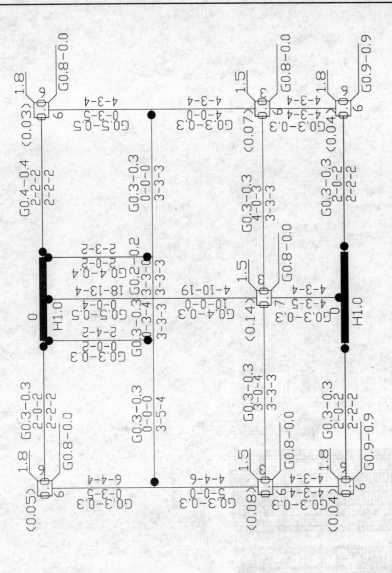

11层混凝土构件配筋图

混凝土强度等级：梁 Cb=20 柱 Cc=25 墙 Cw=25

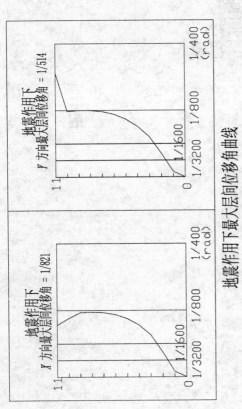

地震作用下最大层间位移角曲线

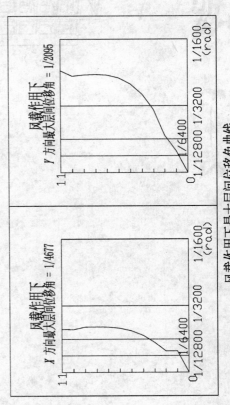

风载作用下最大层间位移角曲线

2—3 结构施工图

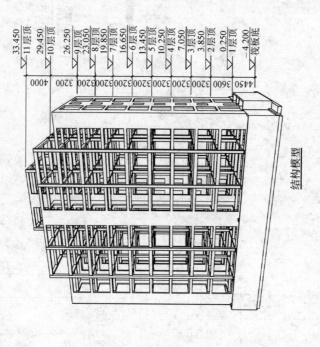

33.450 ▽11层顶
29.450 ▽10层顶
26.250 ▽9层顶
23.050 ▽8层顶
19.850 ▽7层顶
16.650 ▽6层顶
13.450 ▽5层顶
10.250 ▽4层顶
7.050 ▽3层顶
3.850 ▽2层顶
0.250 ▽1层顶
-4.200 ▽筏板底

4000 | 3200 | 3200 | 3200 | 3200 | 3200 | 3200 | 3200 | 3200 | 3600 | 4450

结构模型

设计：　　　　校对：　　　　审核：

图 纸 目 录

序 号	图 号	图 纸 名 称	规 格	备 注
1	结施-1	结构设计总说明	A2	
2	结施-2	基础平面布置图	A2	
3	结施-3	基础剖面 1-1 ~ 4-4 详图	A2	
4	结施-4	地基梁 DL-1 详图	A2	
5	结施-5	地基梁 DL-2 详图	A2	
6	结施-6	地基梁 DL-3 ~ DL-5 详图	A2	
7	结施-7	1 层柱配筋平面图	A2	
8	结施-8	2 ~ 9 层柱配筋平面图	A2	
9	结施-9	10 层、11 层柱配筋平面图	A2	
10	结施-10	1 层剪力墙平面图	A2	
11	结施-11	2 层剪力墙平面图	A2	
12	结施-12	3 ~ 8 层剪力墙平面图	A2	
13	结施-13	9 层剪力墙平面图	A2	
14	结施-14	10 层剪力墙平面图	A2	
15	结施-15	11 层剪力墙平面图	A2	
16	结施-16	1 层梁配筋图	A2	
17	结施-17	2 ~ 9 层梁配筋图	A2	
18	结施-18	10 层、11 层梁配筋图	A2	
19	结施-19	1 层顶板配筋图	A2	
20	结施-20	2 ~ 8 层顶板配筋图	A2	
21	结施-21	9 层顶板配筋图	A2	
22	结施-22	10 层、11 层顶板配筋图	A2	
23	结施-23	楼梯详图	A2	

结构设计总说明

一、工程概述

本工程系根据国家现行规范及标准进行设计，施工过程中材料和工程质量的验收，应严格按照国家标准各类工程施工及验收规范的要求进行。

本工程为混凝土框架剪力墙结构工程，地上11层，地下1层地下室，使用年限为50年，建筑物的重要性类别为二类，抗震设防烈度等级为二级，框架抗震等级为三级，基础设计等级为乙级。

板、梁、柱、基础，本工程的绝对标高和±0.000对应关系见该项目的总平面图。

二、主要设计依据

1.《混凝土结构设计规范》（GB 50010—2002）
2.《建筑地基基础设计规范》（GB 50007—2002）
3.《混凝土结构施工图平面整体表示方法制图规则和构造详图》（04G101-4）
4.《建筑抗震设计规范》（GB 50011—2001）
5.《建筑结构荷载规范》（GB 50009—2001）
6.《建筑结构制图标准》（GB/T 50105—2001）
7.该工程的地质勘察报告与该工程的设计委托书及设计合同。

三、主要设计条件

1.基本风压：0.30kN/m²　2.基本雪压：0.45kN/m²
3.楼梯间活荷载：3.5kN/m²　4.标准冻土深度：800mm
5.场地土类别：Ⅲ类　6.屋面活荷载：0.5kN/m²
7.楼面活荷载：一层（±0.000）地面：2.0kN/m²
8.标准层楼面活荷载：2.0kN/m²
9.盥洗、卫生间活荷载：2.0kN/m²
10.楼梯间活荷载：3.5kN/m²
11.设计、计算：绘图采用采用PKPM系列软件PMCAD、SATWE、PK、JCCAD、LTCAD。地基基础、地震作用计算。

四、

1.根据***勘察测绘研究院为本工程提供的岩土工程勘察报告，地层土质概述如下：

土层编号及名称	性状	层厚	承载力标准值/kPa
①杂填土	杂色稍湿稍密	1.0~1.5m	不宜做天然地基
②粘质粉土	灰褐色灰黑色稍密黄褐色稍密	0.60~4.90m	120
③粉质粘土	灰褐~灰黑灰色	0.60~5.30m	160
④砂质粉土	灰色	0.70~9.40m	200
⑤砂质粉土	黄褐、饱和、稍密中密	1.10~10.50m	300

场地土类别：中软场地土；场地类别：Ⅱ类；混凝土环境类别：二类-a；地下水：埋深7.7m，无浸蚀性。

五、材料（注明者除外）

1.混凝土：基础垫层C15；圈梁C20；基础C30；柱C40；梁、板C25。楼层梁及地圈梁：C25。楼梯：C25。
2.钢筋：HPB235级直径为8~20mm；HRB335级直径为6~50mm。
3.填充墙所用材料见建筑施工图。

六、混凝土结构构造

1.混凝土保护层
基础：40mm；梁：30mm；柱：30mm；基础：30mm；楼板：15mm；楼层梁及地圈梁：25mm；板：40mm。

2.钢筋的锚固长度 l_a 见下表：

钢筋		C20	C25	C30	C35	≥C40
HPB235		31d	27d	24d	22d	20d
HRB335	d≤25	39d	33d	30d	27d	25d
HRB335	d>25	43d	36d	33d	30d	27d

3.钢筋的搭接长度 l_L 见下表：

钢筋		C20	C25	C30	C35	≥C40
HPB235		37d	33d	29d	27d	24d
HRB335	d≤25	47d	40d	36d	33d	30d
HRB335	d>25	52d	44d	40d	36d	33d

表中数值按接头百分率为25%计，若接头百分率大于25%则表中的数值也要相应提高。钢筋的连接应优先采用钢筋机械连接接头（直螺纹接头），施工时应按《钢筋机械连接通用技术规程》的有关规定施工。

4.板
(1)现浇钢筋混凝土楼板的板底钢筋不得在跨中搭接，且应伸至支座中心线。板顶钢筋（负筋）不得在支座搭接，两端应设弯钩，弯曲长度比板厚小15mm。

(2)凡详图未注明板内分布筋见下表：

板厚/mm	<120	120~180	>180
板内分布筋	φ6@250	φ8@250	φ10@250

(3)楼板上的孔洞应预留，当洞尺寸不大于300mm时，不另加钢筋，板内钢筋由洞边绕过不得切断；当孔洞尺寸大于300mm时，应设计要求加设洞边附加钢筋并分布在小梁。

(4)楼板上小于300mm的孔洞未在结构图上表示，详见其他施工图。

5.梁、柱
(1)梁、柱内配筋构造按04G101-4施工。
(2)除详图中注明必须焊接的主筋外，柱内直径大于22mm的主筋均采用机械连接或直螺纹钢筋接头，其他主筋接件时亦可采用等强焊接接头。其他主筋连接应采用电渣压力焊。
采用焊接接头时，各种接头应严格检查，各种试验应合格后，方可使用。

6.钢筋混凝土剪力墙或挡土墙
(1)钢筋混凝土挡土墙，剪力墙必须与四周同梁、板、柱浇成整体。
(2)墙内钢筋遇洞口截断，洞边应加设竖向钢筋，锚入墙内40d。
(3)墙内竖筋在顶处应锚入楼板或梁内45d。
(4)钢筋混凝土墙在同一断面内不得超过同向钢筋的50%。

七、

门窗过梁按京92G21选用，工艺、工种施工。沟盖板按京92G15选用，沟盖板按施工时应对照施工图进行协调施工。
电信等各工种进行协调施工，以防漏漏。

八、

本工程应按图纸施工时应严格按照《混凝土工程施工及验收规范》的有关规定进行施工。

九、

常用构件代号及名称如下表采用。

构件名称	代号	构件名称	代号
基础	JC	地基梁	DLL
混凝土框架柱	KZ	混凝土框架梁	KL
普通混凝土过梁	GL	普通混凝土梁	GZ
钢柱	GJ	钢梁	SC
屋面檩条	ZC	水平支撑	WLT
柱间支撑	WXL	屋面支撑	WYC
屋面阔撑	QTL	屋面撑撑	WCG
墙架斜拉条	QYC	墙梁	QXL
墙架拉条	QL		
墙架撑	QCG	抗风柱	QZ

十、其他

1.当总说明与详图中的说明或标注有矛盾时应以施工详图为准。
2.本工程设计图与详图表示方法应正面投影法。
3.本工程尺寸以毫米计，标高以米计，其余均以毫米计。

某建筑工程设计有限公司
某市城建公司

工程号		设计	
审定		制图	
工程主持人		校对	
专业		审核	
负责人			

工程名称：
项目：钢筋混凝土框架办公楼
设计阶段：施工图
专业：结构
图号：结施-1
日期：

结构设计总说明　　例2

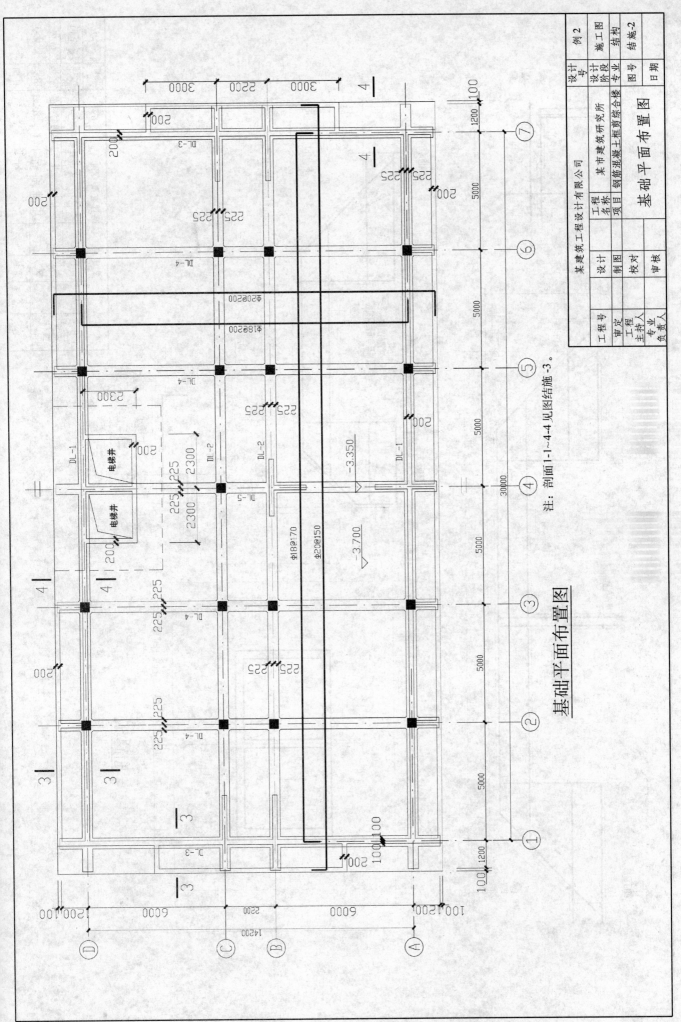

基础平面布置图

注: 剖面1-1~4-4见图结施-3。

某建筑工程设计有限公司		设计号		例 2
工程名称	某市建筑研究所	设计阶段		施工图
项目	钢筋混凝土框剪综合楼	专业		结构
		图号		结施-2
设计			基础平面布置图	
制图				
校对				
审核				

工程号		日期	
审定			
工程主持人			
专业负责人			

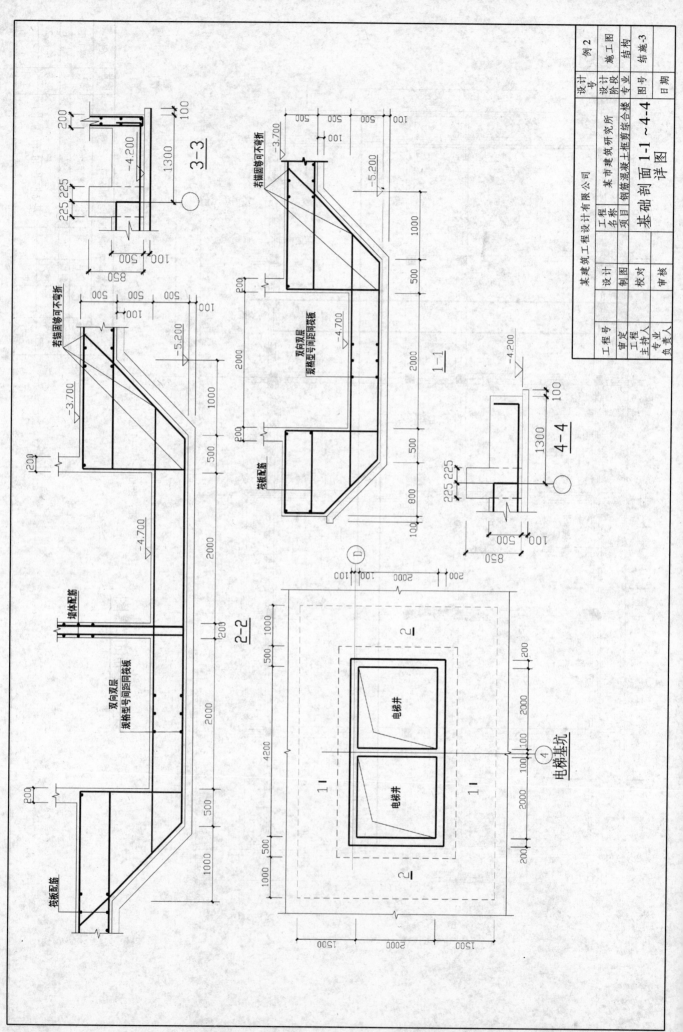

3-3

1-1

2-2

4-4

墙体配筋

双向双层
规格型号同距同底板

筏板配筋

若锚固够时可不弯折

双向双层
规格型号同距同底板

筏板配筋

电梯井

电梯井

电梯基坑

设计号		例2
设计阶段	施工图	
专业	结构	
图号	结施-3	
日期		

某建筑工程设计有限公司

工程名称	某市建筑设计研究所
项目名称	钢筋混凝土框剪综合楼

基础剖面 1-1~4-4
详图

设计		工程号	
制图		审定	
校对		工程主持人	
审核		专业负责人	

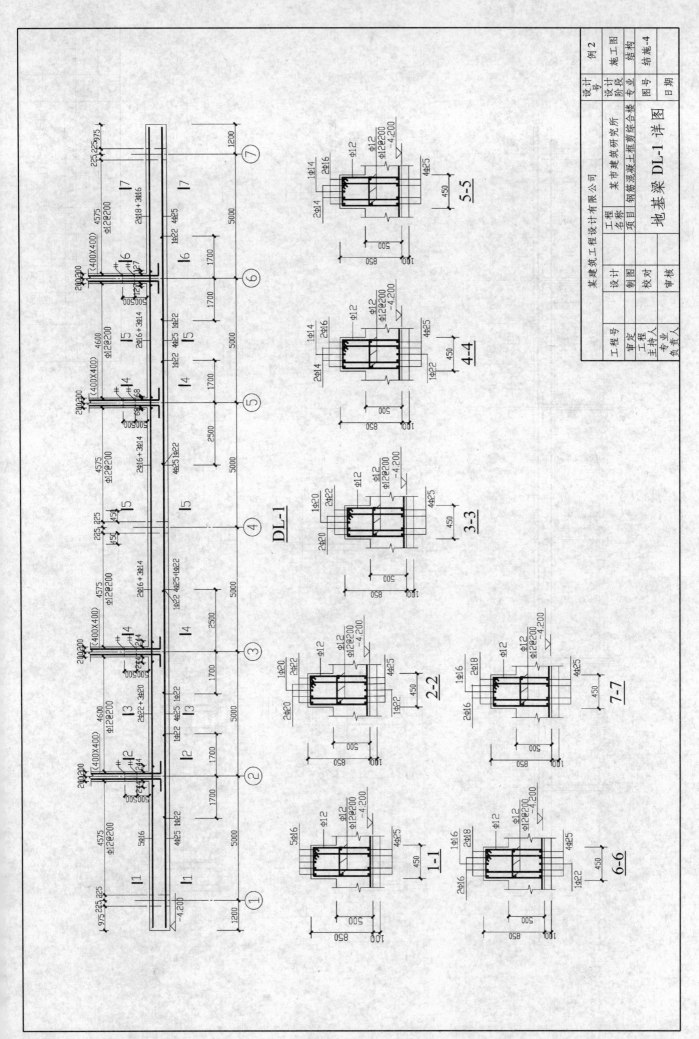

地基梁 DL-1 详图

155

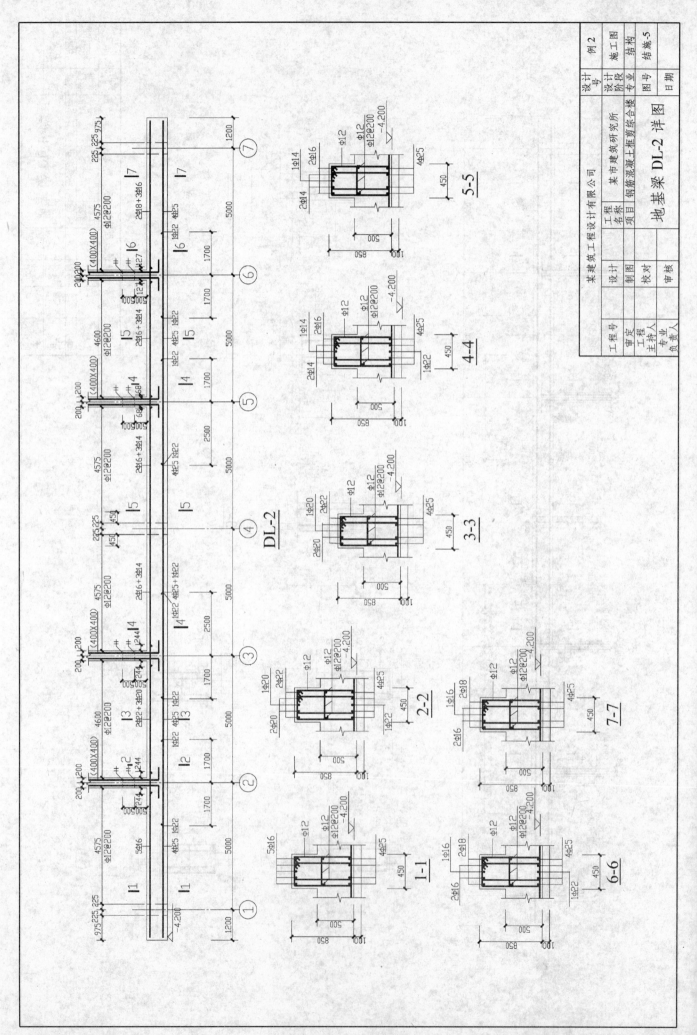

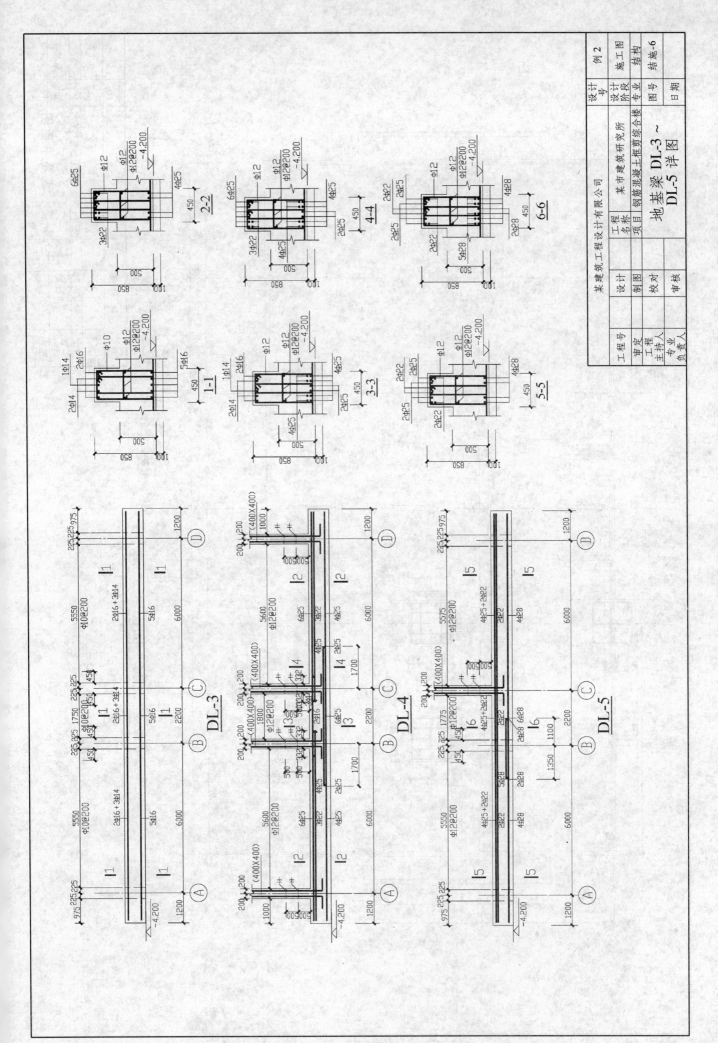

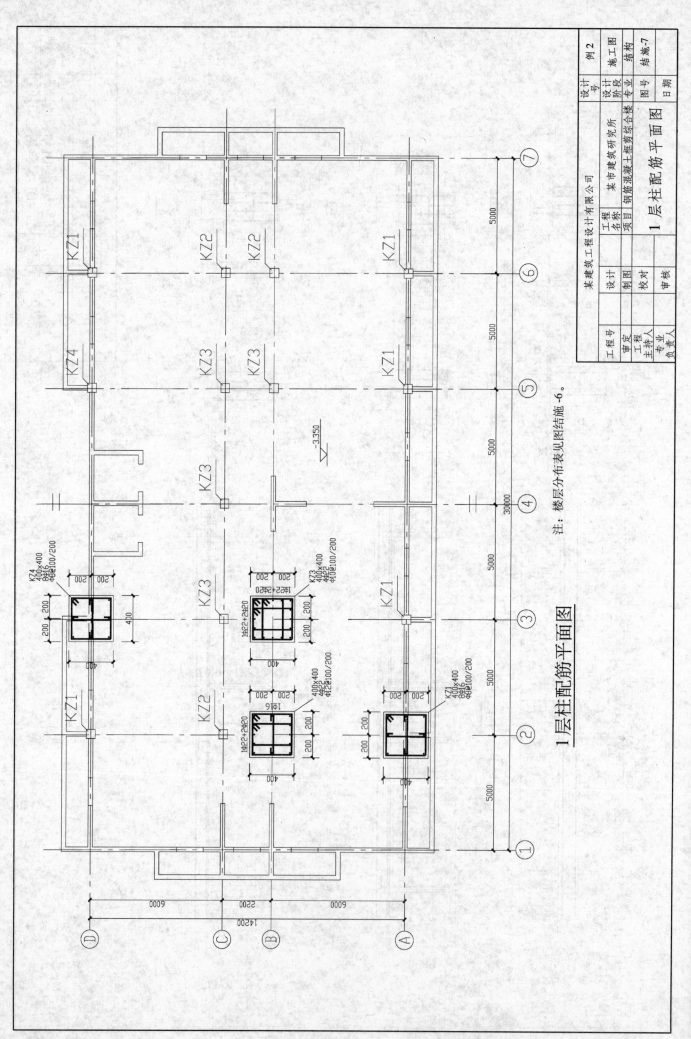

1层柱配筋平面图

注：楼层分布表见图结施-6。

	某建筑工程设计有限公司			设计号		例2
工程号		设计		工程名称	某市建筑研究所	设计阶段	施工图
审定		制图		项目名称	钢筋混凝土框剪剪综合楼	专业	结构
工程主持人		校对				图号	结施-7
专业负责人		审核		1层柱配筋平面图		日期	

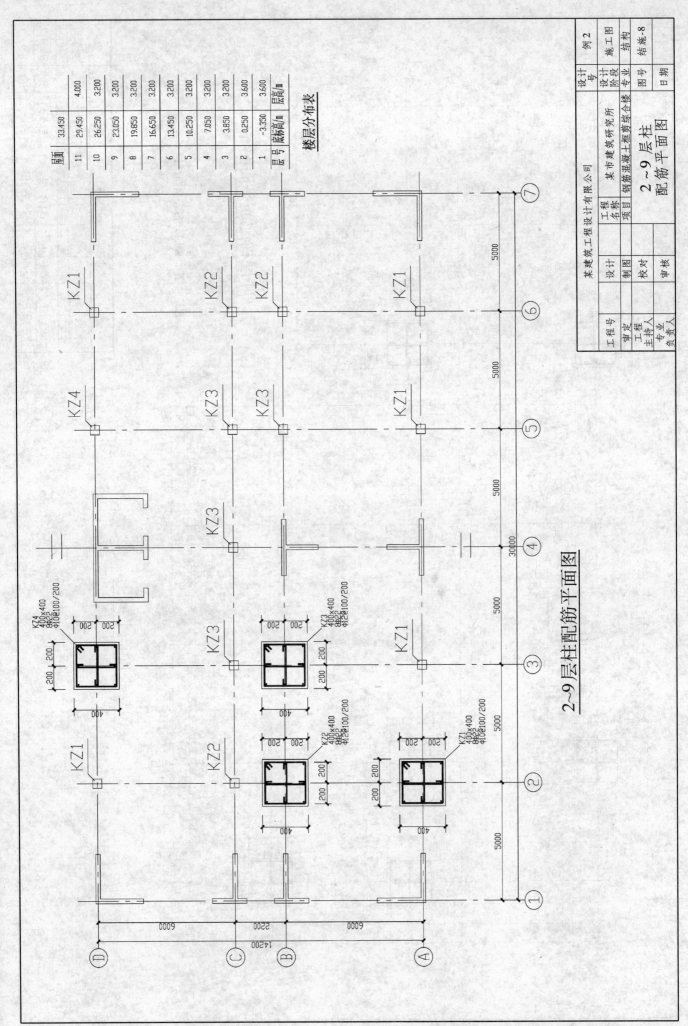

2~9层柱配筋平面图

楼层分布表

层号	底标高/m	层间/m
屋面	33.450	4.000
11	29.450	3.200
10	26.250	3.200
9	23.050	3.200
8	19.850	3.200
7	16.650	3.200
6	13.450	3.200
5	10.250	3.200
4	7.050	3.200
3	3.850	3.600
2	0.250	3.600
1	-3.350	底标高/m
层号	底标高/m	层间/m

某建筑工程设计有限公司

工程名称	某市建筑研究所
项目	钢筋混凝土框剪综合楼

2~9层柱配筋平面图

设计		制图		校对		审核	

设计号		
设计阶段		施工图
专业		结构
图号		结施-8
日期		

例 2
施工图
结构
结施-8

工程号	
审定	
工程主持人	
专业负责人	

159

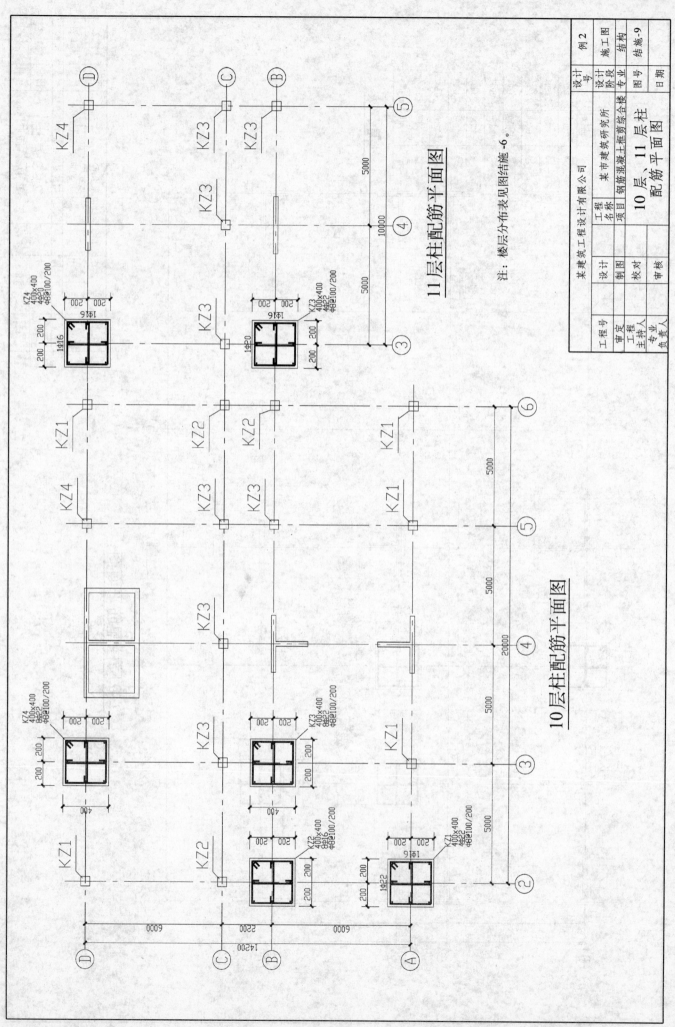

11 层柱配筋平面图

注：楼层分布表见图结施 -6。

10 层柱配筋平面图

某建筑工程设计有限公司		设计号		例 2
工程名称	某市建筑研究所	设计阶段		施工图
项目	钢筋混凝土框剪综合楼	专业		结构
10 层、11 层柱配筋平面图		图号		结施 -9
		日期		

工程号		设计		
审定		制图		
工程主持人		校对		
专业负责人		审核		

160

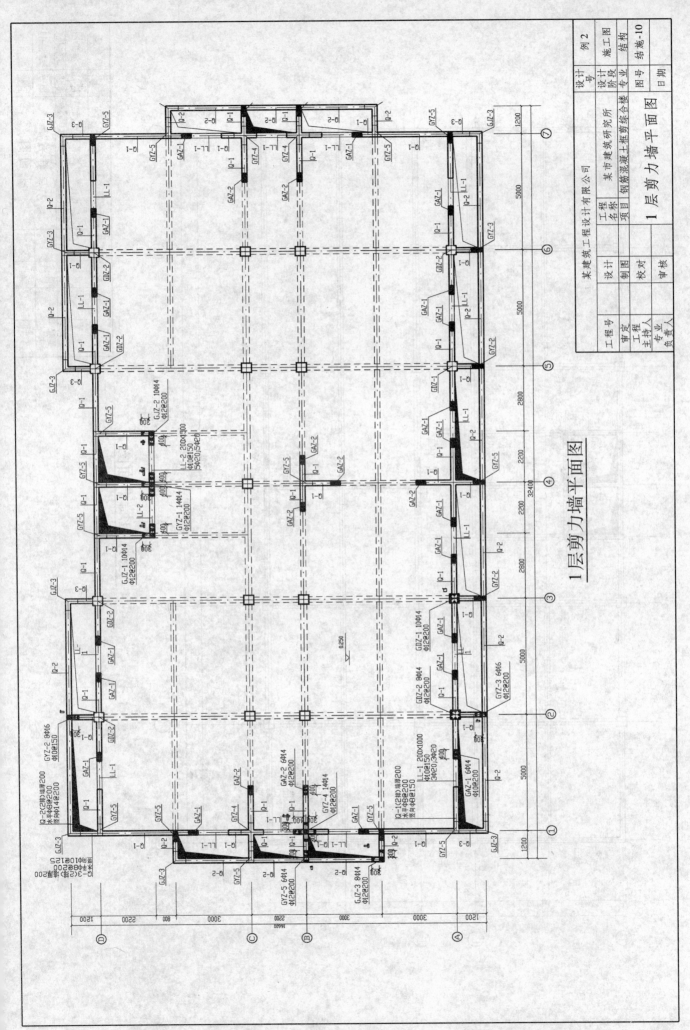

1层剪力墙平面图

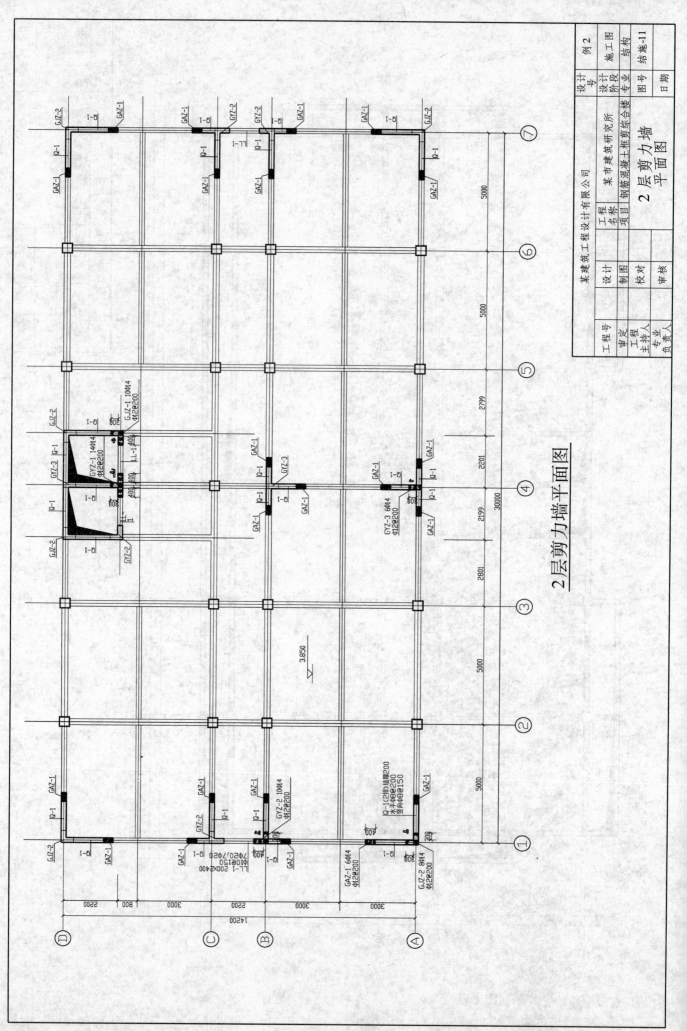

2层剪力墙平面图

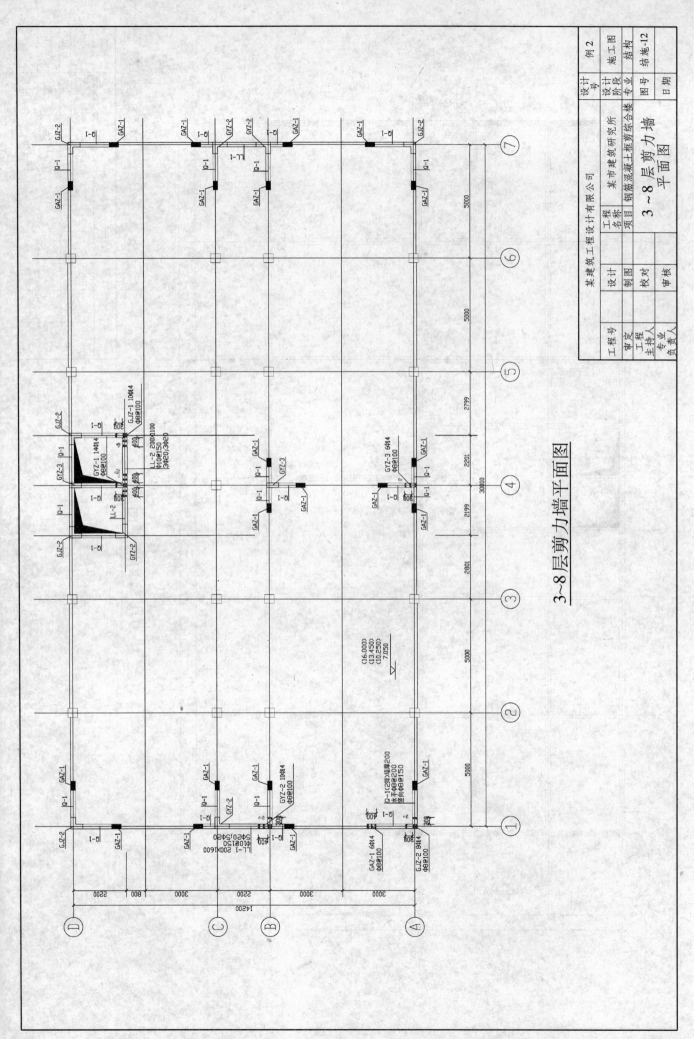

3~8层剪力墙平面图

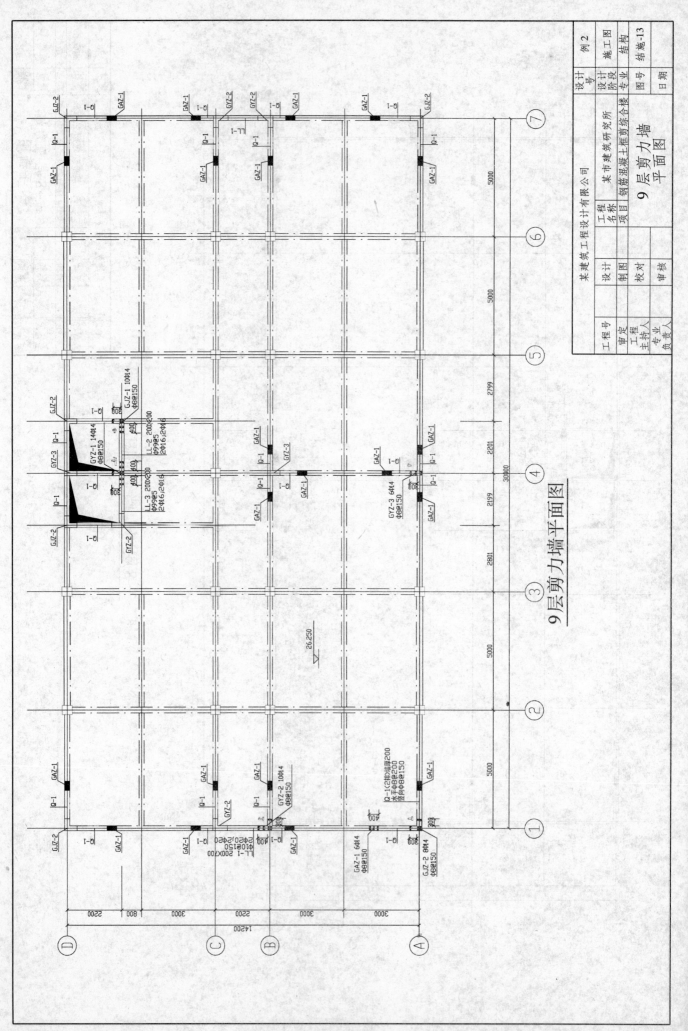

9层剪力墙平面图

164

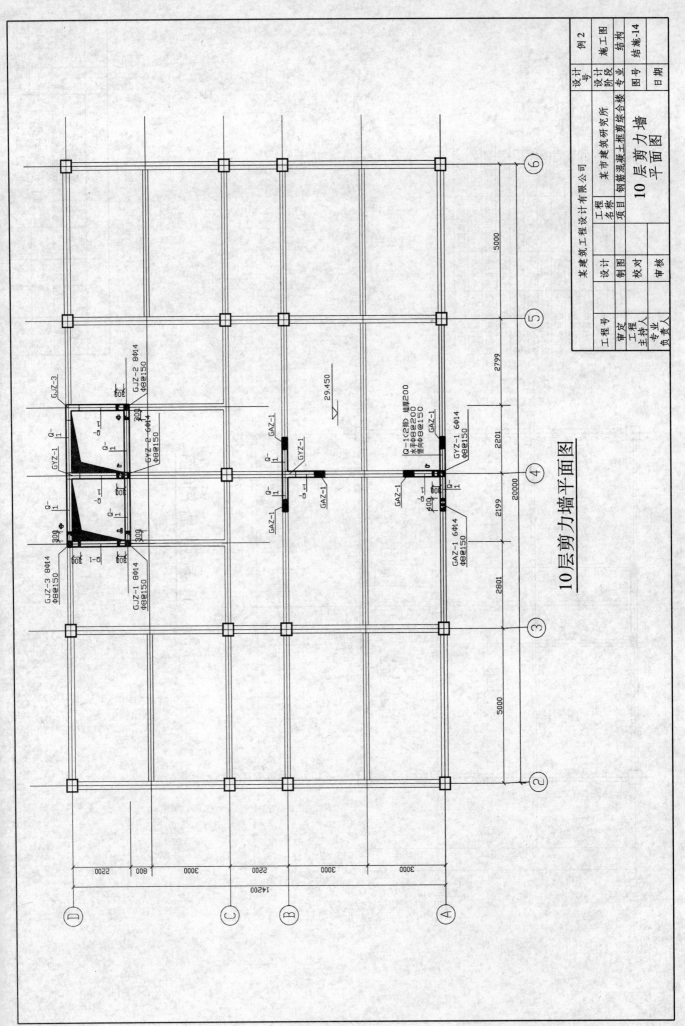

10层剪力墙平面图

某建筑工程设计有限公司

工程名称	某市建筑研究所	设计号	例2
项目	钢筋混凝土工程剪力综合楼	设计阶段	施工图
		专业	结构
10层剪力墙 平面图		图号	结施-14

某	设计		工程号		
	制图		审定		
	校对		工程主持人		
	审核		专业负责人		

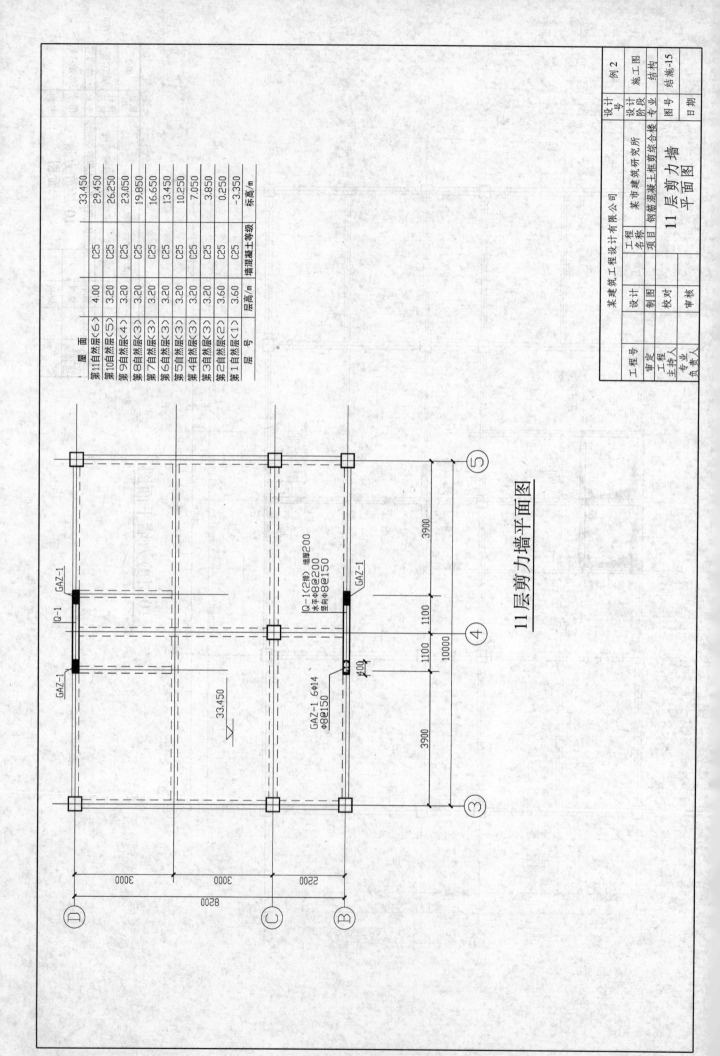

11层剪力墙平面图

层　号	层高/m	墙混凝土等级	标高/m
屋　面			33.450
第11自然层〈6〉	4.00	C25	29.450
第10自然层〈5〉	3.20	C25	26.250
第9自然层〈4〉	3.20	C25	23.050
第8自然层〈3〉	3.20	C25	19.850
第7自然层〈3〉	3.20	C25	16.650
第6自然层〈3〉	3.20	C25	13.450
第5自然层〈3〉	3.20	C25	10.250
第4自然层〈3〉	3.20	C25	7.050
第3自然层〈3〉	3.20	C25	3.850
第2自然层〈2〉	3.60	C25	0.250
第1自然层〈1〉	3.60	C25	-3.350

某建筑工程设计有限公司				设计号		例 2
设计		工程名称	某市建筑研究所	设计阶段		施工图
制图		项目	钢筋混凝土框剪高综合楼	专业		结构
校对				图号		结施-15
审核		**11层剪力墙平面图**		日期		

工程号			
审定			
工程主持人			
专业负责人			

GAZ-1

[Q-1(2排) 墙厚200
水平Φ8@200
竖向Φ8@150]

GAZ-1 6Φ14
Φ8@150

33.450

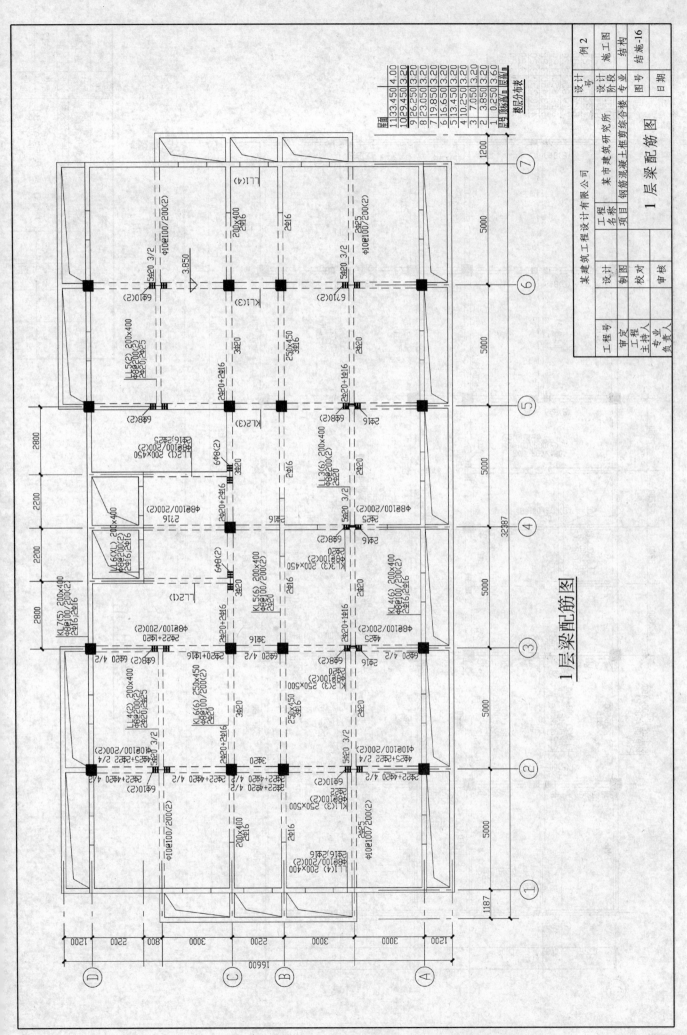

1层梁配筋图

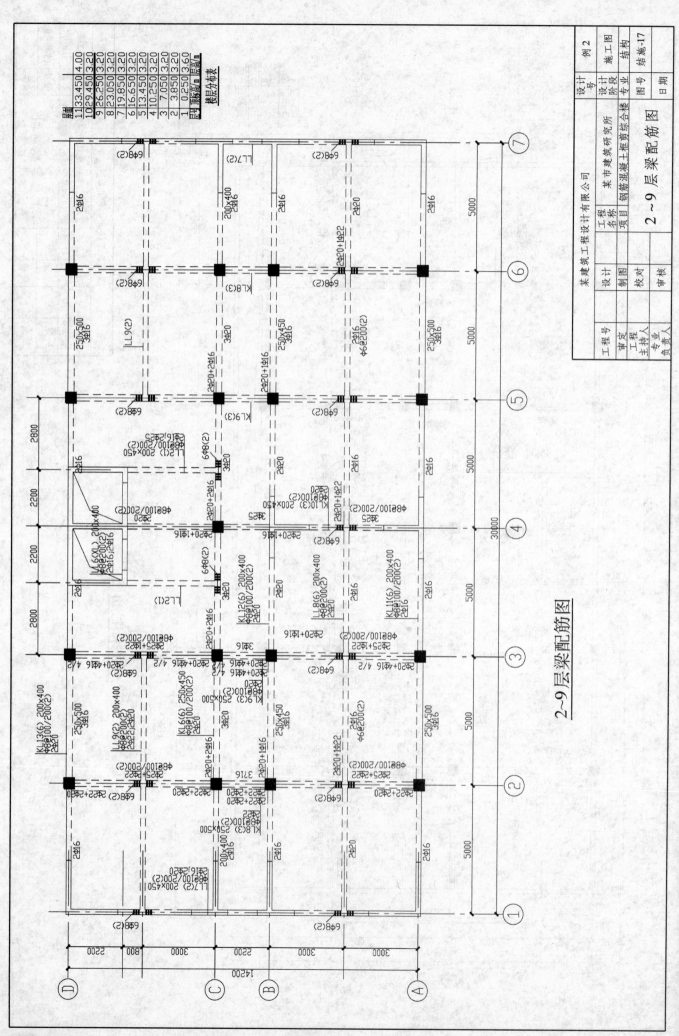

2~9层梁配筋图

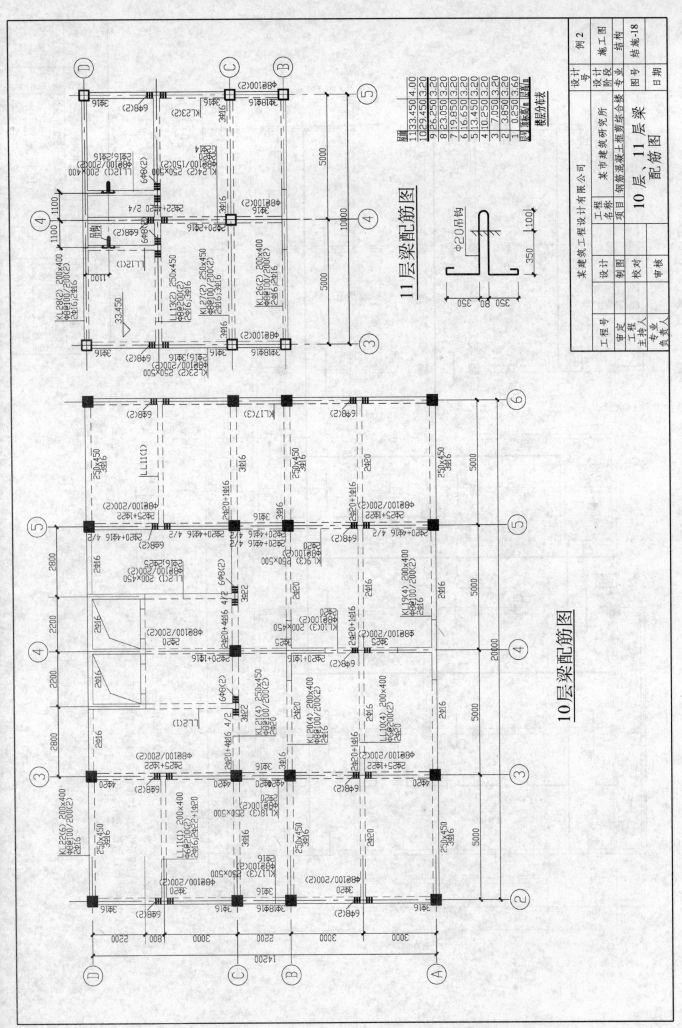

11层梁配筋图

10层梁配筋图

某建筑工程设计有限公司		某市建筑研究所	例2	
			设计	
			号	
工程名称	某市钢筋混凝土框剪综合楼		设计阶段	施工图
项目			专业	结构
	10层、11层梁配筋图		图号	结施-18
设计	制图			
校对	审核		日期	

| 工程号 | | 审定 | | 工程主持人 | | 专业负责人 | |

楼层分布表

层	顶标高	层高
11	33.450	4.00
10	29.450	3.20
9	26.250	3.20
8	23.050	3.20
7	19.850	3.20
6	16.650	3.20
5	13.450	3.20
4	10.250	3.20
3	7.050	3.20
2	3.850	3.20
1	0.250	3.60
	层号	顶面标高	层高

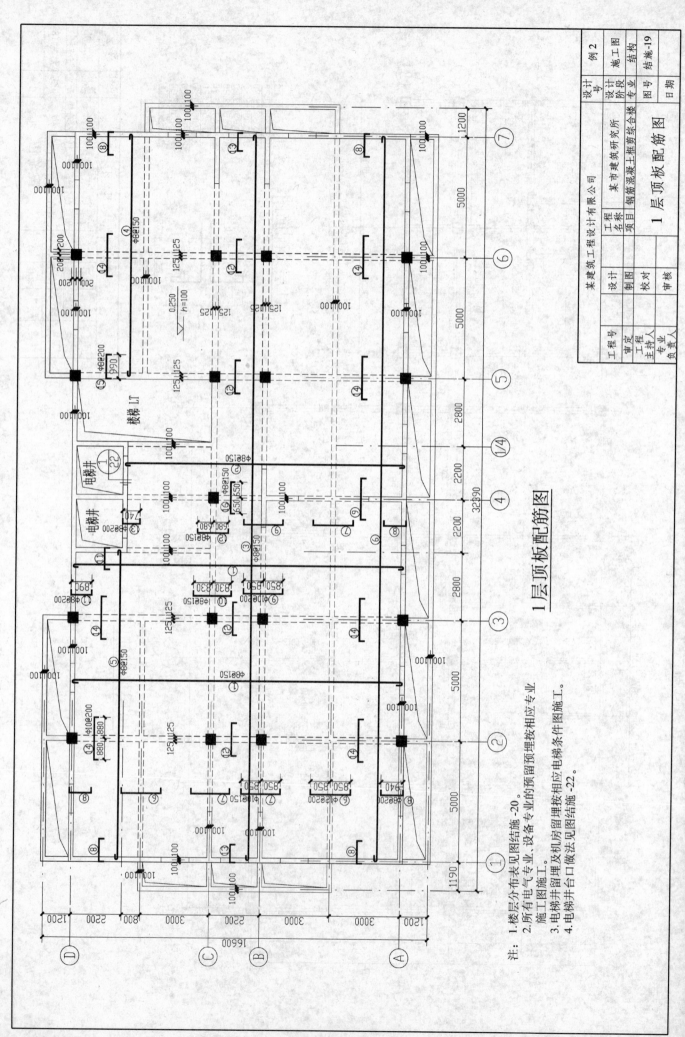

1层顶板配筋图

注：1.楼层层分布表见图结施-20。
　　2.所有电气专业、设备专业的预留预埋按相应专业施工图施工。
　　3.电梯井留埋及机房留埋按相应电梯条件图施工。
　　4.电梯井台口做法见图结施-22。

某建筑工程设计有限公司			
工程名称	某市建筑研究所	设计号	例2
项目	钢筋混凝土框剪综合楼	设计阶段	施工图
		专业	结构
		图号	结施-19
1 层 顶 板 配 筋 图		日期	

工程号		设计	
审定		制图	
工程主持人		校对	
专业负责人		审核	

170

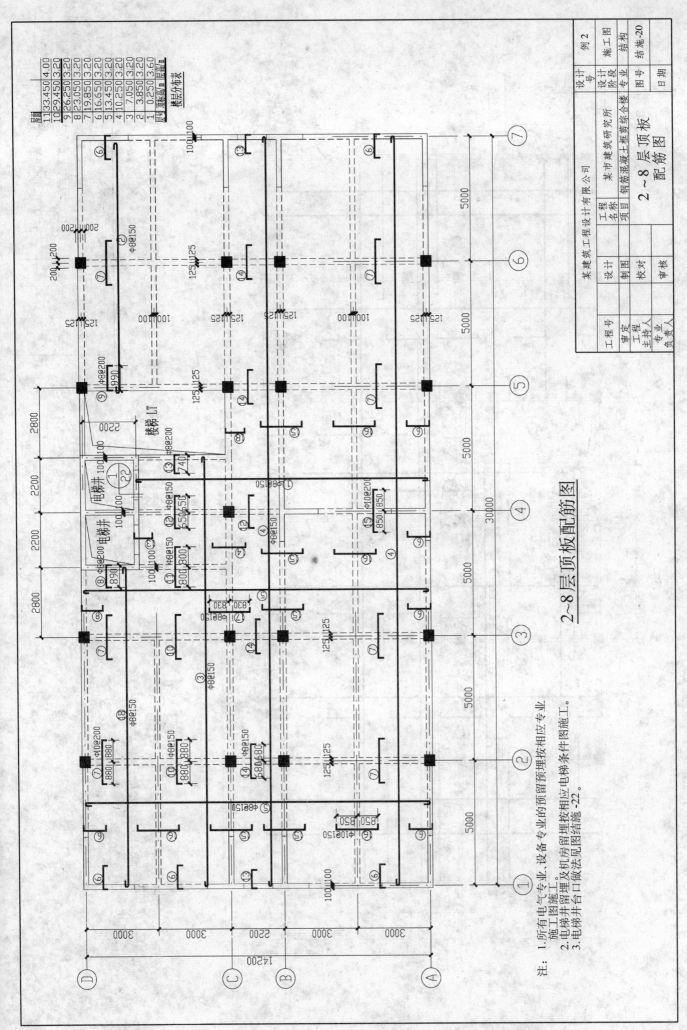

2~8层顶板配筋图

楼层高度m层高分布表

层		标高	层高
11	33.450	4.00
10	29.450	3.20
9	26.250	3.20
8	23.050	3.20
7	19.850	3.20
6	16.650	3.20
5	13.450	3.20
4	10.250	3.20
3	7.050	3.20
2	3.850	3.20
1	0.250	3.60

注: 1. 所有电气专业、设备专业预留预埋按相应专业
施工图纸施工。
2. 电梯井留埋及机房预留预埋按相应电梯条件图施工。
3. 电梯井台口做法见图结施-22。

某建筑工程设计有限公司					工程名称	某市建筑研究所
设计					项目名称	钢筋混凝土框剪综合楼
制图						2~8层顶板
校对						配筋图
审核						

工程号		设计	例 2
审定		设计阶段	施工图
工程主持人		专业	结构
专业负责人		图号	结施-20
		日期	

171

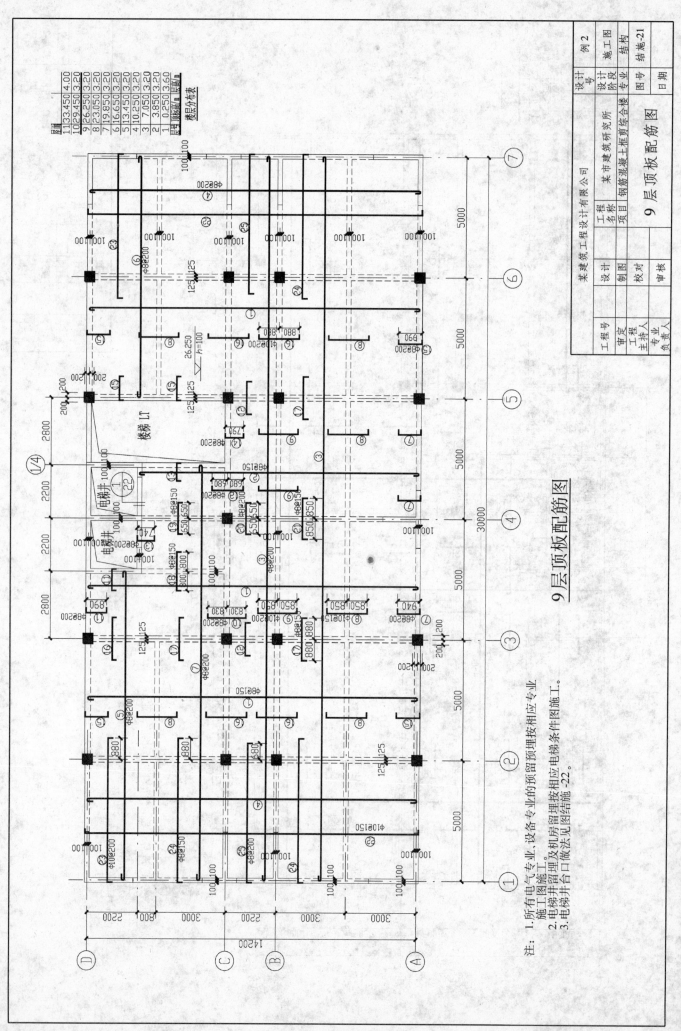

9层顶板配筋图

注：1. 所有电气专业、设备专业的预留预埋按相应专业
      施工图施工。
   2. 电梯井留埋及机房留埋按相应电梯条件图施工。
   3. 电梯井台口做法见图结施-22。

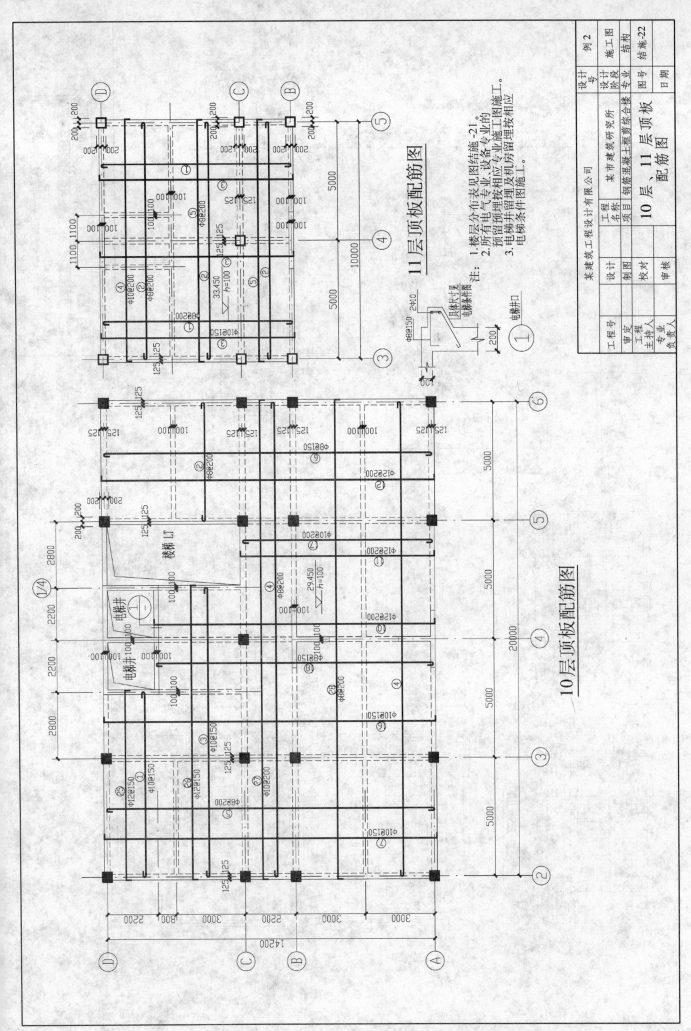

11层顶板配筋图

10层顶板配筋图

某建筑工程设计有限公司						
工程名称	某市建筑研究所		设计号		例2	
项目	钢筋混凝土框剪综合楼		设计阶段		施工图	
设计			专业		结构	
制图			图号		结施-22	
校对		10层、11层顶板				
审核		配筋图		日期		

工程号		
审定		
工程主持人		
专业负责人		

注: 1.楼层分布表见图结施-21。
2.所有电气专业设备专业的预留预埋按相应专业施工图施工。
3.电梯井留留及机房预留按相应电梯条件图施工。

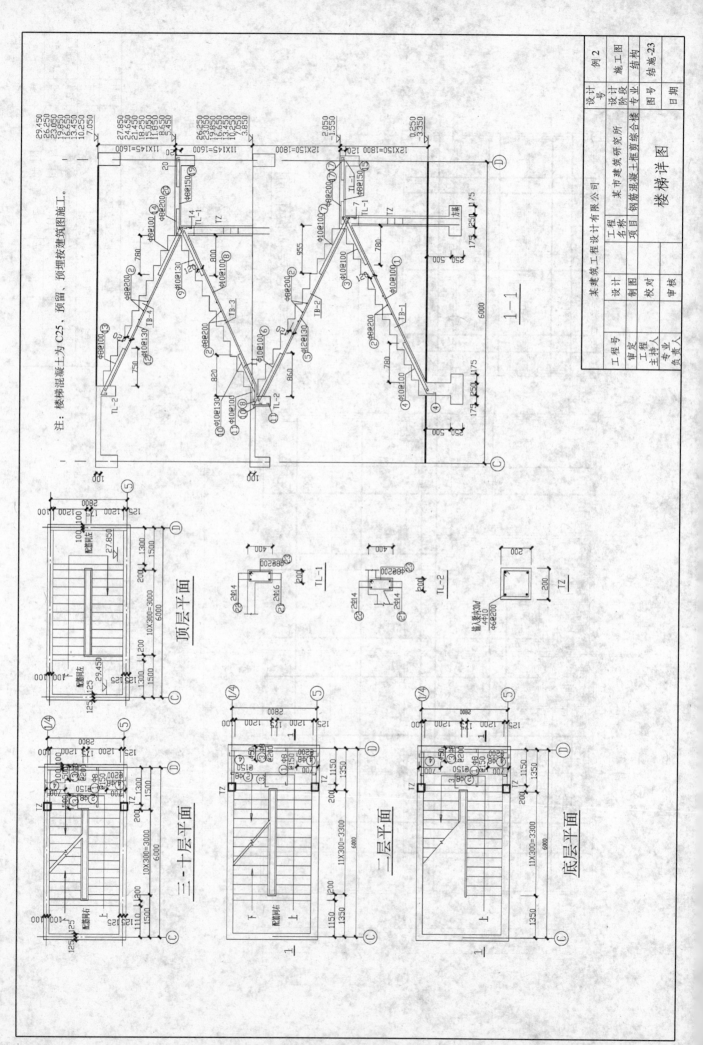

楼梯详图

注：楼梯混凝土为C25，预留、预埋按建筑图施工。

1—1

顶层平面

三~十层平面

二层平面

底层平面

TL-1

TL-2

TZ

实例 3 某开发区宾馆钢框架设计

3—1 模型输入和结构设计

一、工程概况

本工程为某开发区宾馆钢框架工程，地上 4 层，无地下室，屋顶标高 12.95m。使用年限 50 年，建筑物的重要性类别为二类，安全等级为二级，框架抗震等级为三级。基础类型为柱下独立基础，楼梯为双跑钢楼梯。

二、结构设计

根据建筑专业和设备专业所提供的设计条件图（略）进行结构专业的施工图设计。经过各专业的协商和配合，最后确定采用钢框架结构。为了满足建筑物不设支撑的使用要求，梁柱及基础连接全部采用刚接，梁柱连接采用 10.9 级高强度螺栓承压型连接。楼梯为双跑钢楼梯、基础为柱下独立基础。

三、三维模型与荷载输入

在 PKPM 结构系列软件中点取 STS 模块，则进入本工程结构模型与荷载的输入。

1. 确定工程名称代号

点取"三维模型与荷载输入菜单"，要求输入工程名称。这里输入 GKJ，这是钢框架的拼音缩写。

2. 轴线输入

轴线的输入可用平行直线法和开间进深法。这里采用的是平行直线法。轴线输入完毕后，点取"形成网点"，这样就可以进行轴线命名了。对于轴线命名，可以单根输入，也可以成批输入，这里采用成批输入。敲【Tab】键，移动光标点取竖向起始轴线，显示出 X 向的所有轴线及轴线圈。程序提示有没有不要的轴线，点取没有，输入起始轴线名 1，回车，则程序就把①～⑩号轴线自动注上了。用同样的方法把纵向的轴线号Ⓐ～Ⓕ也注上。这样第一结构标准层的平面网格和轴线名就输入完了。以下可以进入楼层定义。

3. 楼层定义

这是各层布置的主要内容，具体操作如下：

（1）构件布置

1）柱布置。点取"柱布置"菜单，显示出柱截面定义对话框。点取系统截面库"增加"，显示出各类库截面；根据楼层特点和设计经验适当考虑实例的代表性点取标准型钢，选取国标 H 型钢 HW280、HW250、HW240、HW180 等，再选取箱形截面 280×10。然后分别点取以上所选截面，按自己的设计要求，在网格节点上用光标一一布置。因为此工程的柱均无偏心和转角，所以在布置柱之前，就不用设定柱的偏心和转角，即柱的偏心和转角均为 0。布完后点取"退出"，即退出柱的布置。

2）主梁布置。点取"主梁布置"，显示出系统截面库。根据楼层特点和设计经验按结构设计条件选取焊接工字形截面：300×150、200×100、120×60、200×120、350×175、120×80、150×80，然后分别点取以上所选截面，按自己的设计要求，在网格上用光标一一点击布置。因为此工程的梁均无偏心和错层，所以在布置梁前，不用设定梁的偏心和标高即偏心和标高均为 0。布完梁后，点取"退出"，即退出梁的布置。

3）斜杆布置。本工程为钢框架结构，梁柱及基础的连接均为刚接，由于楼层不高，层数也少，位移容易满足规范要求，建筑专业也不许设置支撑，所以这里就不用布置斜杆。如果需要布置，布置方法与梁柱的布置方法相同。

（2）楼板生成。点取"楼板生成"，则显示出楼板平面图，板厚均为 100。

1）修改板厚。如果设计的板厚不是平面显示数值或个别房间不是显示数值，则用此菜单修改。

2）楼板开洞

结构楼板开洞是指在一个房间里开设几个矩形洞或圆洞。有时候一个房间全开成一个大洞。本工程的各结构标准层均不开洞，卫生间的小洞都在现场配合设备施工图留埋。这里不作专门布置。梯间不开洞，只设板厚为0，这样在荷载传导时不漏荷载。

3）设悬挑板

本工程1~4结构标准层均没有悬挑板，所以这步工作就不做了。

（3）本层信息。板厚100，板混凝土强度等级C25，板钢筋混凝土保护层厚度15，本标准层层高3800。

（4）本层修改。第一结构标准层柱梁布置和信息输完后，若发现有错，可以用本层修改菜单对本层的柱梁进行修改增删，然后补布。

（5）换标准层。以上（1）~（4）步做完后，需点取换标准层。本工程设置了三个结构标准层，在换标准层时，应采用"添加标准层"菜单，全复制前一结构标准层的方法，把前一结构标准层的平面作为第二结构标准层的平面，然后再根据实际情况，将网格进行编辑，把多余的网格、节点去掉，把缺少的网格节点加上，形成正确的第二结构标准层的平面。这种方法形成的第二结构标准层平面，不致于产生轴线号错、构件号错和节点错位等。然后把有改变和增减的梁柱布上，这样第二结构标准层就定义完了。输入本层信息确认。用同样方法把第三结构标准层也建立起来，下一步就可进行荷载输入了。

4. 荷载输入

荷载的输入包括楼面荷载和梁柱及节点荷载。

（1）楼面荷载

点取楼面荷载菜单，显示出恒活载平面，输入荷载用光标或窗口直接布置楼面荷载。根据本工程的具体情况和荷载规范计算出楼面的恒活荷载值为 4.5kN/m²、2.0kN/m²，屋面的恒活荷载值为 5.5kN/m²、0.5kN/m²。所以在第一层布置的楼面恒活荷载为 4.5kN/m²，2.0kN/m²。

（2）梁柱及节点荷载。本工程为钢框架结构，只有填充墙作用在梁上的线恒载，所以就只在有填充墙的梁上布置梁上线荷载。根据建筑条件图所提供的填充墙材料和层高，折算成梁上线恒载为8kN/m，将此值一一布在建筑条件图有填充墙的标准层梁上即可。这样布完一个结构标准层，再布第二个结构标准层，直至布完所有的结构标准层为止。

5. 设计参数

（1）总信息

1）结构体系：框架结构。

2）结构主材：钢。

3）结构重要性系数：根据钢结构设计规范，这里填1。

4）地下室层数：0。

5）与基础相连的最大楼层号：1。

（2）材料信息

1）钢构件钢材：Q235。

2）钢截面净毛面积比值：0.85。

（3）地震信息

1）设计地震分组：按地质勘探报告和抗震规范确定为1。

2）地震烈度：按地质勘探报告为7。

3）场地类别：按地质勘探报告为二类。

4）计算振型个数：15。

5）周期折减系数：1。

（4）风荷载信息

1）基本风压：按荷载规范为 0.5kN/m²。

2）地面粗糙度类别：按该建筑物的具体位置定为 B 类。

3）体型系数：按荷载规范为 1.3。

（5）绘图参数

1）施工图纸规格：2。

2）结构平面图比例：1:100。

6. 楼层组装

楼层组装是按结构自然层，将结构标准层和层高，把它一层一层地组装起来，形成一幢完整的建筑物结构模型，以供三维结构计算和绘制结构施工图用。

（1）组装1层、2层(1、2自然层为同一结构标准层)

1）复制层数：2。

2）标准层号：1。

3）层高：3800。

4）点取"增加"，1层、2层就组装好了。

（2）组装3层

1）复制层数：1。

2）标准层号：2。

3）层高：3200。

4）点增加，3层就组装好了。

（3）组装4层即屋顶层

1）复制层数：1。

2）标准层号：3。

3）层高：3100。

4）点增加，4层就组装好了。

点取"确定"，整个工程的全部楼层就组装完毕，形成整个楼的结构模型。点取"整楼模型"，则显示出全楼的模型透视图，观察无误则点取"退出"，就可以保存模型文件，以后就可直接调用。

四、平面荷载显示与校核

这一步工作主要是把模型输入的线荷载与楼面调整后的楼面荷载显示出来，检查一下是否有错或是遗漏。若有则退回去修改，若没有则将此数据保存，作为三维整体计算和整理结构计算书用。在做此步工作时，主要是荷载选取恰当，这里主要点取主梁荷载、楼面荷载、恒载、活载，交互输入荷载、用图形方式。

五、画结构平面图

还是在STS模块里点取"画结构平面图"菜单，要求确定要画结构平面图的自然层号。一般是一个结构标准层画一张结构平面图。这里是首次画结构平面图，所以确定当前要画的自然层号为1。因为是首次绘图，所以点取绘制新图。

1. 参数定义

（1）配筋参数

1）支座受力钢筋最小直径：6。

2）板分布钢筋的最大间距：250。

3）双向板的计算方法：弹性算法。

4）靠边缘梁板的算法：简支。

5）支座负筋长度模数：50。此模数填得偏大，支座负筋的种类数就偏少。

（2）绘图参数

1）平面图图纸号：2。此参数是根据结构平面图的实际尺寸确定。

2）构件画法：柱涂黑，梁用虚线。

3）负筋标注位置：梁中。

4）钢筋间距符号：@。

5）钢梁是否按单线画图：否。

2. 楼板计算

点取"楼板计算"，要求输入计算参数、确定边界状况。点取"自动计算"，则程序就自动把楼板的受力、配筋、裂缝等自动计算出来。

3. 画结构平面图

画结构平面图实际上是画楼板配筋平面图，更确切地说是画结构标准层的顶板配筋平面图。若此层结构平面图过去已画过，则点进入绘图，否则点重新绘图。此处为第一次画结构平面图，所以要点重新绘图。

（1）标注轴线。点取重新绘图后，显示出所选层号的原始结构平面图。点取标注轴线，提示按自动标注还是交互标注，这里选取自动标注，程序就自动把轴线、轴线号、轴线尺寸标注在结构平面图上了。

（2）标注尺寸。包括柱尺寸、梁尺寸、板厚、楼面标高等。这里一一点取，按提示完成尺寸标注。

（3）标注字符。包括柱字符、梁字符、图名等，也是一一点取，按提示标注。

（4）画楼板钢筋

1）板底钢筋。这里用板底通长。在不同的区段，点取板底钢筋的起始梁位，再点取终止梁位，回车，这一区段的板底通长筋就自动画出来了。继续在不同的区段点取起始梁和终止梁，则各种不同区段的板底通长筋就都自动画出来并编上号。

2）支座负筋。支座负筋的画法有三种：一个支座一个支座地画、几个支座同时画、几个支座连通画。这里选择几个支座同时画。先按【Tab】键，然后在不同的区段上点取起始梁和终止梁，回车，这个区段上各个支座的负筋就自动画出来了。用同样的方法画出其他区段各支座的负钢筋，则各种不同区段上的支座负筋就画完了。若有个别相邻支座负筋接近或搭接则要用"支座连通"菜单把相连的两个支座负筋连通。

画完这一层的板底筋和支座负筋后，看看配筋有无重叠和拥挤的情况，若有则用移动钢筋菜单，将其拖动，直到清楚满意为止。

最后插入图框，存图退出，这一层的结构平面图就画完了，图名为 PM1. T。同法再画其他结构标准层的结构平面图，直至画完第三结构标准层。归并结构施工图为结施 7 ~ 9 顶板配筋图。

六、结构计算

本工程的三维分析计算用 PKPM 结构系列软件模块 SATWE 先进行分析计算，然后用 PMSAP 复算。SATWE 的操作在前两例中已介绍，这里只介绍 PMSAP 的操作。在当前目录下，点取结构系列特种结构软件 PMSAP，则就进入了本工程的结构三维分析与计算。在一般钢框架中，用 SATWE 计算就可以了，但在复杂钢框架中，应用 PMSAP 复算一下更为稳妥。这里采用 PMSAP 进行分析计算。

1. 补充建模

（1）特殊梁。特殊梁分一端铰接和两端铰接两种。一端同梁连接一端同柱连接定义为一端铰接，两端都同梁连接定义为两端铰接。据此原则，分别点取一端铰接和两端铰接菜单，在相应的梁上布置梁铰。

（2）特殊柱。特殊柱分上端铰接、下端铰接、两端铰接、角柱、框支柱等，这里只有角柱，所以就只点取角柱，在处于阳角位置的柱上点击，这就把这些柱定为角柱了。在计算时程序会特殊处理。布完后回前菜单。

因为本工程无特殊支撑和弹性板，这两步就不操作了。这样第一结构标准层的补充建模就做完了。用同样方法做第二结构标准层、第三结构标准层的补充建模。建完后回前菜单。

2. 接 STS 生成 PMSAP 数据

点此菜单，程序就自动生成 PMSAP 所需的几何数据文件和荷载数据文件。

3. 参数补充及修改

（1）总信息

1）结构所在地区：全国。

2）结构材料构成：钢。

3）结构类型：钢框架结构。

4）结构规则性：平面、立面都规则。

（2）地震信息

1）设计地震分组：第一组。

2）地震设防烈度：7度。

3）场地类别：Ⅱ类。

4）振型阻尼比：0.35。

5）参与振型数：15。

6）活荷载质量折减系数：0.5。

（3）风荷载信息

1）基本风压：$0.5kN/m^2$。

2）体型系数：1.3。

3）地面粗糙度：B类。

4. 结构分析与应力计算

点此菜单，点击"全部执行"并确定，则程序就自动进行结构分析与应力计算。

5. 分析结果的图形显示

（1）分析结果

1）结构变形。

2）单工况内力图。

3）地震和风荷载作用下楼层位移简图。

（2）计算结果

1）钢构件验算简图。

2）梁设计内力包络图。

3）底层柱最大组合内力简图。

（3）查看主要结果文件。这一步的目的是检查计算结构文件是否正确、合理、错误。若有不当之处，则返回检查是否正确，荷载布置是否有误，构件断面及连接构造是否合理。——修改后重新计算。

七、全楼节点连接设计

点此菜单，选择数据源，这里选择 PMSAP 计算结果。

1. 设计参数定义

（1）设计归并和柱工地拼接

1）柱段的层数：2。因为整个结构为4层，这样一根柱子分成两段就行了。

2）柱段的长度≤12000。这个数不能小于连续二层的层高之和。

3）归并形式：全楼归并。

（2）抗震调整系数。用隐含值，未调整。

（3）连接板厚度。用隐含值，未调整。根据计算结果程序自动选取板厚表。

（4）总设计方法

1）焊接梁采用的焊缝形式：K形焊缝。

2）柱底标高：-0.45m。

（5）连接设计信息

1）高强度螺栓等级：10.9级。

2）连接类型：承压型。根据自己的习惯和经验，承压型和摩擦型用户自己定。

3）连接螺栓直径：16。

4）构件连接面处理方法：钢丝刷除锈。

5）梁柱翼缘连接采用的对接焊缝级别：2级。

（6）梁柱连接参数

1）顶层柱与梁刚接时，柱延伸到梁顶上的距离：0。这样梁顶和柱顶是平的，便于屋面构件处理。

2）其他参数用隐含值。

（7）柱拼接连接

1）拼接连接距楼板的距离：800。也有定义1300的，具体数据可由设计人员与安装单位商定。

2）翼缘连接采用对接焊缝。

3）腹板连接采用高强度螺栓承压型连接。

（8）加劲肋参数。用隐含值。

（9）柱脚参数

1）柱脚锚栓直径：24。

2）螺母数目：2。

3）钢号：Q235。

4）其他参数。用隐含值。

（10）节点或加强板参数

1）单侧补强最大补强板厚：6。

2）其他参数。用隐含值。

（11）箱形柱与工字形梁连接

1）铰接连接：2型。

2）固接连接：1型。

（12）工字形柱与工字形梁固接。强轴和弱轴均采用1型。

（13）柱脚节点形式。用隐含值。

（14）简支梁铰接连接。选择第二种。

2. 全楼节点设计

点此菜单，程序根据前面输入的设计参数自动完成全楼节点设计。用户可以查询设计结果，如不满意，可以修改设计参数，重新进行全楼节点设计。一般这步工作可以不做。

八、画三维框架节点施工图

框架施工图的画法，按程序规定有两种画法，即按一般设计深度的三维框架设计图和按加工图深度的三维框架节点与构件施工图。这里选择的是按加工图深度表示的三维框架节点与构件施工图表示的方法。

1. 参数输入与修改

（1）长度方向施工图比例：1:15。

（2）宽度方向施工图比例：1:15。

（3）平面、立面布置图比例：1:50。

（4）图纸号：1。

（5）柱底标高：-0.45。

2. 画全楼节点施工图

（1）节点图自动排图方式。按归并号顺序排列。

（2）轴测图螺栓画法。一般画法。确定后则程序排出一套全楼的平面、立面、节点施工图。此时用户可以根据需要在程序排出的这些图中点取不需要画施工图的图纸名称。这里点去的是各轴线立面布置图。因为此工程没有布置斜杆和墙架，各平面图就能表示清楚。点去不需要画施工图的图名后确定，则程序再把要画的施工图重新排一遍。

（3）图纸查看与编辑。程序自动排版画出的这部分施工图，不一定满足用户的需要，有的图排的不均匀，有的图重叠拥挤现象很多，看不清楚，影响施工图的质量，这就需把程序排出的图一张张调出来查看编辑。具体操作是：

1）点取右边菜单中的"图纸查看"，显出左边的图纸目录。在目录中，点取哪一张就显示出哪一张施工图。

2）用移动图块或移动标注菜单，可将这一张图中的图块或标注移动。

这张图编辑好后，再点取下一张图作同样的编辑修改，直至编辑完最后一张图，则全楼节点施工图就完成了。如果以后发现图中还有不合适而需要修改的，还可用同样方法将图调出再次编辑修改，十分方便。

九、画三维构件施工详图

1. 参数输入与修改

输入绘图比例、图纸规格、柱底标高等。其中柱底标高读者要按实际情况输入。

2. 自动画全楼构件详图

参数已输入，点取"自动画全楼构件详图"菜单后，程序就自动画出全楼的平面、立面、构件施工详图并显示出排好的图纸目录。用户可根据需要删去不要画图的图纸名称并确定。在本例中，各轴立面均无支撑、门窗等构件，所以各立面图不必画出，就在各立面布置图前将"√"去掉，表示这些立面图不画。程序根据删去的图名，重新再排一次图纸目录。

3. 图纸查看与编辑

程序自动画出的这部分施工图，不完全满足我们设计的要求。有的图不均匀，有的图重叠拥挤看不清，影响施工图的质量，这就需要把程序排出的图一张一张地编辑修改。如果还不满意，还可返回再作这项工作，反复几次都可以。

（1）设计总说明。这张图程序编制的不够完善，因此，将它调出编辑修改成图结施-2 的样式供用户参考。读者可根据工程情况选用，不必生搬硬套。

（2）柱脚锚栓布置图。这张图编辑修改较少，只把一些字符拖动一下，符合制图标准就行了。见图结施-6。

（3）各层平面布置图。在图纸目录中首先调出 1 层平面布置图，用移动图块和移动标注的方法将图面编排合理，符合规定就可以了。这张图上只布置了梁柱构件号，没有节点号，为了节省图纸，将所画的只有节点号的平面布置图与此处的平面布置图合并。合并方法是退出全楼构件图进入画平面布置图，逐次显示出各层构件平面，再点取标注字符里的节点编号，则程序就把归并的节点号自动标注在这一层构件平面图上了。同样用上面编辑的方法，将此平面布置图编辑完整，再调入构件施工图中，代替原来的各层平面布置图，整理成图结施-10 ~ 13。

（4）柱构件施工图。在图纸目录中，首先调出第一张柱构件施工图，也是用移动图块和移动标注菜单对图面进行编辑修改，符合设计要求后，再调下一张进行编辑，直到把全部柱构件施工图编辑完毕。整理成图结施-23 ~ 35。

（5）梁构件施工图。在图纸目录中，首先调出第一张梁构件施工图，用移动图块和移动标注菜单对图面进行编辑修改，符合设计要求后，再调下一张进行编辑，直到把全部梁构件施工图编辑完毕，整理成结施-36 ~ 53。

（6）标准焊接大样图。在图纸目录中点取这一张图，用移动图块和移动标注对这一张图进行编辑，整理成结施-54、55。

至此这个工程的上部结构施工图就全部画完了。

十、基础设计

基础设计必须在结构建模通过内力计算以后才能进行。根据上部构件类型和该项目的地质资料，确定该工程的基础为柱下独立基础。采用 PKPM 结构系列软件 JCCAD 进行设计计算。由于该项目结构简单、体量小、层数少、荷载不大、地质条件又比较好，不必做沉降计算。所以就不必输入地质资料，直接进行基础设计。

1. 基础人机交互输入

点取"基础人机交互输入"后，程序提示读取已有数据还是重新输入数据，由于是第一次输入，则点取重新输入数据并确定。

(1) 参数输入

1) 地基承载力参数。地基承载力特征值：150kPa；地基承载力宽度修正系数：0；地基承载力深度修正系数：1；基础埋置深度：室外地坪下1.0m。本工程柱子内力不大，埋得较浅，地基承力较好，而且比较均匀，所以宽度、深度均未修正，读者可根据具体情况自定。

2) 基础设计参数。室外自然地坪标高：-0.3m；基础归并系数：0.2；混凝土强度等级：C25；结构重要性系数：1；结构荷载作用点标高：-0.5m。这些参数读者可根据具体情况自定。

3) 其他参数。这是一般的独立基础，这项参数可以不输入，这里就未输入。

(2) 个别参数。如果个别基础的埋深或地基承载力不同，可点取个别参数修改，这里未输入。

(3) 荷载输入

1) 荷载参数。这里用的是隐含值，未作修改。

2) 附加荷载。这个工程的附加荷载是指底层填充墙重量作用在独立基础上的节点荷载。近似按各柱附加节点荷载相等输入。$p = ql = 8 \times (3.9 + 4) \text{kN} = 64 \text{kN}$。

3) 读取荷载。本工程是全钢结构，用PMSAP计算更为精确一些，所以这里读取的是PMSAP荷载。

(4) 上部构件。这部分包括框架柱筋和拉梁。由于上部构件是钢柱，所以没有框架柱筋。拉梁是用来承受底层填充墙的重量。这里定义拉梁断面为$bh = 250 \times 450$，顶标高为-0.500，无偏心。然后按建筑条件图在有填充墙的网格上布置拉梁。

(5) 柱下独立基础。柱下独立基础有自动生成和人工布置两种方法，这里用自动生成法，用窗口方式选取，确认前面输入的参数。点取自动生成后，程序要求输入：

1) 地基承载力参数。覆土压强：0，即程序自动计算覆土重；地基承载力特征值：150kPa；地基承载力宽度修正系数：0；地基承载力深度修正系数：1；用于地基承载力修正的基础埋置深度：0.9m；一层荷载作用标高：-0.45m。

2) 柱下独立基础参数。独基类型：阶形现浇；独基最小高度：800；基底标高：-1.3m；基底长宽比：1；独基底板最小配筋率：0.15；基础底板钢筋：Ⅰ级。填完以上参数后回车，柱下独立基础就自动生成了。退出就可以准备画基础平面及基础详图了。

2. 基础平面施工图

(1) 绘图参数

1) 平面图比例：1:100。

2) 地梁画法。双线表示，不画翼缘。

(2) 基础平面图绘图内容。全用隐含值。

(3) 绘制基础平面图。输完参数后确认并回车，点取"绘制新图"，程序就自动显示出基础平面图的雏形。然后在标注轴线栏逐一进行标注。

1) 标注轴线。标注轴线分自动标注、交互标注、逐根点取三种方法。这里直接点取自动标注，程序就自动把轴线、轴线号、轴线尺寸标上了。

2) 标注字符构件。拉梁编号DL-1；独基编号：用光标点取独基，程序自动标出编号和基底标高。

3) 标注尺寸。拉梁尺寸：用光标在平面图有拉梁的网格上点一下，这根拉梁对轴线的定位尺寸就注上了；独基尺寸：用光标在平面图上点取一个类型的独立基础，注意你想把独基定位尺寸注在独基的哪个方向，比如右上方，你就在基础右上方的区格内点一下，基础的定位尺寸就标注在独基的右上方了。你想标在哪个方向，就点取哪个方向，十分方便。

4) 基础详图。点取"基础详图"菜单，再点一下"插入详图"，显示出详图编号表，在编号表上点一个基础编号J-1，则J-1就动态地显示出来，用光标拖到图面合适的位置定下，再去点J-2，又拖到适当位置定下，就这样一个一个地点取独基号并拖到适当位置定下，再用"移动详图"菜单，排成一张你所需要的图面就行了。

5) 拉梁剖面。点取"拉梁剖面"菜单，显示出拉梁的断面，输入拉梁箍筋的规格型号，确定后，拉梁的剖面详图就画出来了。注意：这里拉梁的配筋并非算出而是按构造所配，读者需按实际情况验算一下再修改。

（4）插入图框。插入图框是在轴线标注栏点取。基础平面、详图、拉梁等都画好以后，这张图还很零散，需再经拖动、排列、编辑，这里按需要编排成三张图，——套上图框，编排成图结施-2～4。

十一、楼梯设计

本工程的楼梯按建筑条件图要求设计成双跑钢楼梯。而钢结构设计软件 STS 目前只能设计单跑钢楼梯。所以使用软件对双跑钢楼梯的施工图就未画出。用户可以根据本单位的条件自行设计或参照类似楼梯设计。

十二、结构施工图整理

本工程通过 STS 建模、连接节点设计，画了各结构标准层的顶板配筋图、构件布置图、节点详图和构件详图，通过 PMSAP 结构分析计算，再接力基础设计软件 JCCAD 画了基础平面图和基础详图。这些图还是分散的，没有组成一整套完整的结构施工图。还需要通过插入图框、统一编制图号、增加总说明、编制目录和施工图封面等操作，才能形成一整套完整的结构施工图，具体见后面的例三钢框架结构施工图。图纸画完整理后，需送交有关人员校对、审核、审定通过，签字后才能正式出图。

这里需要说明一点，结构设计总说明是本人将程序完成的说明结合自己的经验综合编制修改而成的，仅供用户参考。用户可视具体情况，采用本单位或其他单位的说明，替换或修改使用。

十三、结构计算条件整理

工程结构施工图设计完了以后，还需整理一份结构设计条件，相当于计算书或计算书的一部分。结构设计条件可供设计、校对、审核使用，也供施工审图使用。最后归档存查。我这里仅把计算信息、各标准层构件断面、荷载平面、应力平面、层间位移角曲线、底层柱最大组合内力图等组合整理成一份简单设计条件供参考，用户可根据本单位的习惯整理，不必照此套用。

3—2 结构设计条件

设 计 条 件

一、结构类型：普通钢框架结构

二、设计荷载：1. 楼面恒载—4.5kN/m²
　　　　　　　2. 楼面活载—2.0kN/m²
　　　　　　　3. 屋顶恒载—5.5kN/m²
　　　　　　　4. 屋顶活载—0.5kN/m²

三、基本风压：0.50kN/m²　B类地面

四、地震烈度：7度1组

五、场地地类别：Ⅱ类

六、基础类别：独基加地梁

结构模型

设计：　　　　　　校对：　　　　　　审核：

184

结构设计条件目录

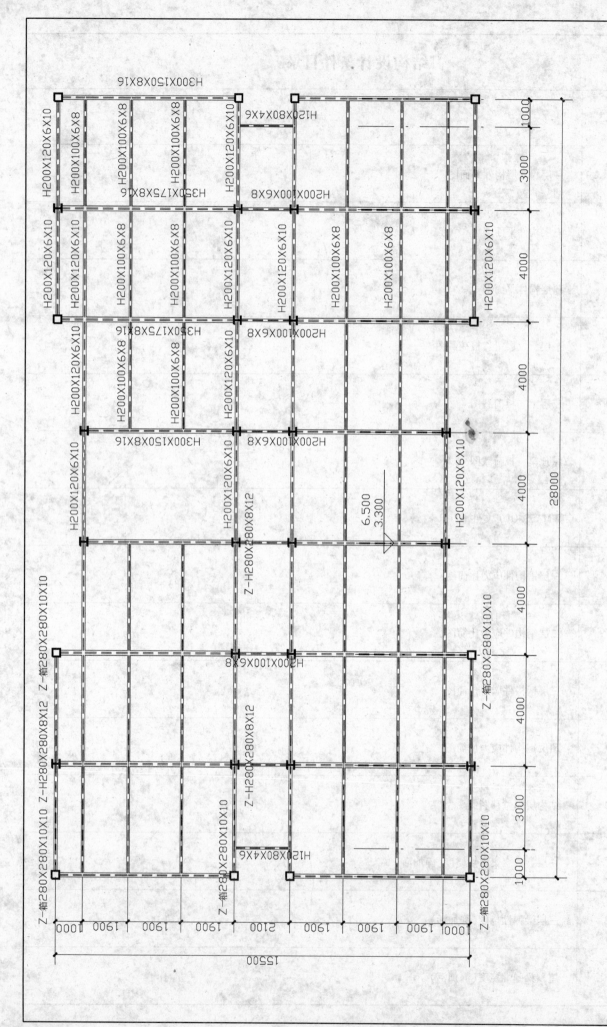

一层、二层构件平面图

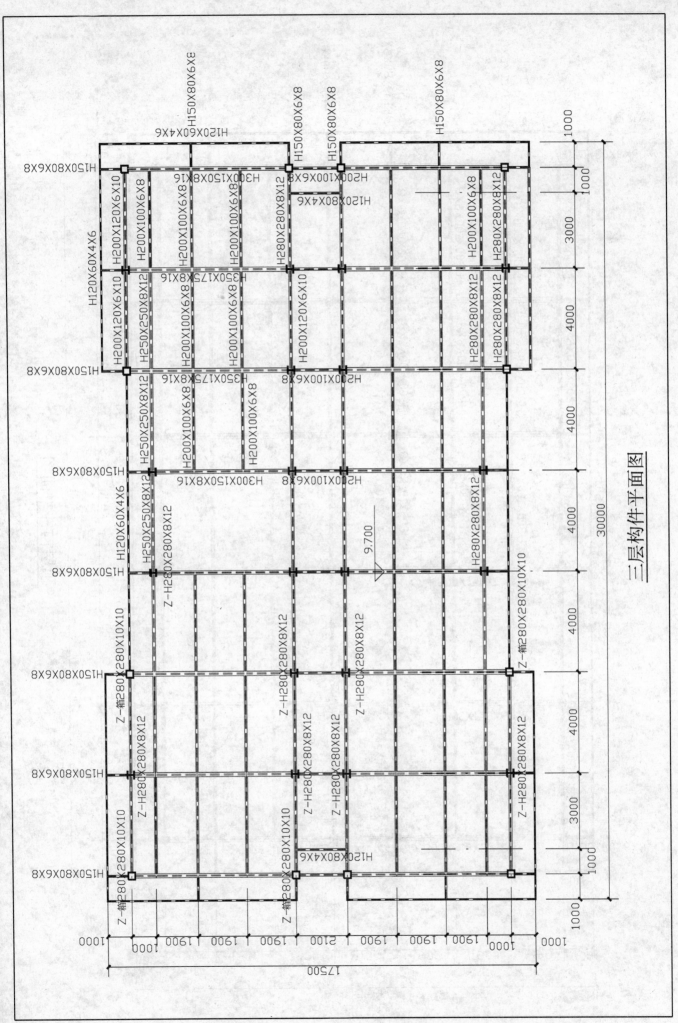

三层构件平面图

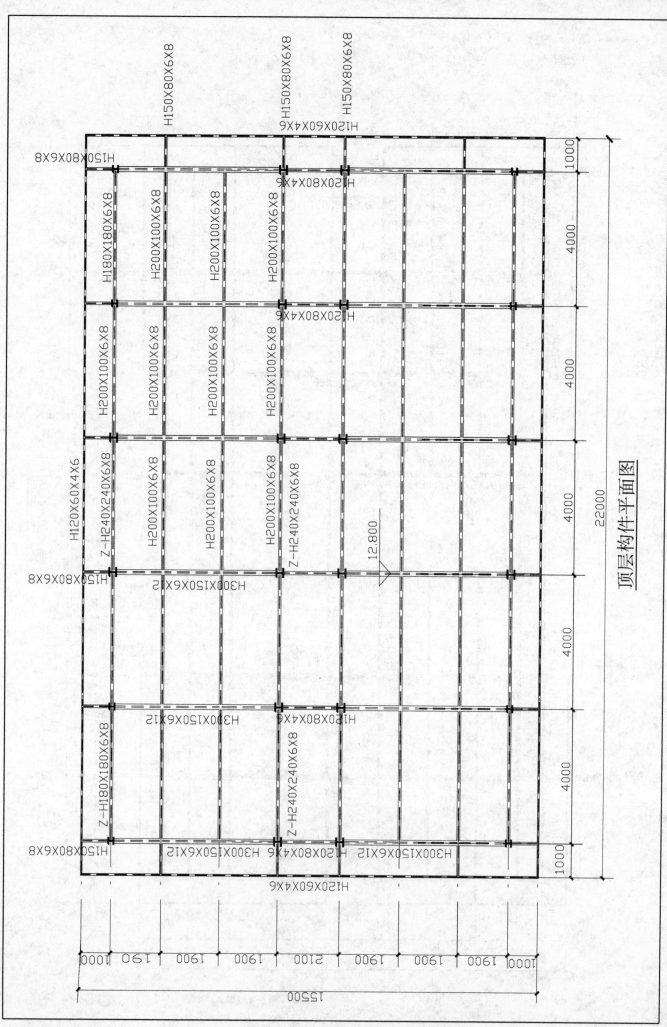

顶层构件平面图

188

一层、二层梁、板荷载图

三层梁、板荷载图

屋顶梁、板荷载图

	4.5 〈0.5〉	4.5 〈0.5〉		4.5 〈0.5〉		4.5 〈0.5〉		4.5 〈0.5〉	
	4.5 〈0.5〉	5.5 〈0.5〉	5.5 〈0.5〉	5.5 〈0.5〉	5.5 〈0.5〉	5.5 〈0.5〉	5.5 〈0.5〉	5.5 〈0.5〉	4.5 〈0.5〉
	4.5 〈0.5〉	5.5 〈0.5〉	5.5 〈0.5〉	5.5 〈0.5〉	5.5 〈0.5〉	5.5 〈0.5〉	5.5 〈0.5〉	5.5 〈0.5〉	4.5 〈0.5〉
	4.5 〈0.5〉	5.5 〈0.5〉	5.5 〈0.5〉	5.5 〈0.5〉	5.5 〈0.5〉	5.5 〈0.5〉	5.5 〈0.5〉	5.5 〈0.5〉	4.5 〈0.5〉
	4.5 〈0.5〉	5.5 〈0.5〉	5.5 〈0.5〉	5.5 〈0.5〉	5.5 〈0.5〉	5.5 〈0.5〉	5.5 〈0.5〉	5.5 〈0.5〉	4.5 〈0.5〉
	4.5 〈0.5〉	5.5 〈0.5〉	5.5 〈0.5〉	5.5 〈0.5〉	5.5 〈0.5〉	5.5 〈0.5〉	5.5 〈0.5〉	5.5 〈0.5〉	4.5 〈0.5〉
	4.5 〈0.5〉	4.5 〈0.5〉		4.5 〈0.5〉		4.5 〈0.5〉		4.5 〈0.5〉	

某开发区宾馆钢框架计算书

WMASS. OUT

///

公司名称：某市建筑工程设计公司

        建筑结构的总信息
        SATWE 中文版
        文件名：WMASS. OUT

工程名称：某开发区钢框架宾馆   设计人：
工程代号：   校核人：   日期：

///

总信息
结构材料信息：   无填充墙的钢结构
混凝土容重(kN/m³)：   Gc = 25.00
钢材容重(kN/m³)：   Gs = 78.00
水平力的夹角(Rad)：   ARF = 0.00
地下室层数：   MBASE = 0
竖向荷载计算信息：   按模拟施工加荷计算方式
风荷载计算信息：   计算 X，Y 两个方向的风荷载
地震力计算信息：   计算 X，Y 两个方向的地震力
特殊荷载计算信息：   不计算
结构类别：   框架结构
裙房层数：   MANNEX = 0
转换层所在层号：   MCHANGE = 0
墙元细分最大控制长度(m)   DMAX = 2.00
墙元侧向节点信息：   内部节点
是否对全楼强制采用刚性楼板假定   是
采用的楼层刚度算法   层间剪力比层间位移算法
结构所在地区   全国

风荷载信息
修正后的基本风压(kN/m²)：   WO = 0.50
地面粗糙程度：   B 类
结构基本周期(秒)：   T1 = 0.28
体形变化分段数：   MPART = 1
各段最高层号：   NSTi = 4
各段体形系数：   USi = 1.30

地震信息
振型组合方法(CQC 耦联；SRSS 非耦联)   CQC
计算振型数：   NMODE = 12
地震烈度：   NAF = 7.00
场地类别：   KD = 2
设计地震分组：   一组
特征周期   TG = 0.35
多遇地震影响系数最大值   Rmax1 = 0.08
罕遇地震影响系数最大值   Rmax2 = 0.50
框架的抗震等级：   NF = 3
剪力墙的抗震等级：   NW = 3
活荷质量折减系数：   RMC = 0.50
周期折减系数：   TC = 1.00
结构的阻尼比(%)：   DAMP = 3.00
是否考虑偶然偏心：   否
是否考虑双向地震扭转效应：   否
斜交抗侧力构件方向的附加地震数   = 0

活荷载信息
考虑活荷不利布置的层数   从第 1 到 4 层
柱、墙活荷载是否折减   不折算
传到基础的活荷载是否折减   折算
——————柱，墙，基础活荷载折减系数——————
   计算截面以上的层数——————折减系数
     1   1.00
    2 — — 3   0.85
    4 — — 5   0.70
    6 — — 8   0.65
    9 — — 20   0.60
     > 20   0.55

调整信息
中梁刚度增大系数：   BK = 1.00
梁端弯矩调幅系数：   BT = 0.85
梁设计弯矩增大系数：   BM = 1.00
连梁刚度折减系数：   BLZ = 0.70

梁扭矩折减系数：	TB	= 0.40
全楼地震力放大系数：	RSF	= 1.00
0.2Qo 调整起始层号：	KQ1	= 0
0.2Qo 调整终止层号：	KQ2	= 0
顶塔楼内力放大起算层号：	NTL	= 0
顶塔楼内力放大：	RTL	= 1.00
九度结构及一级框架梁柱超配筋系数	CPCOEF91	= 1.15
是否按抗震规范 5.2.5 调整楼层地震力	IAUTO525	= 1
是否调整与框支柱相连的梁内力	IREGU _ KZZB	= 0
剪力墙加强区起算层号	LEV _ JLQJQ	= 1
强制指定的薄弱层个数	NWEAK	= 0

配筋信息···

梁主筋强度（N/mm²）：	IB	= 300
柱主筋强度（N/mm²）：	IC	= 300
墙主筋强度（N/mm²）：	IW	= 210
梁箍筋强度（N/mm²）：	JB	= 210
柱箍筋强度（N/mm²）：	JC	= 210
墙分布筋强度（N/mm²）：	JWH	= 210
梁箍筋最大间距（mm）：	SB	= 100.00
柱箍筋最大间距（mm）：	SC	= 100.00
墙水平分布筋最大间距（mm）：	SWH	= 200.00
墙竖向筋分布最小配筋率（%）：	RWV	= 0.30
单独指定墙竖向分布配筋率的层数：	NSW	= 0
单独指定的墙竖向分布筋配筋率（%）：	RWV1	= 0.60

设计信息···

结构重要性系数：	RWO = 1.00	
柱计算长度计算原则：	有侧移	
梁柱重叠部分简化：	不作为刚域	
是否考虑 P-Delt 效应：	否	
柱配筋计算原则：	按单偏压计算	
钢构件截面净毛面积比：	RN	= 0.85
梁保护层厚度（mm）：	BCB	= 30.00
柱保护层厚度（mm）：	ACA	= 30.00
是否按砼规范(7.3.11-3)计算砼柱计算长度系数： 否		

荷载组合信息···

恒载分项系数：	CDEAD	= 1.20
活载分项系数：	CLIVE	= 1.40
风荷载分项系数：	CWIND	= 1.40
水平地震力分项系数：	CEA _ H	= 1.30
竖向地震力分项系数：	CEA _ V	= 0.50
特殊荷载分项系数：	CSPY	= 0.00
活荷载的组合系数：	CD _ L	= 0.70
风荷载的组合系数：	CD _ W	= 0.60
活荷载的重力荷载代表值系数：	CEA _ L	= 0.50

剪力墙底部加强区信息···

剪力墙底部加强区层数	IWF = 2	
剪力墙底部加强区高度(m)	Z _ STRENGTHEN = 7.00	

```
***************************************************
*           各层的质量、质心坐标信息                *
***************************************************
```

层号	塔号	质心 X	质心 Y (m)	质心 Z (m)	恒载质量 (t)	活载质量 (t)
4	1	4.344	6.467	13.300	191.2	8.5
3	1	4.346	6.457	10.200	395.0	33.9
2	1	4.346	6.465	7.000	381.9	40.6
1	1	4.346	6.465	3.800	383.4	40.6

活载产生的总质量(t)：	123.568
恒载产生的总质量(t)：	1351.542
结构的总质量(t)：	1475.111

恒载产生的总质量包括结构自重和外加恒载
结构的总质量包括恒载产生的质量和活载产生的质量
活载产生的总质量和结构的总质量是活载折减后的结果(1t = 1000kg)

各层构件数量、构件材料和层高

```
***************************************************
```

层号	塔号	梁数 （混凝土）	柱数 （混凝土）	墙数 （混凝土）	层高 (m)	累计高度 (m)
1	1	134(25)	32(25)	0(25)	3.800	3.800

2	1	134(25)	32(25)	0(25)	3.200	7.000
3	1	186(25)	32(25)	0(25)	3.200	10.200
4	1	127(25)	24(25)	0(25)	3.100	13.300

风荷载信息

****

层号	塔号	风荷载 X	剪力 X	倾覆弯矩 X	风荷载 Y	剪力 Y	倾覆弯矩 Y
4	1	59.55	59.5	184.6	84.53	84.5	262.0
3	1	59.18	118.7	564.5	99.85	184.4	852.1
2	1	46.57	165.3	1093.5	84.12	268.5	1711.3
1	1	48.81	214.1	1907.1	88.17	356.7	3066.6

==

各楼层等效尺寸(单位:m,m^{**2})

==

层号	塔号	面积	形心 X	形心 Y	等效宽 B	等效高 H	最大宽 BMAX	最小宽 BMIN
1	1	383.00	4.35	6.23	29.23	14.80	29.23	14.80
2	1	383.00	4.35	6.23	29.23	14.80	29.23	14.80
3	1	474.00	4.35	6.28	31.09	16.94	31.09	16.94
4	1	340.86	4.35	6.46	22.00	15.50	22.00	15.50

==

各楼层的单位面积质量分布(单位:kg/m^{**2})

==

层号	塔号	单位面积质量 g[i]	质量比 max(g[i]/g[i-1],g[i]/g[i+1])
1	1	1106.91	1.00
2	1	1103.18	1.22
3	1	904.83	1.54
4	1	586.05	

计算信息

==

```
Project File Name  : GKJ
计算日期           : 2006.10.20
开始时间           : 10:27:19

可用内存           : 167.00MB
```

第一步:计算每层刚度中心、自由度等信息
```
开始时间           : 10:27:19
```

第二步:组装刚度矩阵并分解
```
开始时间           : 10:27:20
Calculate block information
刚度块总数:   1
自由度总数:    1035
大约需要   2.7MB   硬盘空间
     刚度组装:从      1行到   1035行
```

第三步:地震作用分析
```
开始时间           : 10:27:20
方法 1(侧刚模型)
     起始列 =1        终止列 =12
```

第四步:计算位移
```
开始时间           : 10:27:22
形成地震荷载向量
形成风荷载向量
形成垂直荷载向量
Calculate Displacement
     LDLT 回代:从 1  列到 31 列
写出位移文件
```

第五步:计算杆件内力
```
开始时间           : 10:27:23                    WMASS. OUT

活载随机加载计算
计算杆件内力
     结束日期       : 2006.5.20
     时间           : 10:27:27
     总用时         : 0:0:8
```

==

各层刚心、偏心率、相邻层侧移刚度比等计算信息

Floor No.   :层号
Tower No.   :塔号

```
Xstif, Ystif        : 刚心的 X, Y 坐标值
Alf                 : 层刚性主轴的方向
Xmass, Ymass        : 质心的 X, Y 坐标值
Gmass               : 总质量
Eex, Eey            : X, Y 方向的偏心率
Ratx, Raty          : X, Y 方向本层塔侧移刚度与下一层相应塔侧移刚度的比值
Ratx1, Raty1        : X, Y 方向本层塔侧移刚度与上一层相应塔侧移刚度 70% 的比值
                      或上三层平均侧移刚度 80% 的比值中之较小者
RJX, RJY, RJZ       : 结构总体坐标系中塔的侧移刚度和扭转刚度
========================================================================
 Floor  No.    1    Tower  No.    1
  Xstif  =    4.3460(m)      Ystif  =     6.4660(m)      Alf     =     0.0000(Degree)
  Xmass  =    4.3459(m)      Ymass  =     6.4645(m)      Gmass   =   464.5289(t)
  Eex    =    0.0000         Eey    =     0.0001
  Ratx   =    1.0000         Raty   =     1.0000
  Ratx1  =    1.9665         Raty1  =     1.7171    薄弱层地震剪力放大系数 =1.00
  RJX    =4.5906E+04(kN/m)   RJY    =9.6536E+04(kN/m)   RJZ    =0.0000E+00(kN/m)
------------------------------------------------------------------------
 Floor  No.    2    Tower  No.    1
  Xstif  =    4.3460(m)      Ystif  =     6.4660(m)      Alf     =     0.0000(Degree)
  Xmass  =    4.3459(m)      Ymass  =     6.4645(m)      Gmass   =   463.1017(t)
  Eex    =    0.0000         Eey    =     0.0001
  Ratx   =    0.7265         Raty   =     0.8320
  Ratx1  =    1.5321         Raty1  =     1.4582    薄弱层地震剪力放大系数 =1.00
  RJX    =3.3349E+04(kN/m)   RJY    =8.0317E+04(kN/m)   RJZ    =0.0000E+00(kN/m)
------------------------------------------------------------------------
 Floor  No.    3    Tower  No.    1
  Xstif  =    4.3460(m)      Ystif  =     6.4660(m)      Alf     =     0.0000(Degree)
  Xmass  =    4.3459(m)      Ymass  =     6.4573(m)      Gmass   =   462.7564(t)
  Eex    =    0.0000         Eey    =     0.0009
  Ratx   =    0.9324         Raty   =     0.9797
  Ratx1  =    2.6291         Raty1  =     2.1576    薄弱层地震剪力放大系数 =1.00
  RJX    =3.1096E+04(kN/m)   RJY    =7.8686E+04(kN/m)   RJZ    =0.0000E+00(kN/m)
------------------------------------------------------------------------
 Floor  No.    4    Tower  No.    1
  Xstif  =    4.3460(m)      Ystif  =     6.4660(m)      Alf     =     0.0000(Degree)
  Xmass  =    4.3445(m)      Ymass  =     6.4668(m)      Gmass   =   208.2921(t)
  Eex    =    0.0001         Eey    =     0.0001
  Ratx   =    0.4754         Raty   =     0.5794
  Ratx1  =    1.2500         Raty1  =     1.2500    薄弱层地震剪力放大系数 =1.00
  RJX    =1.4784E+04(kN/m)   RJY    =4.5587E+04(kN/m)   RJZ    =0.0000E+00(kN/m)
------------------------------------------------------------------------
```

==
抗倾覆验算结果
==

	抗倾覆弯矩 Mr	倾覆弯矩 Mov	比值 Mr/Mov	零应力区(%)
X 风荷载	206515.5	1898.4	108.78	0.00
Y 风荷载	114321.1	3162.5	36.15	0.00
X 地 震	206515.5	2224.8	92.83	0.00
Y 地 震	114321.1	3272.6	34.93	0.00

==
结构整体稳定验算结果
==

层号	X 向刚度	Y 向刚度	层高	上部重量	X 刚重比	Y 刚重比
1	0.459E+05	0.965E+05	3.80	14751.	11.83	24.87
2	0.333E+05	0.803E+05	3.20	10512.	10.15	24.45
3	0.311E+05	0.787E+05	3.20	6286.	15.83	40.05
4	0.148E+05	0.456E+05	3.10	1998.	22.94	70.75

该结构刚重比 Di * Hi/Gi 大于 10, 能够通过高规(5.4.4)的整体稳定验算

WMASS.OUT

该结构刚重比 Di * Hi/Gi 小于 20, 应该考虑重力二阶效应

```
*************************************************************
*               楼层抗剪承载力及承载力比值                     *
*************************************************************
```

   Ratio_Bu: 表示本层与上一层的承载力之比

层号	塔号	X 向承载力	Y 向承载力	Ratio_Bu: X, Y	
4	1	0.8095E+03	0.1806E+04	1.00	1.00
3	1	0.3721E+04	0.5553E+04	4.60	3.08
2	1	0.3721E+04	0.5553E+04	1.00	1.00
1	1	0.3133E+04	0.4677E+04	0.84	0.84

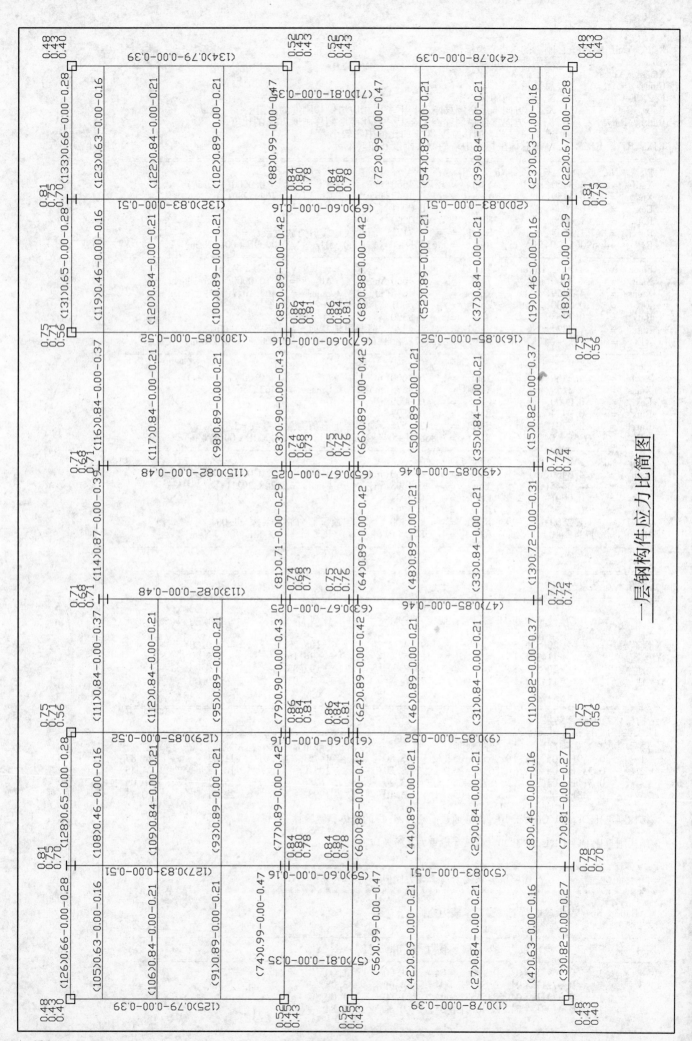

一层钢构件应力比简图

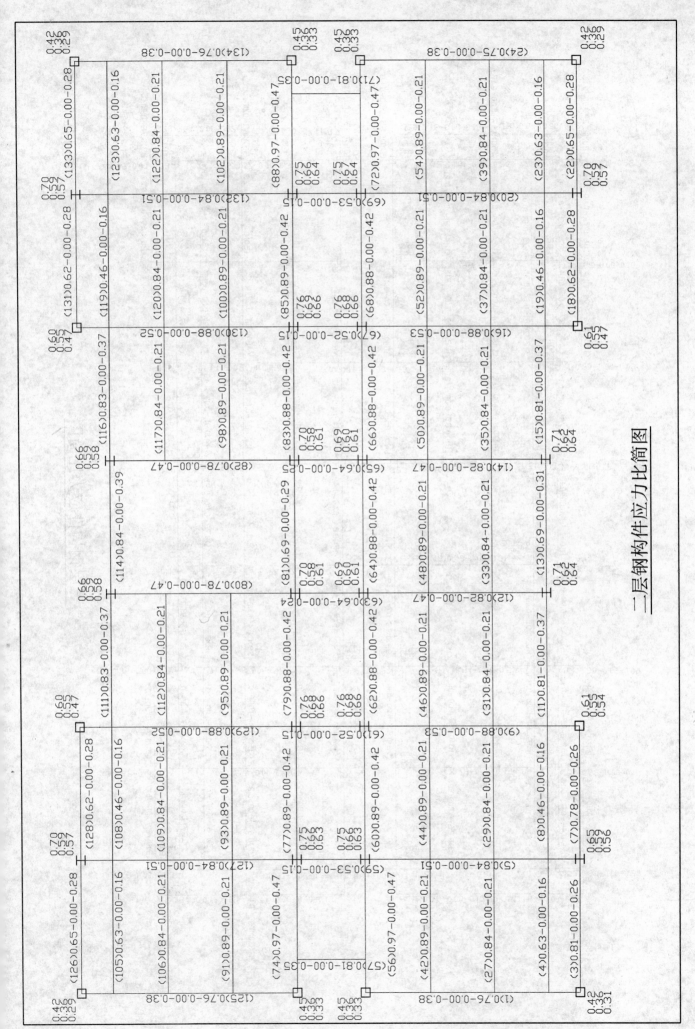

一层钢构件应力比简图

197

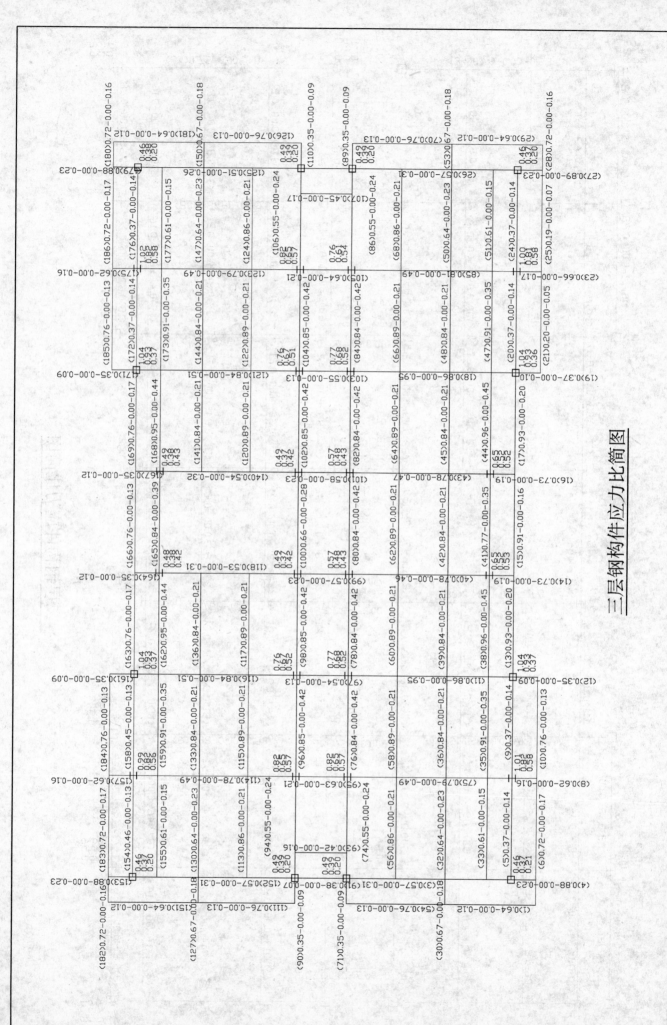

三层钢构件应力比简图

198

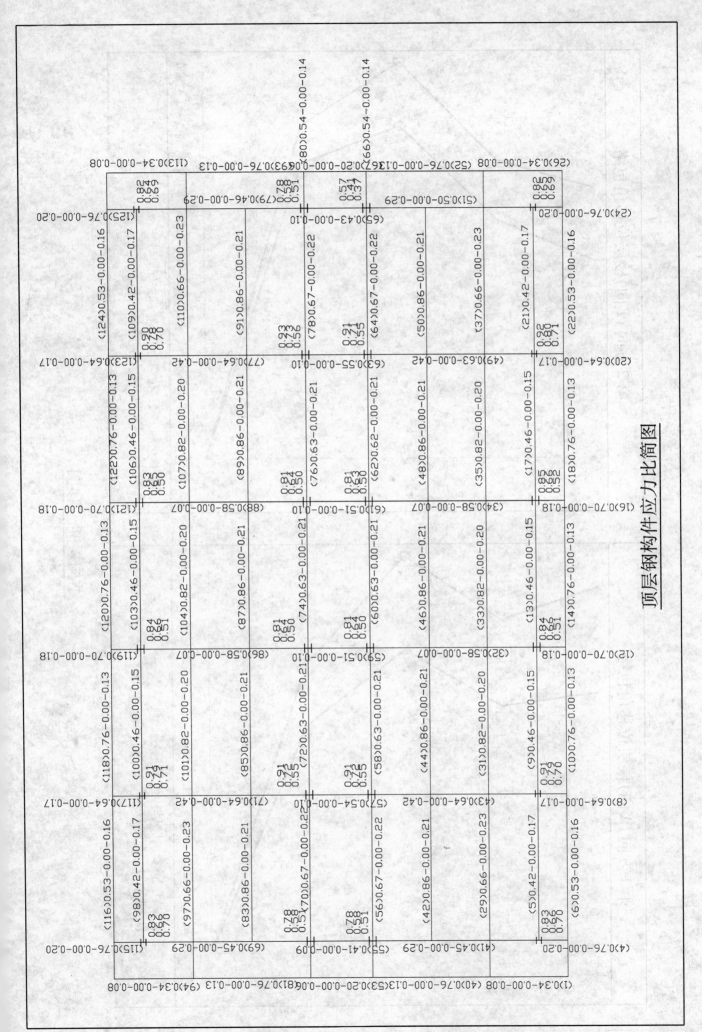

顶层钢构件应力比简图

199

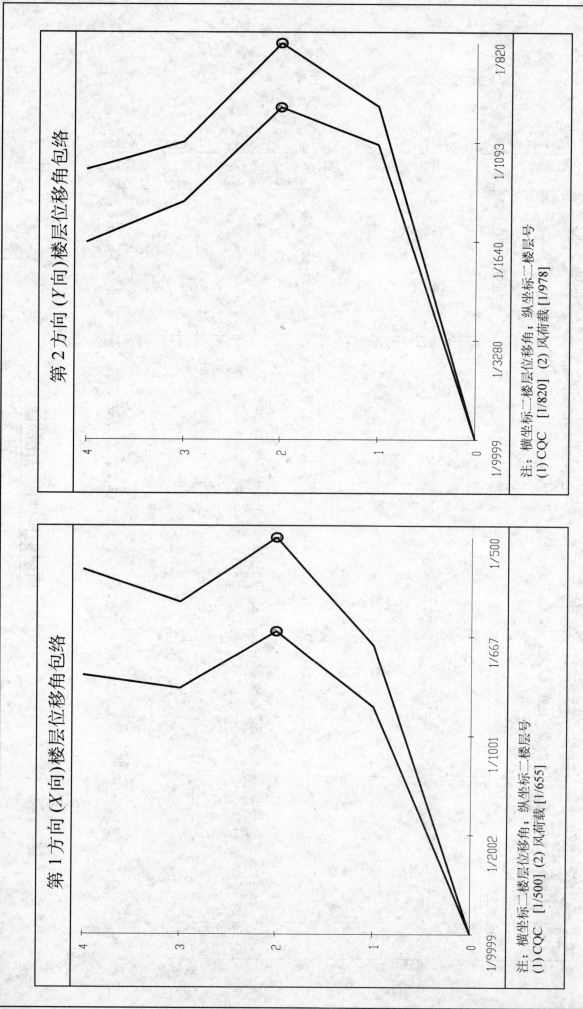

第 2 方向 (Y向) 楼层位移角包络

第 1 方向 (X向) 楼层位移角包络

结构层间位移图

注: 横坐标二楼层位移角; 纵坐标二楼层号
(1) CQC [1/820] (2) 风荷载 [1/978]

注: 横坐标二楼层位移角; 纵坐标二楼层号
(1) CQC [1/500] (2) 风荷载 [1/655]

200

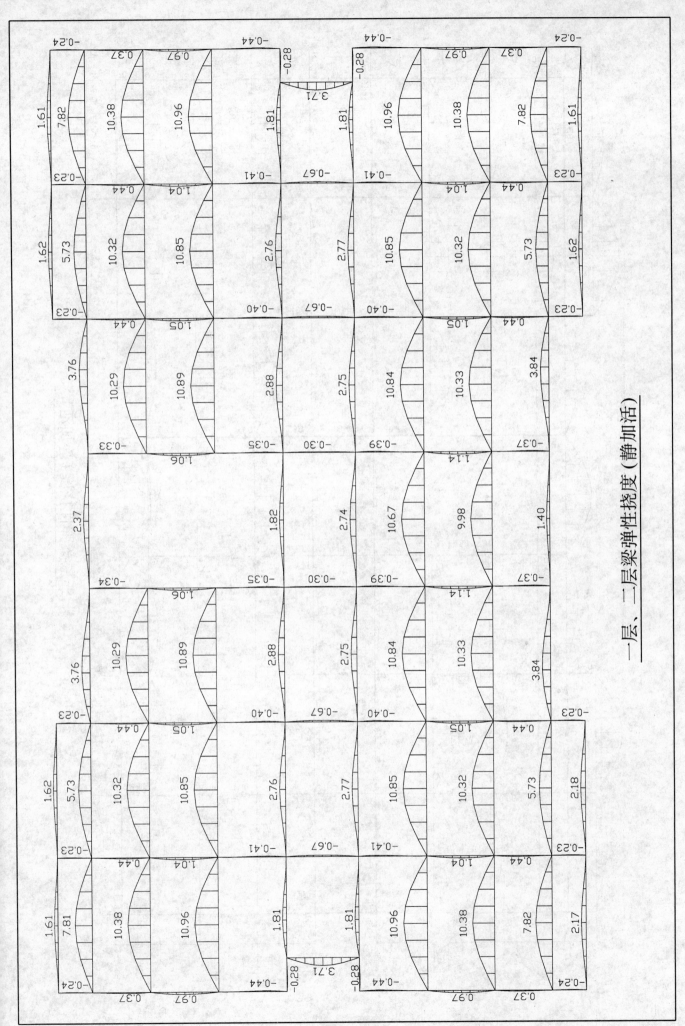

一层、二层梁弹性挠度（静加活）

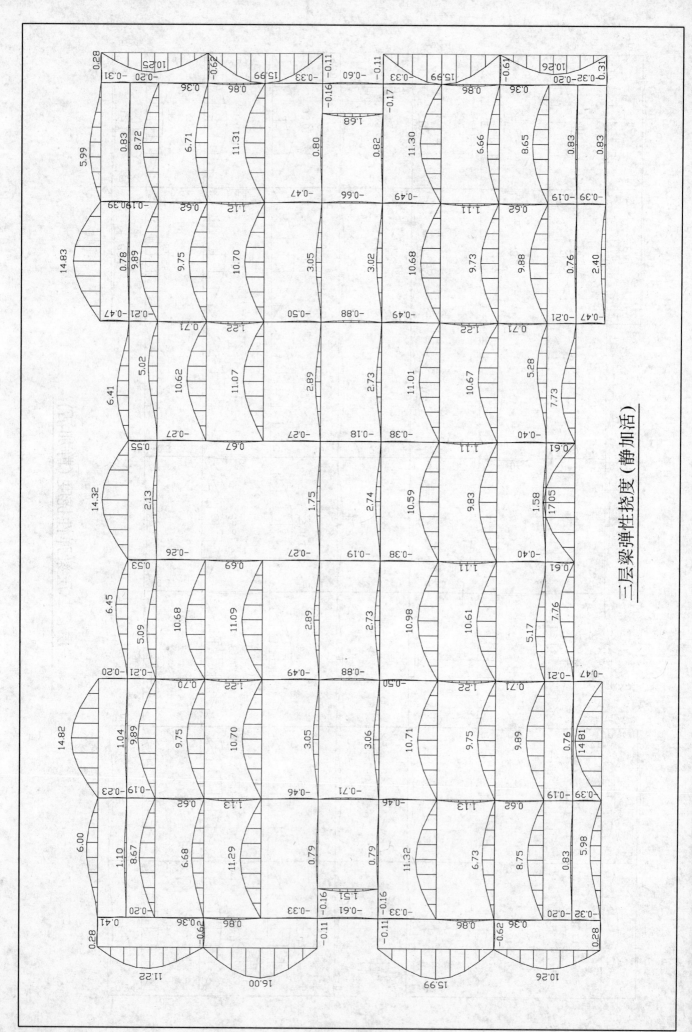

三层梁弹性挠度（静加活）

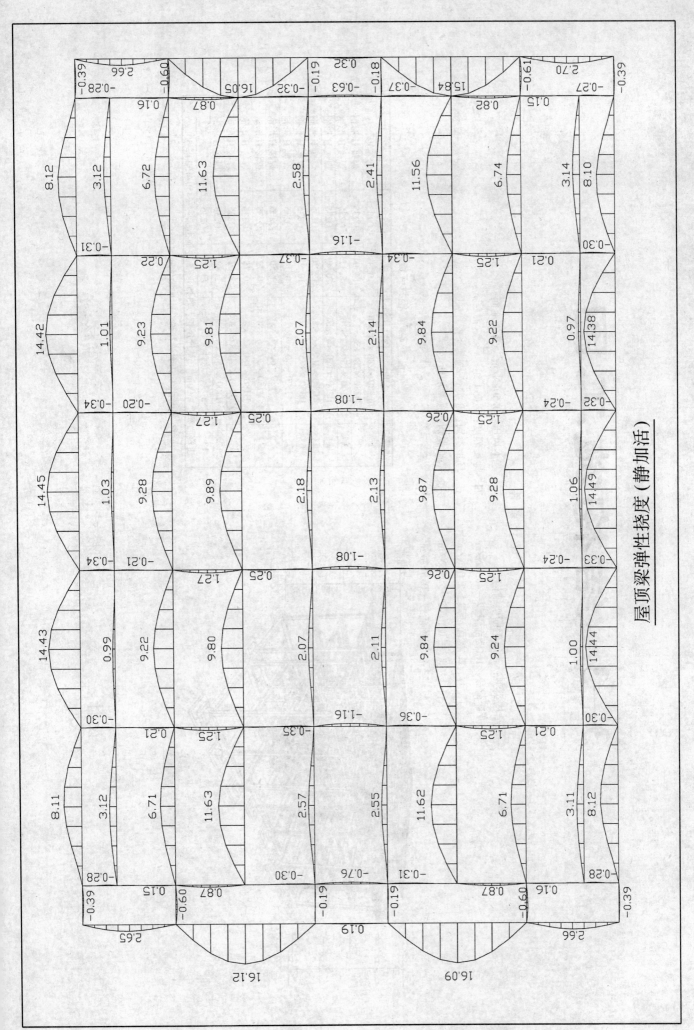

屋顶梁弹性挠度（静加活）

203

3—3 结构施工图

一、结构类型：普通钢框架结构

二、设计荷载：
1. 楼面恒载—4.5kN/m²
2. 楼面活载—2.0kN/m²
3. 屋顶恒载—5.5kN/m²
4. 屋顶活载—0.5kN/m²

设 计 条 件

三、基本风压：0.50kN/m² B类地面
四、地震烈度：7度1组
五、场地地类别：Ⅱ类
六、基础类别：独基加地梁

钢材订货表

序号	规　格	重量/t	材质	备　注
1	箱 280×280×10×10	10.38	Q235	焊接箱形钢截面
2	H280×280×8×12	14.04	Q235	焊接 H 形钢
3	H300×150×8×16	8.11	Q235	焊接 H 形钢
4	H200×120×6×10	10.49	Q235	焊接 H 形钢
5	H200×100×6×8	12.20	Q235	焊接 H 形钢
6	H350×175×8×16	10.28	Q235	焊接 H 形钢
7	H120×80×4×6	0.14	Q235	焊接 H 形钢
8	H120×60×4×6	1.50	Q235	焊接 H 形钢
9	H150×80×6×8	0.72	Q235	焊接 H 形钢
10	H180×180×6×8	0.75	Q235	焊接 H 形钢
11	H240×240×6×8	2.02	Q235	焊接 H 形钢
12	H300×150×6×12	2.82	Q235	焊接 H 形钢
13	总计	73.45		

建筑面积：1500m² 总计用钢：73450kg 耗钢指标：73450/1500＝50kg/m²

注：用钢指标未含连接件，附加构件和钢梯。

结构模型

设计：　　校对：　　审核：

图 纸 目 录

序号	图号	图纸名称	规格	备注
1	结施-1	结构设计总说明	A2	
2	结施-2	基础平面布置图	A2	
3	结施-3	基础 J-1、J-2 详图	A2	
4	结施-4	基础 J-3、J-4 详图	A2	
5	结施-5	柱脚节点平面布置图	A2	
6	结施-6	柱脚锚栓布置图	A2	
7	结施-7	一层、二层结构顶板配筋图	A2	
8	结施-8	三层结构顶板配筋图	A2	
9	结施-9	四层结构顶板配筋图	A2	
10	结施-10	一层(3.350)构件平面布置图	A2	
11	结施-11	二层(6.550)构件平面布置图	A2	
12	结施-12	三层(9.750)构件平面布置图	A2	
13	结施-13	屋顶(12.850)构件平面布置图	A2	
14	结施-14	构件表、钢材订货表	A2	
15	结施-15	柱脚1~4及节点1~3详图	A2	
16	结施-16	钢结构节点4~9详图	A2	
17	结施-17	钢结构节点10~15详图	A2	
18	结施-18	钢结构节点16~20详图	A2	
19	结施-19	钢结构节点21~27详图	A2	

图 纸 目 录

序号	图号	图纸名称	规格	备注
20	结施-20	钢结构节点28~32详图	A2	
21	结施-21	钢结构节点33~37详图	A2	
22	结施-22	钢结构节点38~43详图	A2	
23	结施-23	钢结构节点44~49详图	A2	
24	结施-24	钢柱 GZ1详图	A2	
25	结施-25	钢柱 GZ2详图	A2	
26	结施-26	钢柱 GZ3详图	A2	
27	结施-27	钢柱 GZ4详图	A2	
28	结施-28	钢柱 GZ5详图	A2	
29	结施-29	钢柱 GZ6详图	A2	
30	结施-30	钢柱 GZ7~GZ9详图	A2	
31	结施-31	钢柱 GZ10、GZ11详图	A2	
32	结施-32	钢柱 GZ12详图	A2	
33	结施-33	钢柱 GZ13、GZ14详图	A2	
34	结施-34	钢柱 GZ15、GZ16详图	A2	
35	结施-35	钢柱 GZ17、GZ18详图	A2	
36	结施-36	钢柱 GZ19详图	A2	
37	结施-37	钢梁 GL1~GL3详图	A2	
38	结施-38	钢梁 GL4~GL6详图	A2	

图 纸 目 录

序号	图号	图纸名称	规格	备注
39	结施-39	钢梁 GL7~GL9详图	A2	
40	结施-40	钢梁 GL10~GL13详图	A2	
41	结施-41	钢梁 GL14~GL17详图	A2	
42	结施-42	钢梁 GL18~GL20详图	A2	
43	结施-43	钢梁 GL21~GL23详图	A2	
44	结施-44	钢梁 GL24~GL26详图	A2	
45	结施-45	钢梁 GL27~GL29详图	A2	
46	结施-46	钢梁 GL30~GL34详图	A2	
47	结施-47	钢梁 GL35~GL38详图	A2	
48	结施-48	钢梁 GL39~GL44详图	A2	
49	结施-49	钢梁 GL45~GL47详图	A2	
50	结施-50	钢梁 GL48~GL50详图	A2	
51	结施-51	钢梁 GL51~GL55详图	A2	
52	结施-52	钢梁 GL56~GL60详图	A2	
53	结施-53	钢梁 GL61~GL67详图	A2	
54	结施-54	钢梁 GL68~GL70详图	A2	
55	结施-55	焊接节点1~31详图	A2	
56	结施-56	焊接节点32~61详图	A2	

结构设计总说明

一、工程概况及结构布置

1. 本工程位于中心干道与北二环交叉路口的西北角。
2. 楼层数为4层，檐口高度为12.95m。
3. 结构体系：钢框架结构、独立基础。
4. 建筑总面积为1820.70m^2。
5. 本工程的方位见该项目总平面图，±0.000相对的绝对标高为27.20m。

二、建筑结构的安全等级及设计使用年限

建筑物安全等级为二级，结构重要性系数为2级。

设计使用年限：50年。

建筑抗震设防类别：丙类。

三、自然条件

1. 风荷载：基本风压0.50kN/m^2，地面粗糙度类别：丙类。
2. 雪荷载：基本雪压0.3kN/m^2。
3. 抗震设防有关参数

(1) 拟建场地地震基本烈度：7度，抗震设防烈度：7度。

(2) 设计基本地震加速度：0.10g，设计地震分组：第1组。

(3) 建筑场地类别：Ⅱ类。

4. 场地标准冻深：0.80m。
5. 本工程环境类别：地上为一类；地下为二类。

四、本工程设计依据

1.《建筑结构可靠度设计统一标准》(GB 50068—2001)。
2.《建筑结构荷载规范》(GB 50009—2001)。
3.《钢结构设计规范》(GB 50017—2003)。
4.《建筑抗震设防分类标准》(GB 50223—1995)。
5.《建筑抗震设计规范》(GB 50011—2001)。
6.《冷弯薄壁型钢结构技术规范》(GBJ 50018—2002)。
7.《钢结构工程施工质量验收规范》(GB 50205—2001)。
8.《门式刚架轻型房屋钢结构技术规程》(CECS 102:2002)。
9.《建筑钢结构焊接规程》(JGJ 181—2002)。
10.《建筑结构制图标准》(GB/T 50105—2001)。
11.《钢结构高强度螺栓连接设计、施工及验收规程》(JGJ 82—1991)。
12.《高层民用建筑钢结构技术规程》(JGJ 99—1998)。
13.《钢结构防火涂料应用技术规程》(CECS 24—1990)。
14. 该项目的工程地质勘测报告、建设委托书与合同。

五、本工程设计计算所采用的计算程序

1. 建模　采用中国建筑科学研究院编制的钢结构CAD软件STS。
2. 结构整体计算分析　采用中国建筑科学研究院编制的特殊多、高层建筑结构分析与设计软件PMSAP。
3. 节点设计　采用中国建筑科学研究院编制的钢结构CAD设计软件STS。

六、设计采用的活荷载标准值

	房间部位	活荷载(标准值)/(kN/m^2)	组合值系数ψ_c	准永久值系数ψ_q
屋面	上人屋面	1.5	按程序取值	0.5
	不上人屋面(本工程为不上人屋面)	0.5	按程序取值	0.5
楼面	一般房间	2.0	按程序取值	0.5
	卫生间	2.0	按程序取值	0.5
	楼梯间	2.5	按程序取值	0.5
	会议室	2.5	按程序取值	0.5

七、主要结构材料

1. 钢材

全部钢材应按现行国家标准和规范保证抗拉强度、伸长率、屈服强度、冷弯实验和碳、硫、磷含量的限值。钢材的抗拉强度实测值与屈服强度实测值的比值不应小于1.2；应有明显的屈服台阶，且伸长率应大于20%；钢材应有良好的可焊性和合格的冲击韧性。

(1) 钢柱：采用Q235B；(2)主梁：钢号为：Q235B；

(3) 次梁：钢号为Q235B；(4)钢支撑：钢号为：Q235B；

(5) 柱脚螺栓：Q235B。

2. 螺栓

(1) 高强螺栓性能等级为10.9级，扭剪型螺杆及螺母、垫圈应符合《钢结构用扭剪型高强度螺栓连接的技术条件》(GB/T 3632～3633)的规定；大六角型及配套的螺母、垫圈应符合《钢结构用高强度大六角头螺栓、大六角头螺母、垫圈与技术条件》(GB/T 1228～1231)的规定；高强度螺栓的设计预拉力值按《钢结构设计规范》(GB 50017—2003)的规定采用。

高强螺栓连接钢材的摩擦面应进行喷砂处理，并应符合《钢结构高强度螺栓连接的设计、施工及验收规程》的规定。

(2) 普通螺栓采用C级及配套的螺母、垫圈，C级螺栓孔。

3. 锚栓　采用符合现行国家规范标准《碳素结构钢》规定的Q235B钢材制成。

4. 焊接材料

(1) 手工焊接用焊条：Q235钢材用的焊条型号为E4315、E4316，应符合现行国家标准《碳钢焊条》(GB/T 5117)的有关规定。

Q345钢采用的焊条型号为E5015、E5016，应符合现行国家标准《低合金钢焊条》(GB/T 5117)的规定，所选用的焊条型号应与主体金属相匹配。不同强度的钢材焊接时，焊接材料的强度应按强度较低的钢材采用。

(2) 自动焊或半自动焊接采用的焊丝和焊剂，应与主体金属强度相适应，且其熔敷金属的抗拉强度不应小于相应手工焊条的抗拉强度。

Q235钢、Q345钢采用的焊条、焊丝应分别符合《建筑钢结构焊接技术规程》的要求。焊丝应符合现行标准《熔化焊用钢丝》(GB/T 14957)、《气体保护焊用碳钢、低合金钢焊丝》。

焊剂应符合《埋弧焊用碳钢焊丝和焊剂》(GB/T 5293)及《低合金钢埋弧焊用焊剂》(GB/T 12470)、(GB/T 8110)及《碳钢药芯焊丝》(GB/T 10045)、《低合金钢药芯焊》(GB/T 17493)的规定。

(3) 焊接质量等级：全熔透焊缝的质量等级均为二级，并应符合与母材等强的要求。全熔透焊缝的端部应设置引弧板，引弧板的材质应与焊件相同。手工焊引弧板厚度为8，焊缝引出长度大于或等于25。

5. 防锈漆

底漆拟采用环氧富锌底漆；中间漆根据防火涂料的特性要求确定；面漆用于外构件，并结合建筑要求确定。建议按下表要求配套使用。

序号	底漆	面漆	除锈等级
1	一般铁红	油性漆、醇酸漆、酚醛漆、脂胶漆	st2
2	环氧铁红	醇酸漆、酚醛漆、脂胶漆、氧化橡胶漆	sa2
3	环氧富锌	醇酸漆、酚醛漆、氧化橡胶漆、环氧漆、聚氨酯漆	sa2
4	无机锌	环氧漆、聚氨酯漆	sa2.5

6. 耐火极限与防火涂料

钢柱采用的防火涂料，耐火极限不应小于3.0h。

钢梁和钢支撑采用的防火涂料，耐火极限不应小于2.0h和3.0h。

主要采用厚涂型防火材料，薄型防火材料的采用根据建筑具体要求确定，满足耐火极限的防火涂料厚度应能满足建筑装修厚度要求。采用的防火涂料应通过检验并得到消防部门认可。

八、钢结构的加工制作要求

1. 本设计图纸的技术要求系钢结构制作并安装完毕后的最终要求，不包括工艺余量及加工装偏差，制作安装时应采取必要的措施，使之符合《钢结构工程施工及验收规范》。
2. 所有钢构件制作以前，需足尺放样，核对无误后方可制作，禁止无合格证人员上岗操作。
3. 钢构件上的预留孔洞，应按设计图纸的尺寸、位置，在工厂制作并按设计要求进行补强。
4. 所用钢结构及连接材料必须具有材料力学(机械)性能化学成分合格证明。
5. 钢构件出厂时，厂方应提交产品合格证明，包含：变更施工图的文件、钢材以及涂装材料质量证明书和试验报告、梁柱制作质量检查验收记录、预拼装记录、构件及零配件发运清单等。
6. 钢构件在出厂前不需要涂装的部位：与混凝土接贴或埋入部的钢构件、高强度螺栓连接点的摩擦面、柱脚锚固螺栓与柱脚底板、工地焊接部位及两侧各100mm，且满足超声波探伤要求的范围。
7. 钢构件安装后需补漆的部位：接合部的外露部位和紧固件、工地焊接区域及油漆缺陷部位。
8. 钢构件涂装防锈的要求：当采用厚形防火涂料时，构件表面除锈后，涂两遍防锈底漆，拟采用无机富锌底漆，干膜总厚度为75μm；当采用薄形防火涂料时，构件表面除锈后，涂两遍防锈底漆，拟采用无机富锌底漆，为增强防腐能力，干膜总厚度125μm以上，然后在其表面刷相应的防火涂料。

九、钢结构的运输

钢结构施工图总是按构件的运输安装单元绘制，因此，合理地划分构件运输单元，使构件在运输和安装时既方便又充分发挥运输、安装设备能力，以达到经济合理的目的。

1. 铁路运输时，外形尺寸一般不许超过以下尺寸：

中心限高：4800；宽度限宽：3400；车厢底板面距轨顶面：1250。

2. 公路运输时，其装载运输限高为：

公路与公路桥或管道交叉时：4500；公路与铁路桥交叉时：5000；

公路与低压力线交叉时：6000；公路桥之桥面上的最小净空：5000。

十、钢结构安装要求

1. 钢结构安装施工时，应设置可靠的支护体系。
2. 钢构件在运输、吊装过程中，应采取可靠的措施，防止出现变形、失稳和坠落。不允许在受力状态的构件上加焊零件。
3. 钢结构的安装必须按施工组织设计进行，先安装柱和梁并使之保持稳定，再逐次组装其他构件，最终固定并必须保证结构的稳定，不得强行安装导致结构或构件永久塑性变形。
4. 钢结构单元及逐次安装过程中，应及时调整消除累计偏差，使总安装偏差最小以符合设计要求。任何安装孔均不得随意割扩，不得更改螺栓直径。
5. 钢柱安装前，应对全部柱基位置、标高、轴线、地脚锚栓位置、伸出长度等进行检查并验证合格。
6. 未注明定位的柱、梁均为轴线居中。
7. 柱子在安装完毕后必须将锚栓垫板与柱底板焊牢，锚栓垫板及螺母必须进行点焊，点焊时不得损伤锚栓母材。

十一、钢结构设计图例

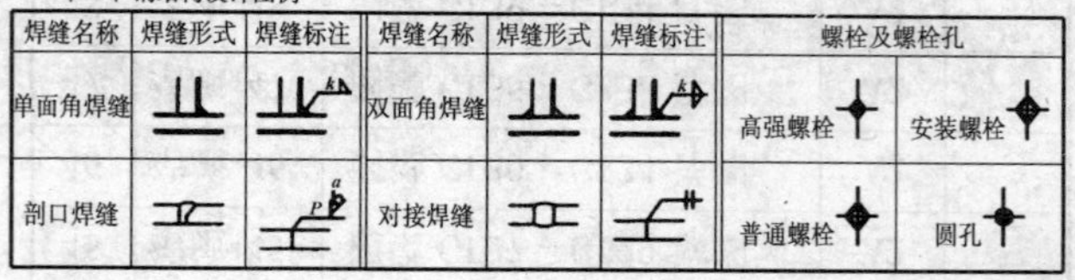
焊缝名称
焊缝形式
焊缝标注
焊缝名称
焊缝形式
焊缝标注
螺栓及螺栓孔
单面角焊缝
双面角焊缝
高强螺栓
安装螺栓
剖口焊缝
对接焊缝
普通螺栓
圆孔

十二、常用构件代号表

构件名称	代号	构件名称	代号	构件名称	代号
基础	JC	地拉梁	DLL	混凝土框架柱	KZ
混凝土框架梁	KL	普通混凝土梁	LL	普通混凝土过梁	GL
钢柱	GZ	钢梁	GL	刚架	GJ
屋面檩条	WLT	水平支撑	SC	柱间支撑	ZC
屋面隅撑	WYC	屋面拉杆	WLG	屋面斜拉杆	WXL
屋面撑杆	WCG	墙架梁	QL	墙架拉条	QTL
墙架斜拉条	QXL	墙架撑杆	QCG	墙架隅撑	QYC
墙架柱	QZ	抗风柱	KFZ	牛腿	NT

十三、其他

1. 当总说明与施工详图中的说明或标注有矛盾时应以施工详图为准。
2. 材料表中的构件尺寸、重量等仅供参考，加工时一律以放样为准。
3. 本工程设计图面表示方法为正面投影法。
4. 本工程尺寸单位：标高以米计，其余均以毫米计。

某建筑工程设计有限公司					设计号	例3
工程号		设计		工程名称	某开发区	设计阶段	施工图
审定		制图		项目	钢框架宾馆	专业	结构
工程主持人		校对		结构设计总说明		图号	结施-1
专业负责人		审核				日期	

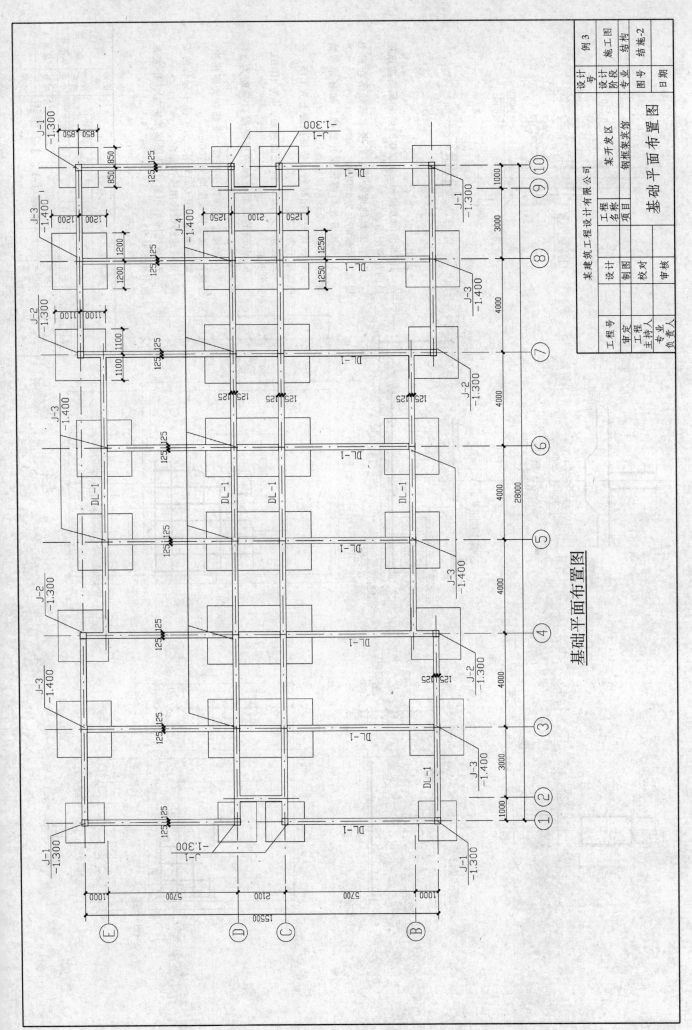

基础平面布置图

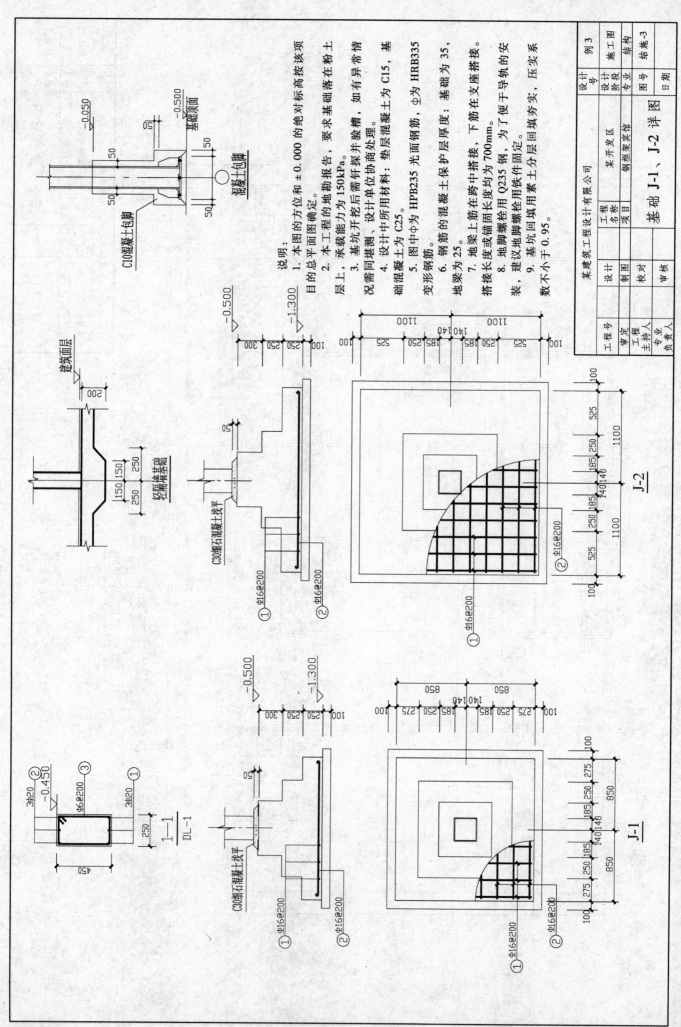

说明：
1. 本图的方位和±0.000 的绝对标高按该项目的总平面图确定。
2. 本工程的地勘报告，要求基础落在粉土层上，承载能力为150kPa。
3. 基坑开挖后尚需钎探并验槽，如有异常情况需同堪测、设计单位协商处理。
4. 设计中所用材料：垫层混凝土为C15，基础混凝土为C25。
5. 图中Φ为HPB235 光面钢筋，Φ为HRB335 变形钢筋。
6. 钢筋的混凝土保护层厚度：基础为35，地梁为25。
7. 地梁上筋在跨中搭接，下筋在支座搭接。搭接长度或锚固长度均为700mm。
8. 地脚螺栓用Q235 钢，为了便于导轨的安装，建议地脚螺栓用软件件固定。
9. 基坑回填用素土分层回填夯实，压实系数不小于0.95。

混凝土包脚

C10混凝土包脚

建筑面层

轻质隔墙基础

C30细石混凝土找平

J-2

J-1

1—1
DL-1

<table>
<tr><td>某建筑工程设计有限公司</td><td></td><td>设计号</td><td>例 3</td></tr>
<tr><td rowspan="2">工程名称</td><td rowspan="2">某开发区</td><td>设计阶段</td><td>施工图</td></tr>
<tr><td>专业</td><td>结构</td></tr>
<tr><td rowspan="2">项目</td><td rowspan="2">钢框架宾馆</td><td>图号</td><td>结施-3</td></tr>
<tr><td>日期</td><td></td></tr>
<tr><td colspan="2" rowspan="4">基础 J-1、J-2 详图</td><td>设计</td><td></td></tr>
<tr><td>制图</td><td></td></tr>
<tr><td>校对</td><td></td></tr>
<tr><td>审核</td><td></td></tr>
<tr><td>工程号</td><td></td><td></td><td></td></tr>
<tr><td>审定</td><td></td><td>工程</td><td></td></tr>
<tr><td>主持人</td><td></td><td>专业</td><td></td></tr>
<tr><td>负责人</td><td></td><td></td><td></td></tr>
</table>

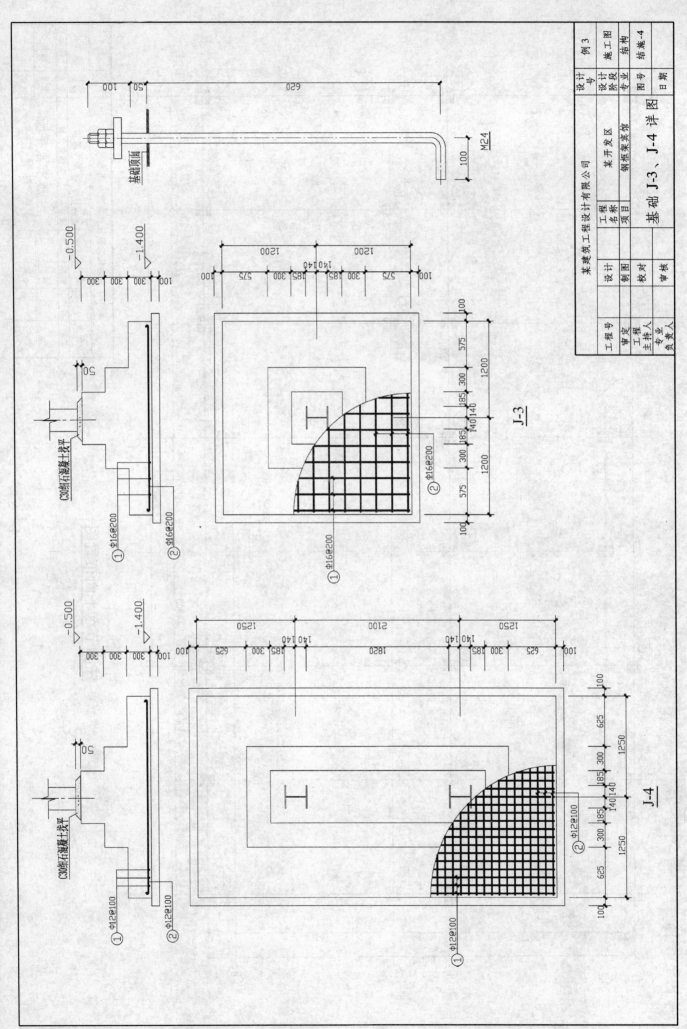

基础 J-3、J-4 详图

J-3

J-4

M24

基础顶面

C30细石混凝土找平

某建筑工程设计有限公司

工程号			工程名称	某开发区	设计号	例 3
审定					设计阶段	施工图
工程主持人			项目名称	钢框架案宾馆	专业	结构
专业负责人					图号	结施-4
设计		校对		基础 J-3、J-4 详图	日期	
制图		审核				

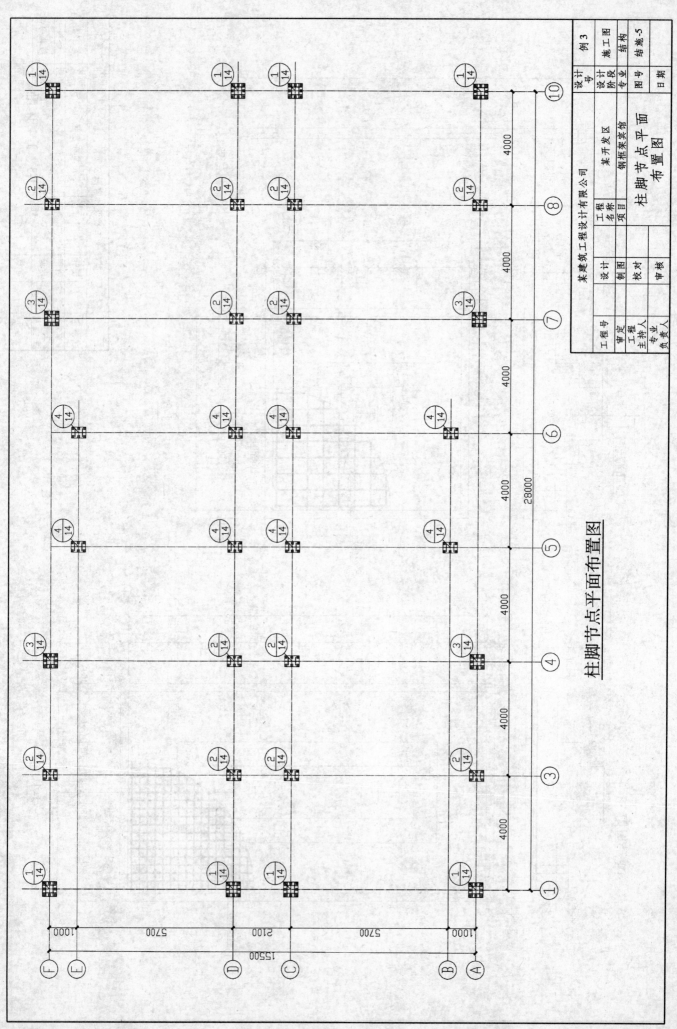

柱脚节点平面布置图

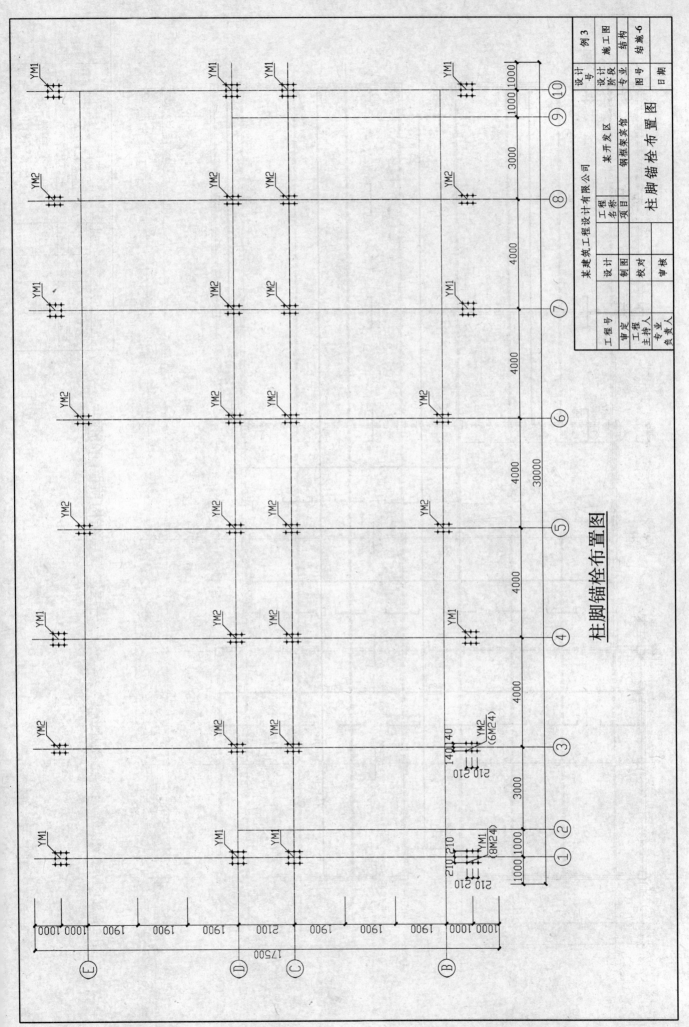

柱脚锚栓布置图

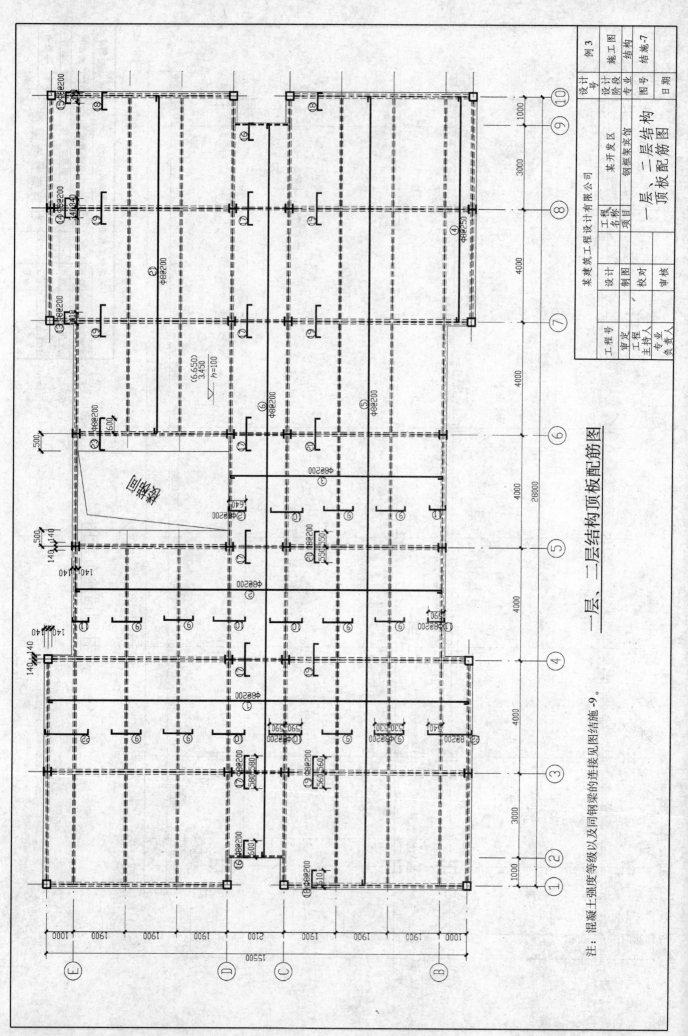

一层、二层结构顶板配筋图

注：混凝土强度等级以及同钢梁的连接见图结施-9。

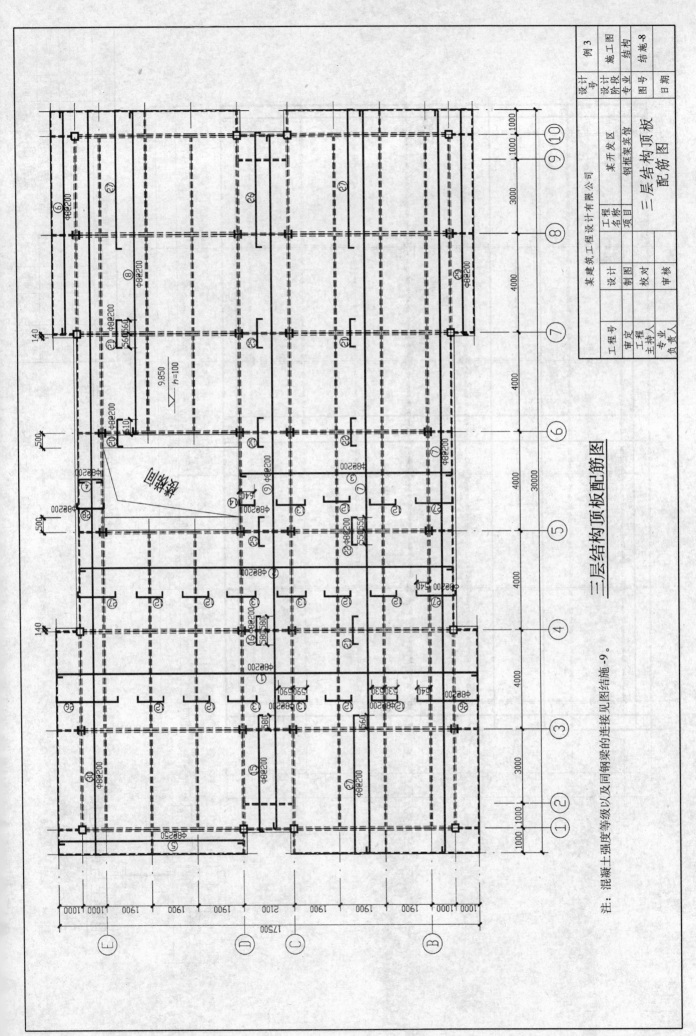

三层结构顶板配筋图

注：混凝土强度等级以及同钢梁的连接见图结施-9。

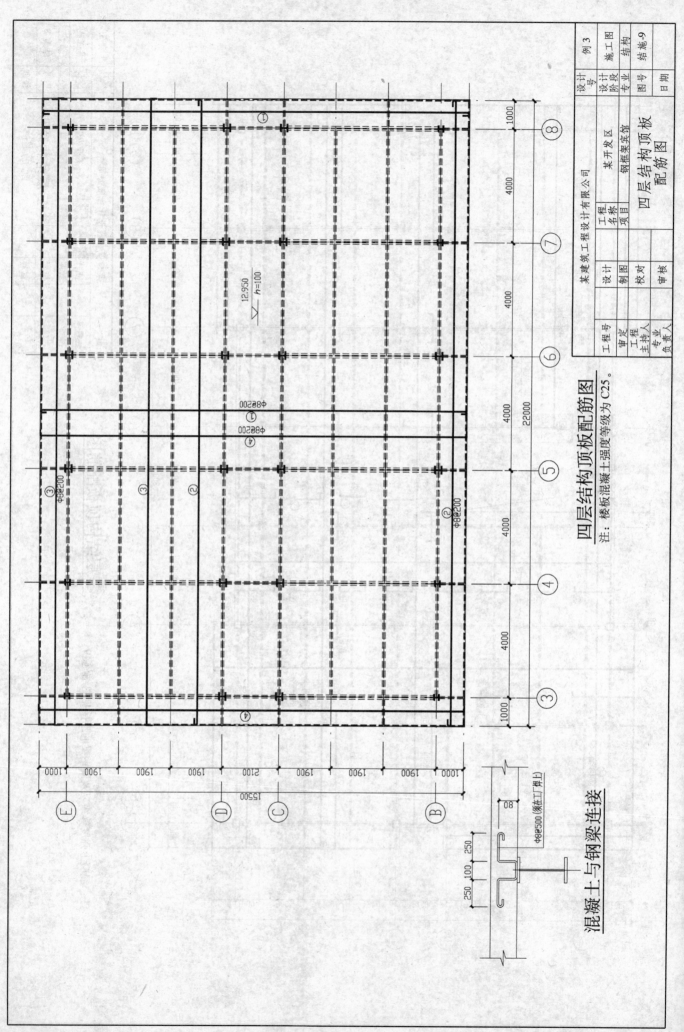

四层结构顶板配筋图

注：楼板混凝土强度等级为 C25。

混凝土与钢梁连接

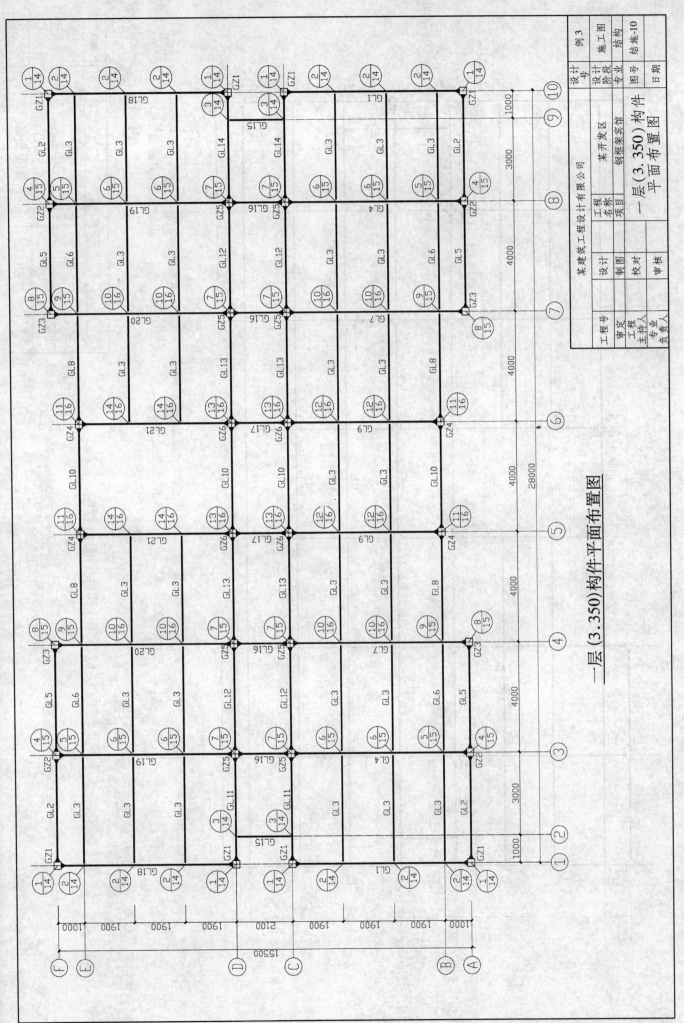

一层（3.350）构件平面布置图

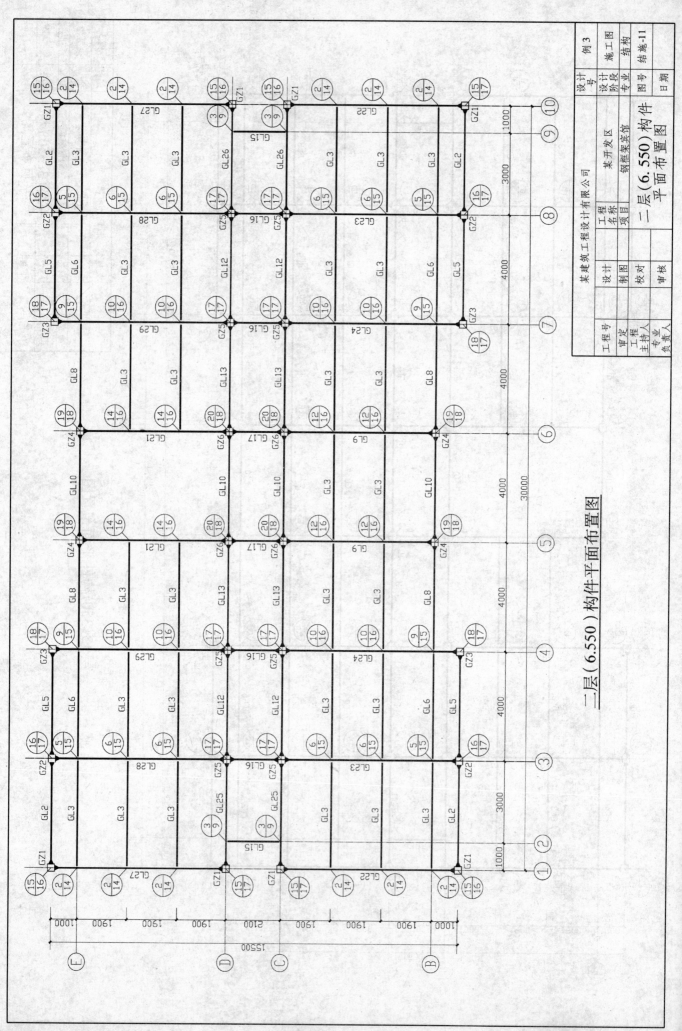

二层（6.550）构件平面布置图

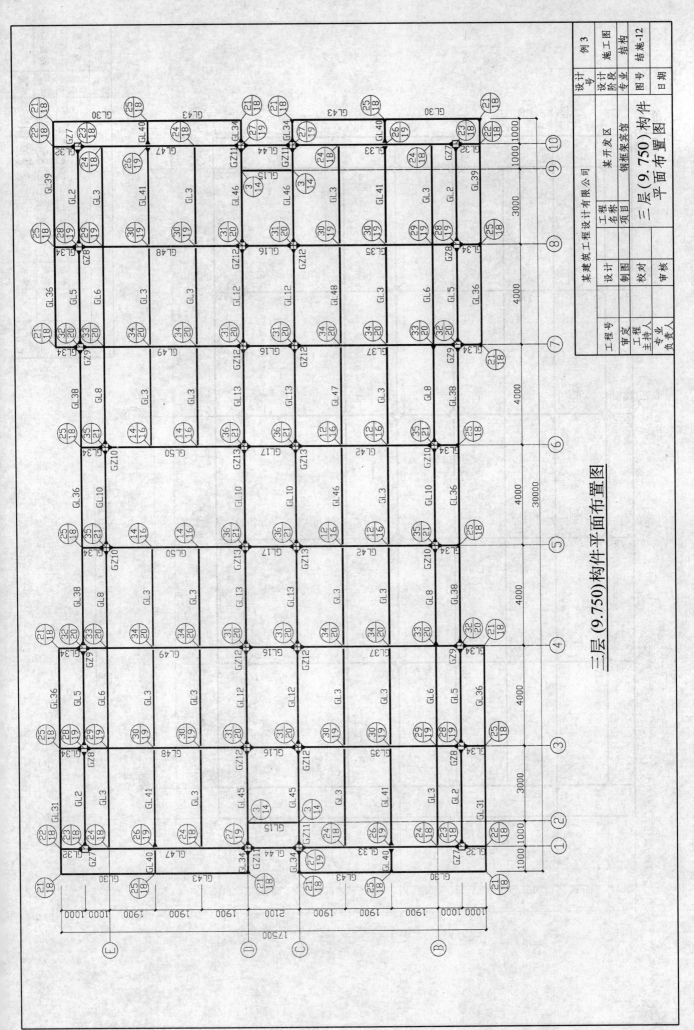

三层（9.750）构件平面布置图

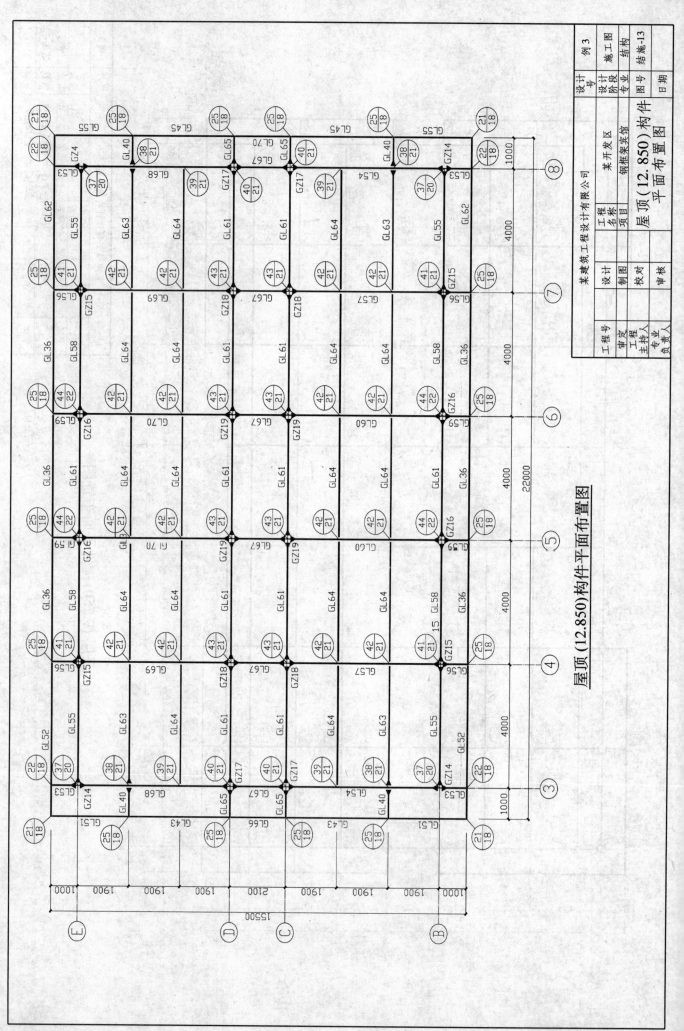

屋顶（12.850）构件平面布置图

构 件 表

标号	名称	图号	数量	单重 (重量/kg)	总重 (重量/kg)	连接方法
GZ1	框架柱	结施-23	8	763.0	6103.7	焊接
GZ2	框架柱	结施-24	4	758.6	3034.5	焊接
GZ3	框架柱	结施-25	4	775.5	3102.0	焊接
GZ4	框架柱	结施-26	4	713.1	2852.5	焊接
GZ5	框架柱	结施-27	8	762.1	6097.2	焊接
GZ6	框架柱	结施-28	4	716.6	2866.6	焊接
GZ7	框架柱	结施-29	4	224.4	897.7	焊接
GZ8	框架柱	结施-29	4	232.7	930.6	焊接
GZ9	框架柱	结施-29	4	227.1	908.5	焊接
GZ10	框架柱	结施-30	4	231.6	926.3	焊接
GZ11	框架柱	结施-30	4	226.2	904.8	焊接
GZ12	框架柱	结施-31	8	252.2	2021.7	焊接
GZ13	框架柱	结施-32	4	233.4	933.5	焊接
GZ14	框架柱	结施-32	4	117.2	468.8	焊接
GZ15	框架柱	结施-33	4	133.8	535.1	焊接
GZ16	框架柱	结施-33	4	168.5	674.0	焊接
GZ17	框架柱	结施-34	4	151.5	605.9	焊接
GZ18	框架柱	结施-34	4	170.3	681.1	焊接
GZ19	框架柱	结施-36	4	170.3	681.1	焊接
合计			88		35225	

钢材订货表

序号	规格	重量/t	材质	备注
1	箱 280×280×10×10	10.38	Q235	
2	H280×280×8×12	14.04	Q235	
3	H300×150×8×16	8.11	Q235	
4	H200×120×6×10	10.49	Q235	
5	H200×100×6×8	12.20	Q235	
6	H350×175×8×16	10.28	Q235	
7	H120×80×4×6	0.14	Q235	
8	H120×60×4×6	1.50	Q235	
9	H150×80×6×8	0.72	Q235	
10	H180×180×6×8	0.75	Q235	
11	H240×240×6×8	2.02	Q235	
12	H300×150×6×12	2.82	Q235	
13	合计: 73.45t			

建筑面积: 1821m²　　用钢指标: 40.4kg/m

某建筑工程设计有限公司

工程名称	某开发区
项目名称	钢框架宾馆

审定		设计	
审定工程主持人		制图	
工程负责人		校对	
		审核	

构件表、钢材订货表

设计号	例 3
设计阶段	施工图
专业	结构
图号	结施-14
日期	

构 件 表

标号	名称	图号	数量	单重 (重量/kg)	总重 (重量/kg)	连接方法
GL37	框架梁	结施-46	2	416.9	833.7	焊接
GL38	框架梁	结施-46	4	34.8	139.3	焊接
GL39	框架梁	结施-47	2	45.5	90.9	焊接
GL40	框架梁	结施-47	8	15.6	125.0	焊接
GL41	框架梁	结施-47	4	81.6	326.2	焊接
GL42	框架梁	结施-47	12	301.0	602.1	焊接
GL43	框架梁	结施-47	8	34.3	274.5	焊接
GL44	框架梁	结施-47	2	40.0	80.1	焊接
GL45	框架梁	结施-48	2	90.3	180.9	焊接
GL46	框架梁	结施-48	2	90.5	181.0	焊接
GL47	框架梁	结施-48	2	353.9	707.8	焊接
GL48	框架梁	结施-49	2	416.9	833.7	焊接
GL49	框架梁	结施-49	2	416.9	833.7	焊接
GL50	框架梁	结施-49	2	300.1	600.2	焊接
GL51	框架梁	结施-50	4	26.2	104.7	焊接
GL52	框架梁	结施-50	2	45.5	90.9	焊接
GL53	框架梁	结施-50	4	16.5	66.1	焊接
GL54	框架梁	结施-50	2	228.8	457.7	焊接
GL55	框架梁	结施-50	4	68.5	273.9	焊接
GL56	框架梁	结施-51	4	17.0	68.2	焊接
GL57	框架梁	结施-51	2	232.1	464.2	焊接
GL58	框架梁	结施-51	4	67.8	271.3	焊接
GL59	框架梁	结施-51	4	16.6	66.2	焊接
GL60	框架梁	结施-51	2	230.9	461.7	焊接
GL61	框架梁	结施-52	12	67.2	806.4	焊接
GL62	框架梁	结施-52	2	45.5	90.9	焊接
GL63	框架梁	结施-52	4	81.8	327.2	焊接
GL64	框架梁	结施-52	16	81.9	1309.8	焊接
GL65	框架梁	结施-52	4	14.8	59.2	焊接
GL66	框架梁	结施-52	2	18.9	37.9	焊接
GL67	框架梁	结施-52	6	41.0	246.0	焊接
GL68	框架梁	结施-53	2	228.8	457.7	焊接
GL69	框架梁	结施-53	2	232.1	464.2	焊接
GL70	框架梁	结施-53	2	230.9	461.7	焊接
合计			404		42970	

构 件 表

标号	名称	图号	数量	单重 (重量/kg)	总重 (重量/kg)	连接方法
GL1	框架梁	结施-36	2	356.1	712.1	焊接
GL2	框架梁	结施-36	12	90.2	1082.3	焊接
GL3	框架梁	结施-36	86	81.6	7016.7	焊接
GL4	框架梁	结施-37	2	419.7	839.3	焊接
GL5	框架梁	结施-37	12	91.1	1092.9	焊接
GL6	框架梁	结施-37	12	104.5	1254.0	焊接
GL7	框架梁	结施-37	2	419.7	839.3	焊接
GL8	框架梁	结施-38	12	94.9	1139.3	焊接
GL9	框架梁	结施-38	4	300.3	1201.3	焊接
GL10	框架梁	结施-39	12	85.4	1024.7	焊接
GL11	框架梁	结施-39	2	90.2	180.4	焊接
GL12	框架梁	结施-39	12	77.2	926.3	焊接
GL13	框架梁	结施-39	12	81.3	975.5	焊接
GL14	框架梁	结施-40	2	90.2	180.4	焊接
GL15	框架梁	结施-40	6	22.9	137.3	焊接
GL16	框架梁	结施-40	12	41.7	500.9	焊接
GL17	框架梁	结施-40	6	40.0	240.3	焊接
GL18	框架梁	结施-41	2	356.1	712.1	焊接
GL19	框架梁	结施-41	2	419.7	839.3	焊接
GL20	框架梁	结施-41	2	419.7	839.3	焊接
GL21	框架梁	结施-42	4	299.4	1197.6	焊接
GL22	框架梁	结施-42	2	356.1	712.1	焊接
GL23	框架梁	结施-43	2	419.7	839.3	焊接
GL24	框架梁	结施-43	2	419.7	839.3	焊接
GL25	框架梁	结施-43	2	90.2	180.4	焊接
GL26	框架梁	结施-43	2	90.2	180.4	焊接
GL27	框架梁	结施-44	2	356.1	712.1	焊接
GL28	框架梁	结施-44	2	419.7	839.3	焊接
GL29	框架梁	结施-44	2	419.7	839.3	焊接
GL30	框架梁	结施-45	4	35.2	140.9	焊接
GL31	框架梁	结施-45	2	45.5	90.9	焊接
GL32	框架梁	结施-45	4	15.6	62.6	焊接
GL33	框架梁	结施-45	2	353.9	707.8	焊接
GL34	框架梁	结施-45	16	14.5	231.6	焊接
GL35	框架梁	结施-46	2	416.9	833.7	焊接
GL36	框架梁	结施-46	12	36.1	433.4	焊接

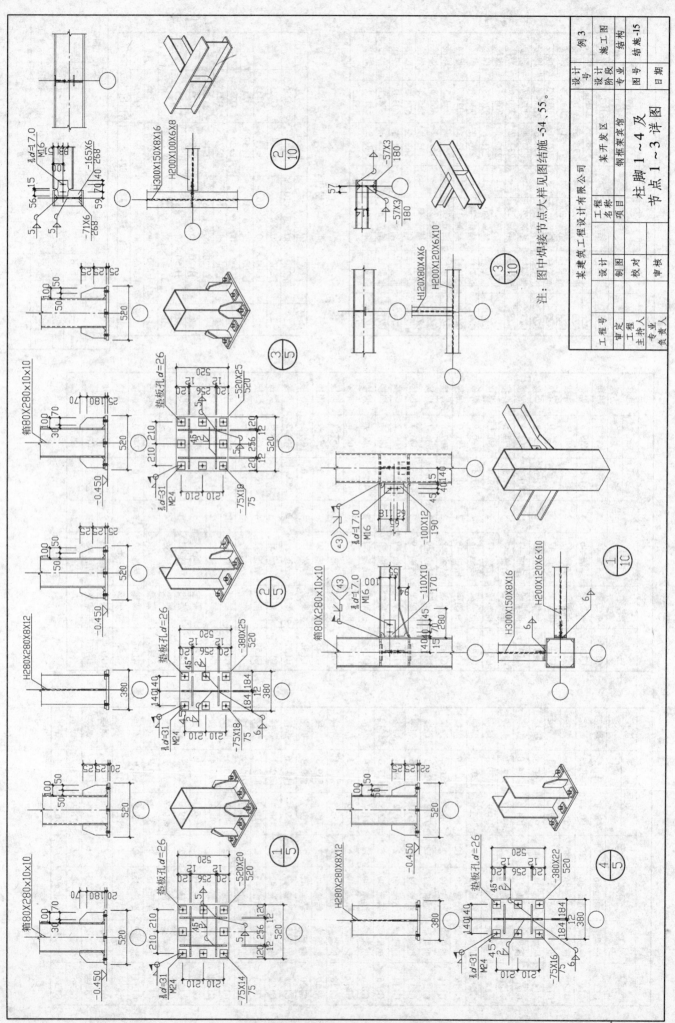

注：图中焊接节点大样见图结施 -54、55。

某建筑工程设计有限公司			
工程名称	某开发区	设计号	例 3
项目	钢框架支撑	设计阶段	施工图
		专业	结构
		图号	结施 -15
柱脚 1~4 及 节点 1~3 详图		日期	

工程号			
审定	工程		
工程主持人	专业		
	负责人		

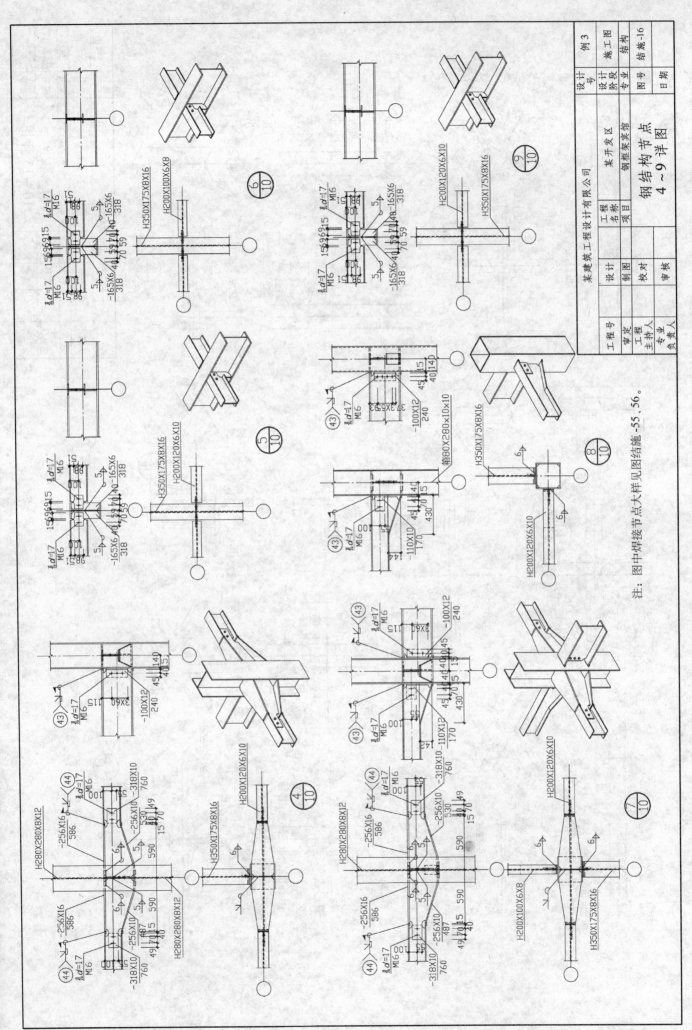

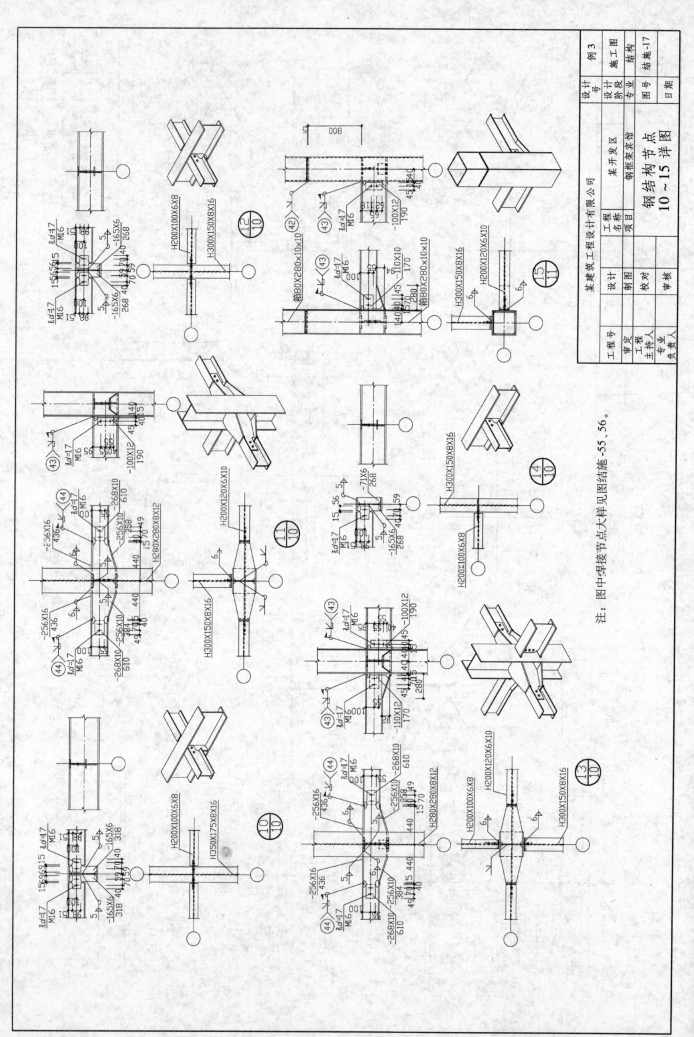

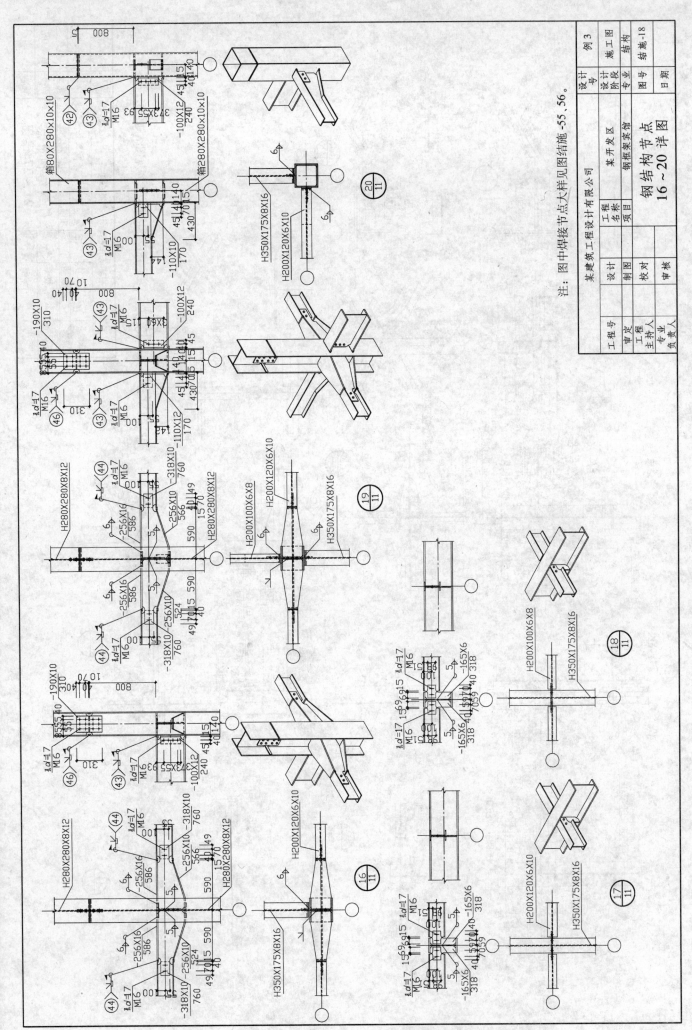

某建筑工程设计有限公司

工程名称	某开发区	设计号	例 3
项目	钢框架宾馆	设计阶段	施工图
		专业	结构
		图号	结施-18
		日期	

钢结构节点详图
16~20 详图

工程号			设计		审核	
审定		制图				
工程主持人		校对				
专业负责人						

注：图中焊接节点大样见图结施-55、56。

223

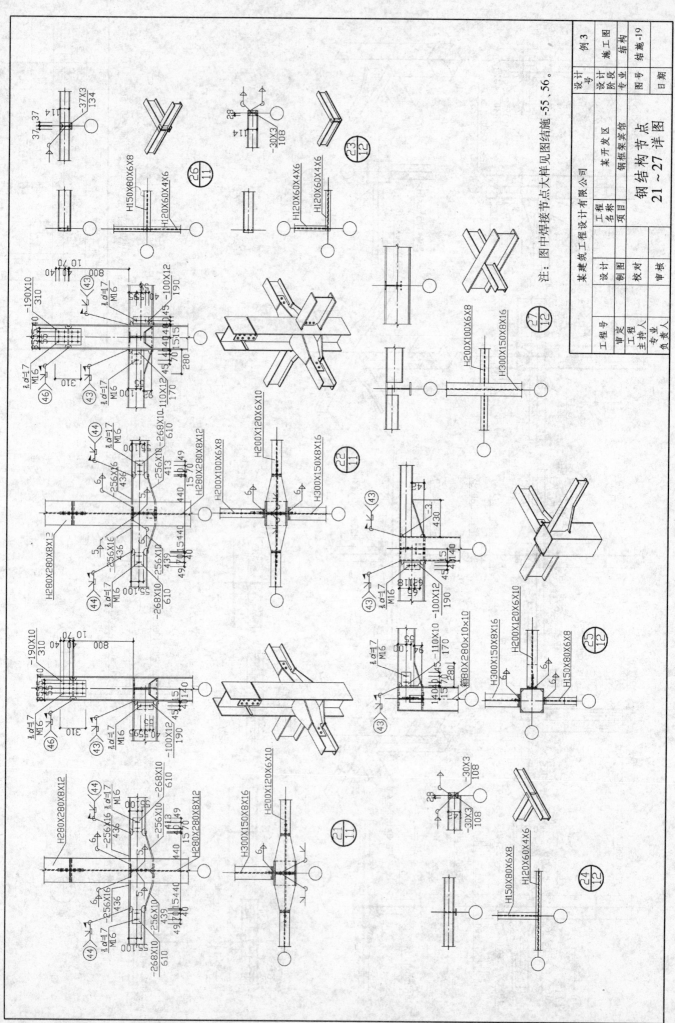

注：图中焊接节点大样见图结施-55、56。

某建筑工程设计有限公司		某开发区		设计号	例3	施工图
工程名称		钢框架案馆		设计阶段		结构
项目		钢框架案馆		专业		结构
				图号		结施-19

工程号		设计		制图		校对		审核
审定								
工程主持人								
专业负责人								

钢 结 构 节 点 详 图
21～27 详 图

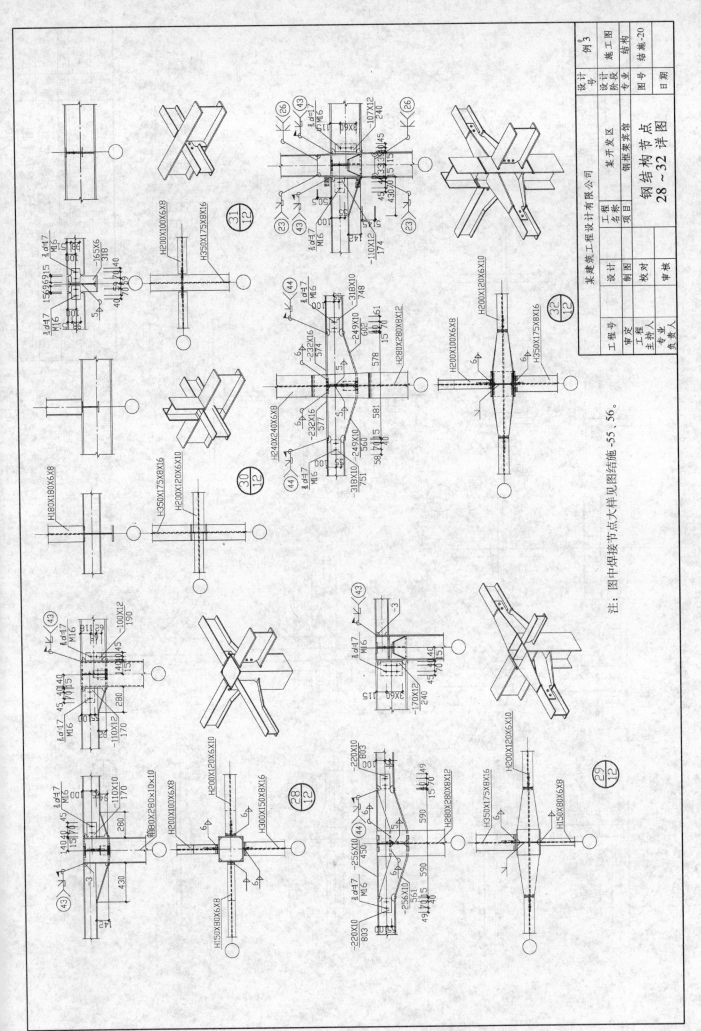

注：图中焊接节点大样见图结施-55、56。

225

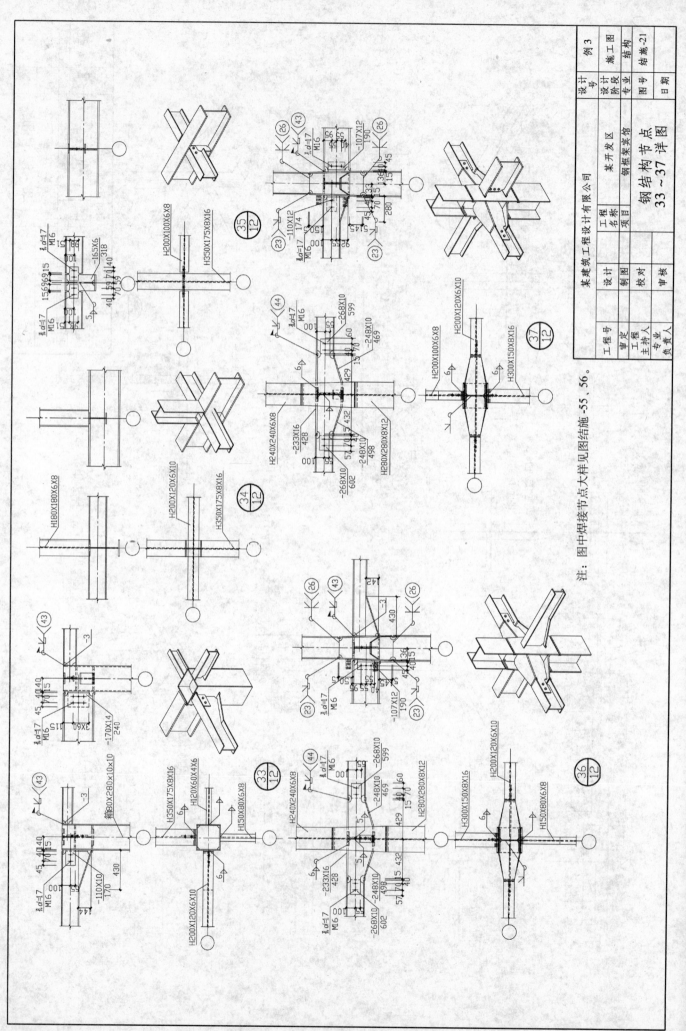

注：图中焊接节点大样见图结施-55、56。

某建筑工程设计有限公司	设计号	例3
	设计阶段	施工图
工程名称	某开发区	专业	结构
项目	钢框架案馆	图号	结施-21
钢结构节点详图 33~37		日期	
设计	制图		
校对	审核		
工程号	审定		
主持人	专业		
负责人			

226

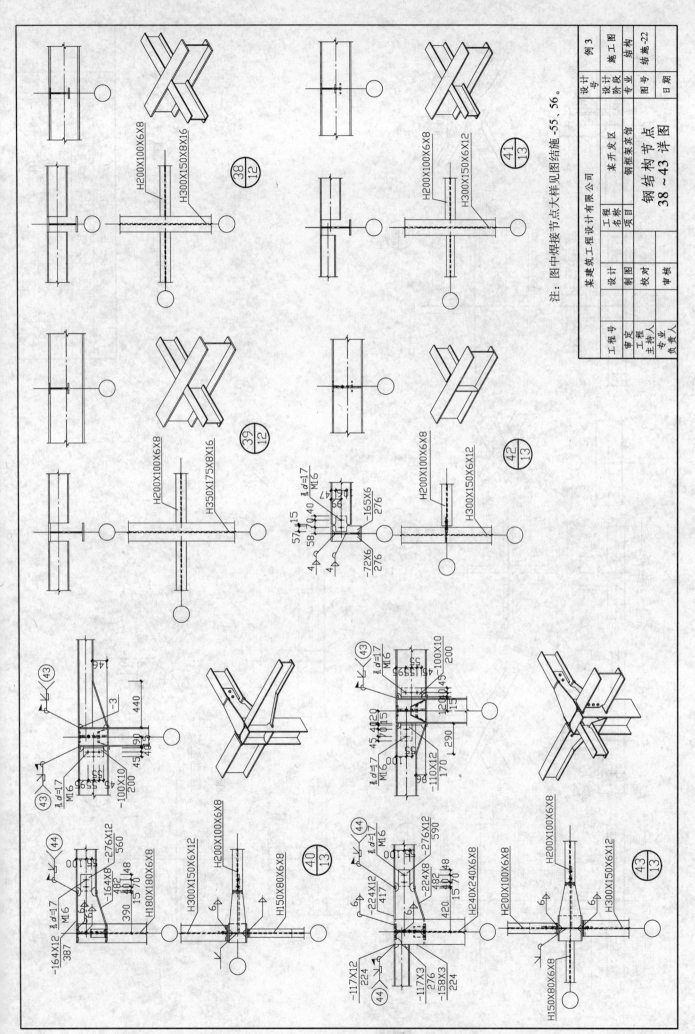

注：图中焊接节点大样见图结施-55、56。

某建筑工程设计有限公司				设计号		例3	
				设计阶段		施工图	
工程名称		某开发区		专业		结构	
项目名称		钢框架客馆		图号		结施-22	
		钢结构节点					
		38～43详图					
工程号			设计	制图			
审定			校对				
工程主持人			审核				
专业负责人			日期				

38/12 H200X100X6X8 H300X150X8X16

39/12 H200X100X6X8 H350X175X8X16

41/13 H200X100X6X8 H300X150X6X12

42/13 H200X100X6X8 H300X150X6X12

40/13 H300X150X6X12 H200X100X6X8 H150X80X6X8

43/13 H200X100X6X8 H300X150X6X12 H150X80X6X8

227

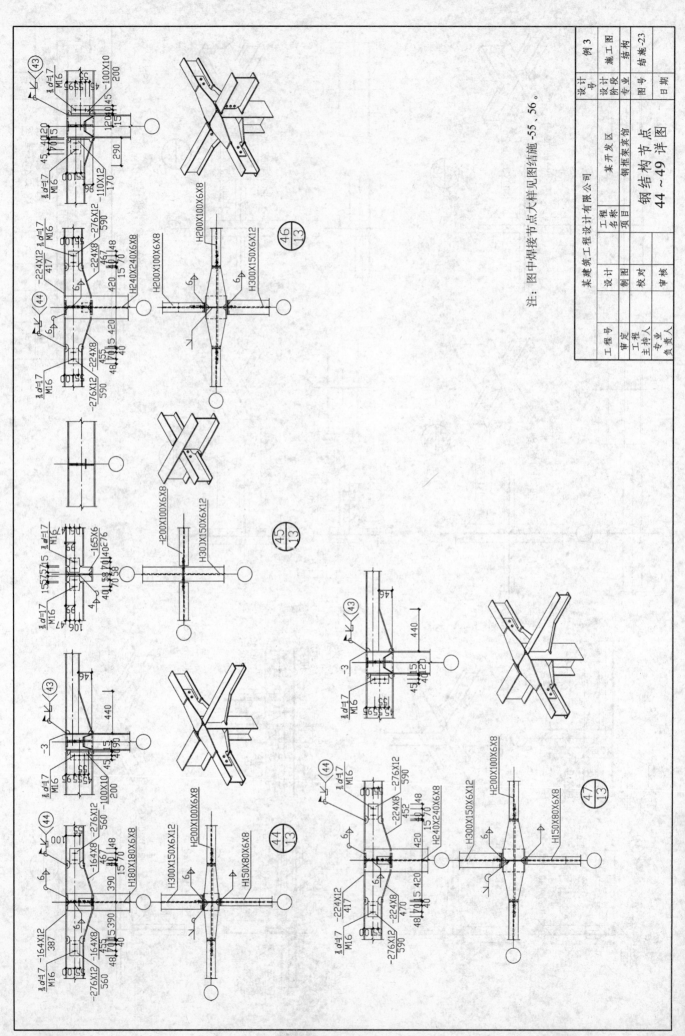

注: 图中焊接节点大样图见结施-55、56。

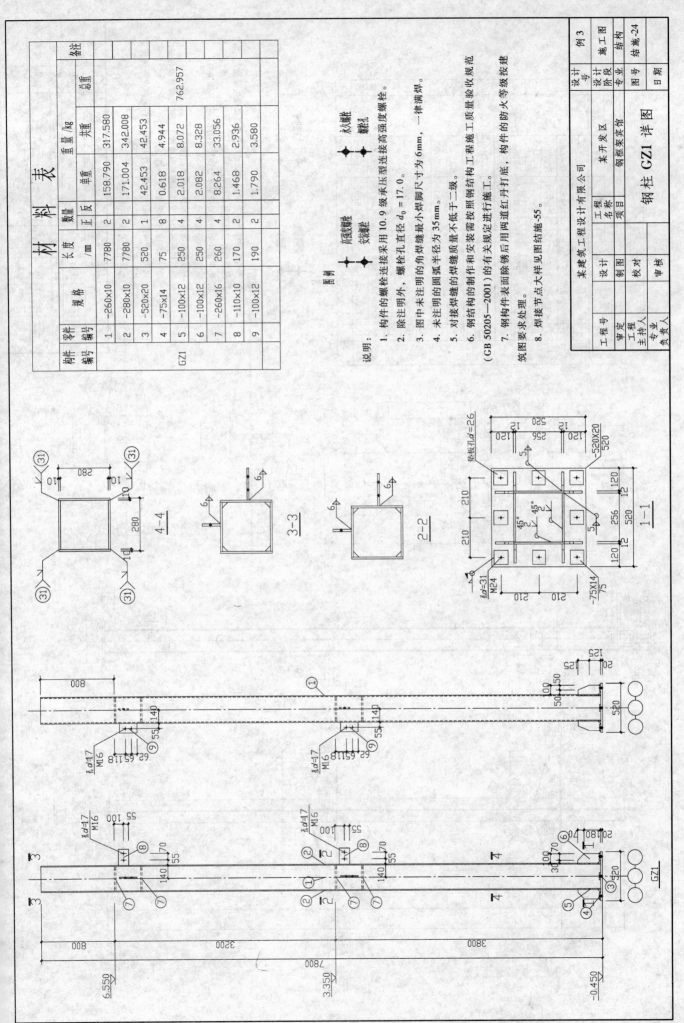

材 料 表

构件编号	零件编号	规格	长度/mm	数量 正反	重量/kg 单重	重量/kg 共重	总重	备注
GZ1	1	-260×10	7780	2	158.790	317.580		
	2	-280×10	7780	2	171.004	342.008		
	3	-520×20	520	1	42.453	42.453		
	4	-75×14	75	8	0.618	4.944		
	5	-100×12	250	4	2.018	8.072	762.957	
	6	-100×12	250	4	2.082	8.328		
	7	-260×16	260	4	8.264	33.056		
	8	-110×10	170	2	1.468	2.936		
	9	-100×12	190	2	1.790	3.580		

图例

永久螺栓　螺栓孔

高强度螺栓　安装螺栓

说明：

1. 构件的螺栓连接采用 10.9 级承压型连接高强度螺栓。

2. 除注明外，螺栓孔直径 $d_0 = 17.0$。

3. 图中未注明的角焊脚最小焊缝尺寸为 6mm，一律满焊。

4. 未注明的圆弧半径为 35mm。

5. 对接焊缝的焊缝质量不低于二级。

6. 钢结构的制作和安装需按照钢结构施工质量验收规范（GB 50205—2001）的有关规定进行施工。

7. 钢构件表面除锈后用两道红丹打底，构件的防火等级按建筑图要求处理。

8. 焊接节点大样见图结施-55。

某建筑工程设计有限公司			工程名称	某开发区	设计号		例 3
工程号		审定	项目	钢框架宾馆	设计阶段		施工图
审定		工程主持人	设计		专业		结构
工程主持人		专业负责人	制图		图号		结施-24
专业负责人			校对		日期		
			审核				

钢柱 GZ1 详图

229

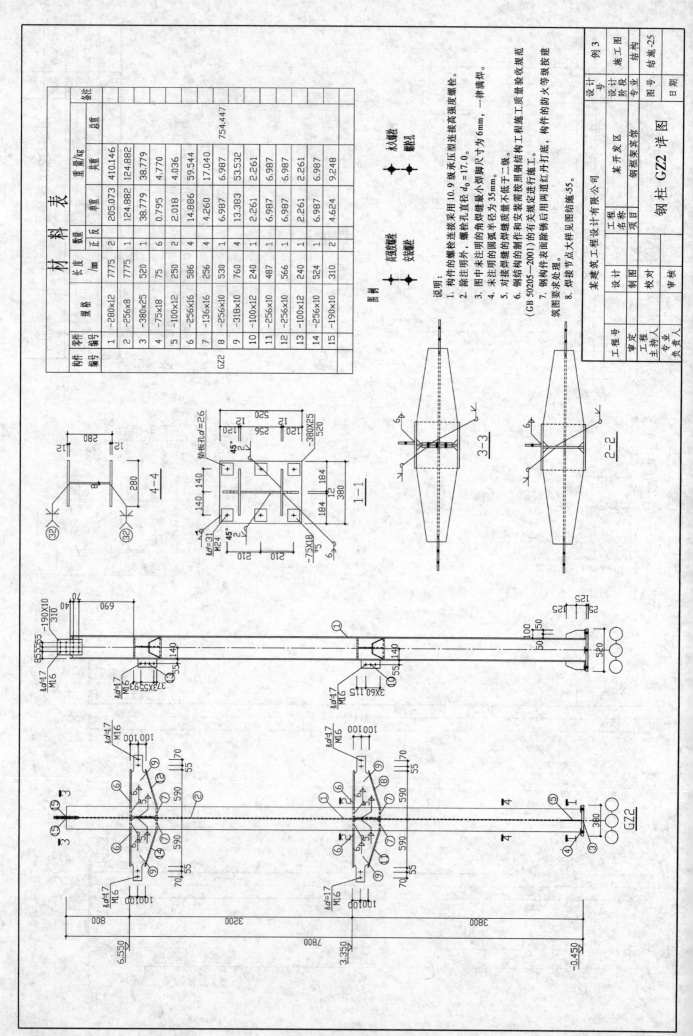

材料表

构件编号	零件编号	规格	长度/mm	数量 正 反	重量/kg 单重	重量/kg 共重	总重	备注
	1	-280x12	7775	2	205.073	410.146		
	2	-256x8	7775	1	124.882	124.882		
	3	-380x25	520	1	38.779	38.779		
	4	-75x18	75	6	0.795	4.770		
	5	-100x12	250	2	2.018	4.036		
	6	-256x16	586	4	14.886	59.544		
	7	-136x16	256	4	4.260	17.040		
GZ2	8	-256x10	530	1	13.383	53.532	754.447	
	9	-318x10	760	4	13.383	53.532		
	10	-100x12	240	1	2.261	2.261		
	11	-256x10	487	1	6.987	6.987		
	12	-256x10	566	1	6.987	6.987		
	13	-100x12	240	1	2.261	2.261		
	14	-256x10	524	1	6.987	6.987		
	15	-190x10	310	2	4.624	9.248		

图例

补焊孔

螺栓孔

高强螺栓

安装焊

说明:

1. 构件的螺栓连接采用10.9级承压型连接高强度螺栓。
2. 除注明外,螺栓孔直径 $d_0 = 17.0$。
3. 图中未注明的角焊缝最小焊脚尺寸为6mm,一律满焊。
4. 未注明的圆弧半径为35mm。
5. 对接焊缝的焊缝质量不低于二级。
6. 钢结构的制作和安装需按照钢结构工程施工质量验收规范 (GB 50205—2001) 的有关规定进行施工。
7. 钢构件表面除锈后用两道红丹打底,构件的防火等级按建筑图要求处理。
8. 焊接节点大样见图结施-55。

某建筑工程设计有限公司		钢柱 GZ2 详图		
工程名称	某开发区			
项目	钢框架宾馆			
设计		工程号		
制图		审定		
校对		工程主持人		
审核		专业负责人		

设计号: 例 3
设计阶段: 施工图
专业: 结构
图号: 结施-25
日期:

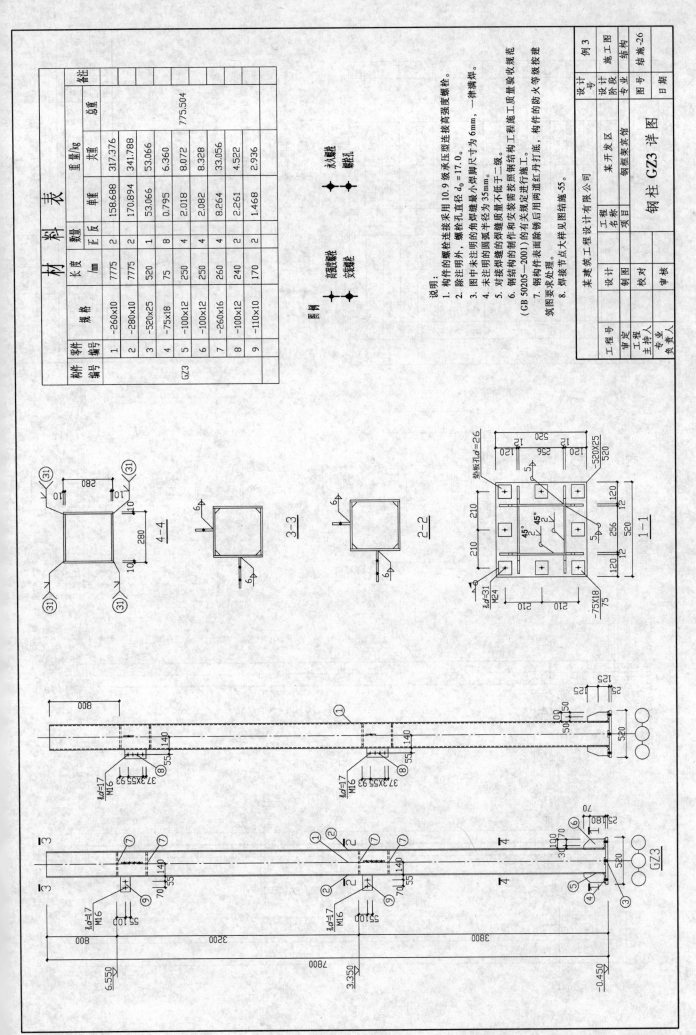

材料表

构件编号	零件编号	规格	长度 l/mm	数量 正反	重量/kg 单重	重量/kg 共重	总重	备注
GZ3	1	-260×10	7775	2	158.688	317.376		
	2	-280×10	7775	2	170.894	341.788		
	3	-520×25	520	1	53.066	53.066		
	4	-75×18	75	8	0.795	6.360		
	5	-100×12	250	4	2.018	8.072	775.504	
	6	-100×12	250	4	2.082	8.328		
	7	-260×16	260	4	8.264	33.056		
	8	-100×12	240	2	2.261	4.522		
	9	-110×10	170	2	1.468	2.936		

图例

永久螺栓 ◆ ◆

螺栓孔 ◆ ◆

高强度螺栓 ◆ ◆

安装螺栓 ◆ ◆

说明：
1. 构件的螺栓连接采用10.9级承压型连接高强度螺栓。
2. 除注明外，螺栓孔直径 $d_o = 17.0$。
3. 图中未注明的角焊缝最小焊脚尺寸为6mm，一律满焊。
4. 未注明的圆弧半径为35mm。
5. 对接焊缝的焊缝质量不低于二级。
6. 钢结构的制作和安装需按照钢结构工程施工质量验收规范（GB 50205—2001）的有关规定进行施工。
7. 钢构件表面除锈后用两道红丹打底，构件的防火等级按建筑要求处理。
8. 焊接节点大样见图结施55。

某建筑工程设计有限公司				设计号		例3
工程名称		某开发区		设计阶段		施工图
项目		钢框架案馆		专业		结构
设计				图号		结施-26
制图				日期		
校对						
审核		钢柱 GZ3 详图				
工程号						
审定						
工程主持人						
专业负责人						

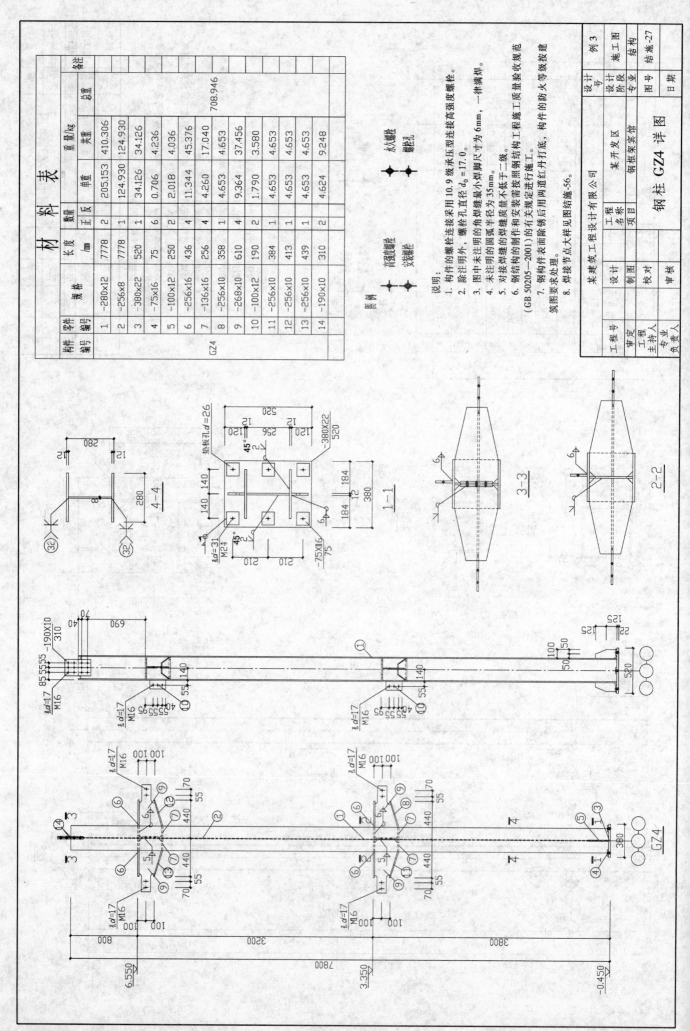

材料表

构件编号	零件编号	规格	长度/mm	数量 正反	重量/kg 单重	重量/kg 共重	备注
	1	-280×12	7778	2	205.153	410.306	
	2	-256×8	7778	1	124.930	124.930	
	3	-380×22	520	1	34.126	34.126	
	4	-75×16	75	6	0.706	4.236	
	5	-100×12	250	2	2.018	4.036	
	6	-256×16	436	4	11.344	45.376	
	7	-136×16	256	1	4.260	17.040	
	8	-256×10	358	1	4.653	4.653	
	9	-268×10	610	4	9.364	37.456	
	10	-100×12	190	2	1.790	3.580	
	11	-256×10	384	1	4.653	4.653	
	12	-256×10	413	1	4.653	4.653	
	13	-256×10	439	1	4.653	4.653	
	14	-190×10	310	2	4.624	9.248	
GZ4					总重	708.946	

图例: 高强螺栓　安装螺栓　永久螺栓　螺栓孔

说明:
1. 构件的螺栓连接采用10.9级承压型连接高强度螺栓。
2. 除注明外，螺栓孔直径 $d_0=17.0$。
3. 图中未注明的角焊缝最小焊脚尺寸为6mm，一律满焊。
4. 未注明的圆弧半径为35mm。
5. 对接焊缝的焊缝质量需按照钢结构施工质量验收规范
(GB 50205—2001)的有关规定进行施工。
6. 钢结构的制作和安装需按照有关规定图结施-56。
7. 钢构件表面除锈后用两道红丹打底，构件的防火等级按建
筑图要求处理。
8. 焊接节点大样见图结施-56。

某建筑工程设计有限公司

工程号		设计号	例3
审定		设计阶段	施工图
工程主持人		专业	结构
专业负责人		图号	结施-27

工程名称　某开发区
项目名称　钢框架案馆

设计
制图
校对
审核

钢柱 GZ4 详图

日期

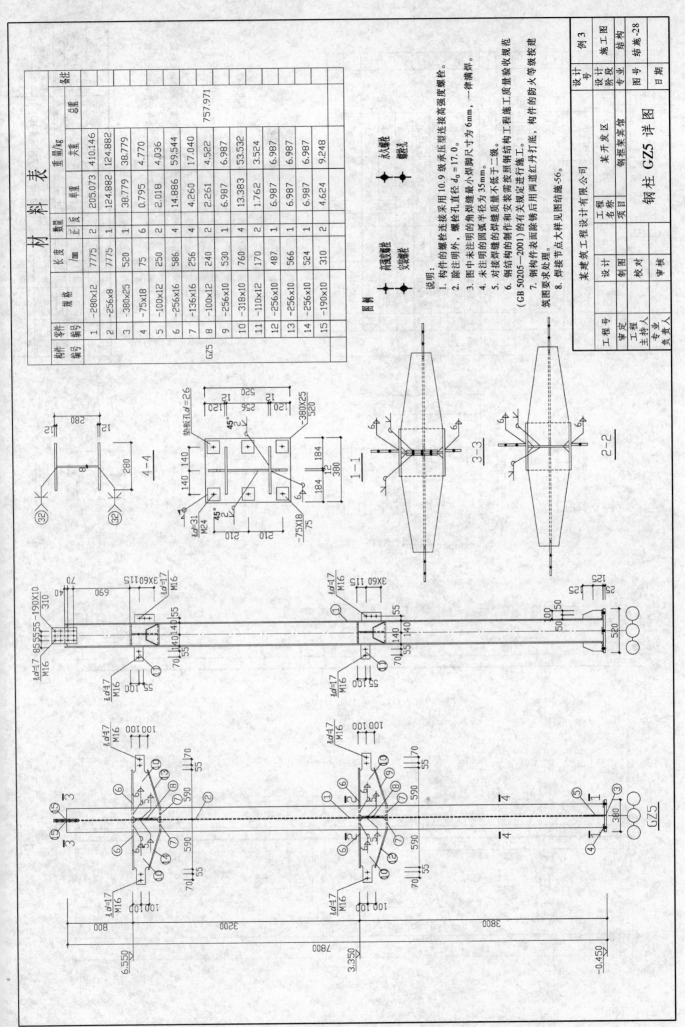

材 料 表

构件编号	零件编号	规格	长度 /mm	数量 正反	单重	重量/kg 共重	总重	备注
GZ5	1	-280×12	7775	2	205.073	410.146	757.971	
	2	-256×8	7775	1	124.882	124.882		
	3	-380×25	520	1	38.779	38.779		
	4	-75×18	75	6	0.795	4.770		
	5	-100×12	250	2	2.018	4.036		
	6	-256×16	586	4	14.886	59.544		
	7	-136×16	256	4	4.260	17.040		
	8	-100×12	240	2	2.261	4.522		
	9	-256×10	530	1	6.987	6.987		
	10	-318×10	760	4	13.383	53.532		
	11	-110×12	170	2	1.762	3.524		
	12	-256×10	487	1	6.987	6.987		
	13	-256×10	566	1	6.987	6.987		
	14	-256×10	524	1	6.987	6.987		
	15	-190×10	310	2	4.624	9.248		

图例

永久螺栓 ◆ 螺栓孔 ◆

高强螺栓 ◆ 安装螺栓 ◆

说明：

1. 构件的螺栓连接采用10.9级承压型连接高强度螺栓。
2. 除注明外，螺栓孔直径 d_0 为17.0。
3. 图中未注明的角焊缝最小焊脚尺寸为6mm，一律满焊。
4. 未注明的圆弧半径为35mm。
5. 对接焊缝的焊缝质量不低于二级。
6. 钢结构的制作和安装需按照钢结构工程施工质量验收规范 (GB 50205—2001) 的有关规定进行施工。
7. 钢构件表面除锈后用两道红丹打底，构件的防火等级按建筑图要求处理。
8. 焊接节点大样见图结施-56。

某建筑工程设计有限公司

工程名称	某开发区
项目	钢框架采暖

钢柱 GZ5 详图

工程号		设计号	例 3
审定		设计阶段	施工图
工程主持人		专业	结构
专业负责人		图号	结施-28
设计			
制图			
校对			
审核		日期	

GZ5

233

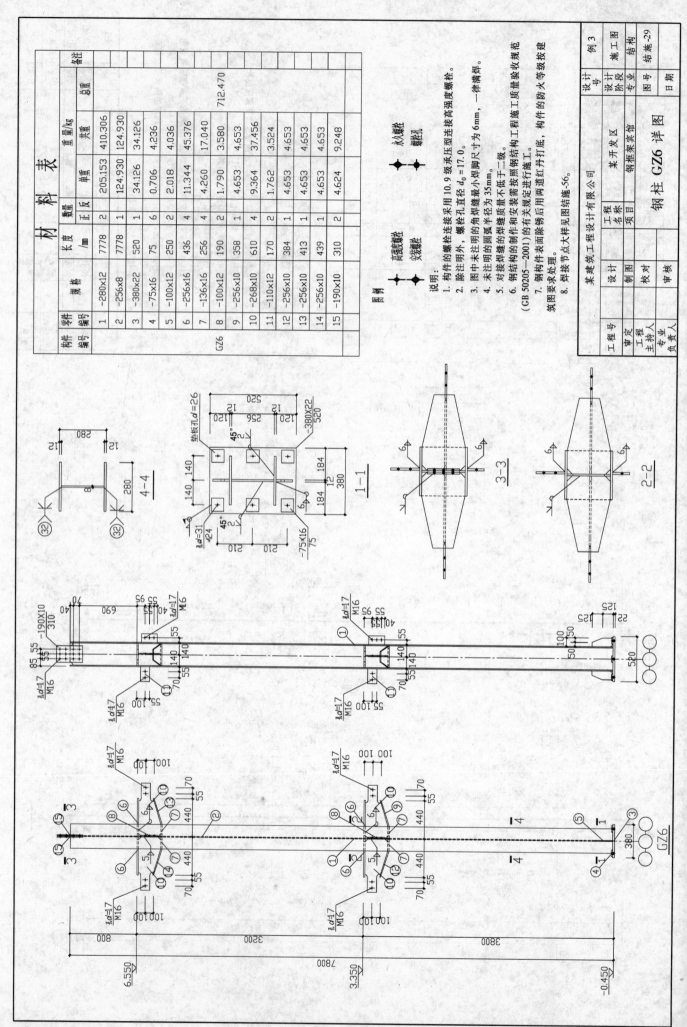

材 料 表

构件编号	零件编号	规格	长度 /mm	数量 正反	重量/kg 单重	共重	总重	备注
GZ6	1	-280x12	7778	2	205.153	410.306	712.470	
	2	-256x8	7778	1	124.930	124.930		
	3	-380x22	520	1	34.126	34.126		
	4	-75x16	75	6	0.706	4.236		
	5	-100x12	250	2	2.018	4.036		
	6	-256x16	436	4	11.344	45.376		
	7	-136x16	256	4	4.260	17.040		
	8	-100x12	190	2	1.790	3.580		
	9	-256x10	358	4	9.364	37.456		
	10	-268x8	610	2	1.762	3.524		
	11	-110x12	170	1	4.653	4.653		
	12	-256x10	384	1	4.653	4.653		
	13	-256x10	413	1	4.653	4.653		
	14	-256x10	439	1	4.653	4.653		
	15	-190x10	310	2	4.624	9.248		

图例

高强螺栓 ◆ 安装螺栓

◆ 补孔螺栓孔 ■ 镗孔

说明：

1. 构件的螺栓连接采用 10.9 级承压型连接高强度螺栓。
2. 除注明外，螺栓孔直径 d_o=17.0。
3. 图中未注明的角焊缝最小焊脚尺寸为 6mm，一律满焊。
4. 未注明的圆弧半径为 35mm。
5. 对接焊缝质量不低于一级。
6. 钢结构的制作和安装需按照钢结构工程施工质量验收规范 (GB 50205—2001) 的有关规定进行施工。
7. 钢构件表面除锈后用两道红丹打底，构件的防火等级按建筑防火图见图结施-56。
8. 焊接节点大样见图结施-56。

某建筑工程设计有限公司

工程号		某开发区	设计 例 3
工程名称		某框架宾馆	阶段 施工图
主持人	项目	钢框架某宾馆	专业 结构
专业	设计		图号 结施-29
负责人	制图		日期
审定	校对	钢柱 GZ6 详图	
审核	审核		

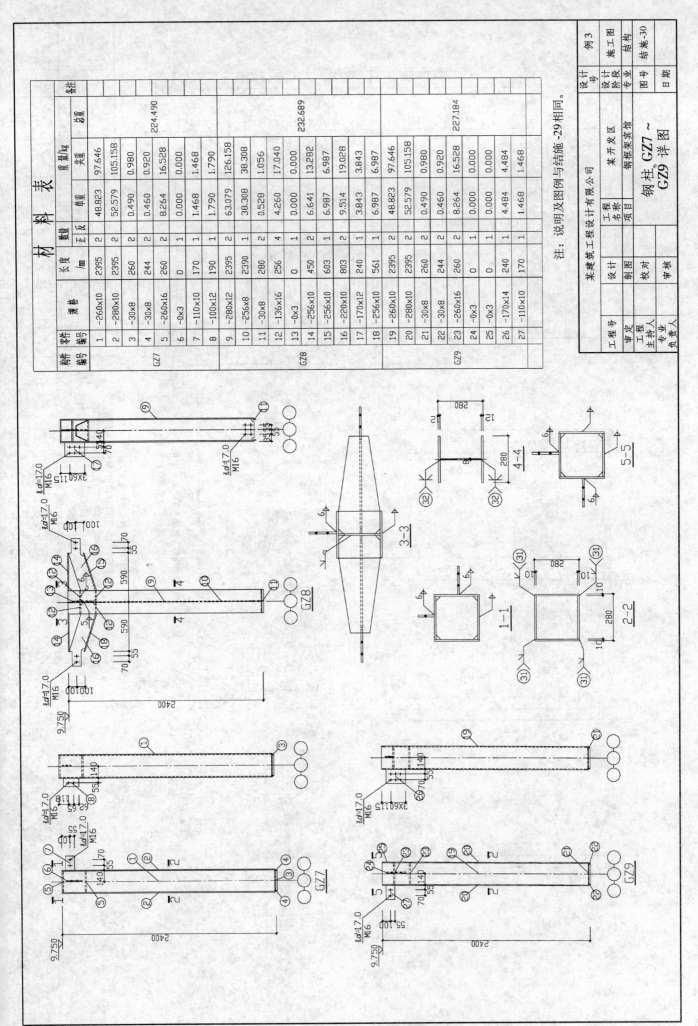

材 料 表

构件编号	零件编号	规格	长度/mm	数量 正反	重量/kg 单重	重量/kg 共重	总重	备注
GZ7	1	-260×10	2395	2	48.823	97.646		
	2	-280×10	2395	2	52.579	105.158		
	3	-30×8	260	2	0.490	0.980	224.490	
	4	-30×8	244	2	0.460	0.920		
	5	-260×16	260	2	8.264	16.528		
	6	-0×3	0	1	0.000	0.000		
	7	-110×10	170	1	1.468	1.468		
	8	-100×12	190	1	1.790	1.790		
GZ8	9	-280×12	2395	2	63.079	126.158		
	10	-256×8	2390	1	38.308	38.308		
	11	-30×8	280	2	0.528	1.056		
	12	-136×16	256	4	4.260	17.040	232.689	
	13	-0×3	0	1	0.000	0.000		
	14	-256×10	450	2	6.641	13.282		
	15	-256×10	603	1	6.987	6.987		
	16	-220×10	803	2	9.514	19.028		
	17	-170×12	240	1	3.843	3.843		
	18	-256×10	561	1	6.987	6.987		
GZ9	19	-260×10	2395	2	48.823	97.646		
	20	-280×10	2395	2	52.579	105.158		
	21	-30×8	260	2	0.490	0.980		
	22	-30×8	244	2	0.460	0.920		
	23	-260×16	260	2	8.264	16.528	227.184	
	24	-0×3	0	1	0.000	0.000		
	25	-0×3	0	1	0.000	0.000		
	26	-170×14	240	1	4.484	4.484		
	27	-110×10	170	1	1.468	1.468		

注：说明及图例与结施-29相同。

某建筑工程设计有限公司

| 工程名称 | 某开发区 |
| 项目 | 钢框架宾馆 |

钢柱 GZ7～GZ9 详图

例 3　施工图　结构　结施-30

235

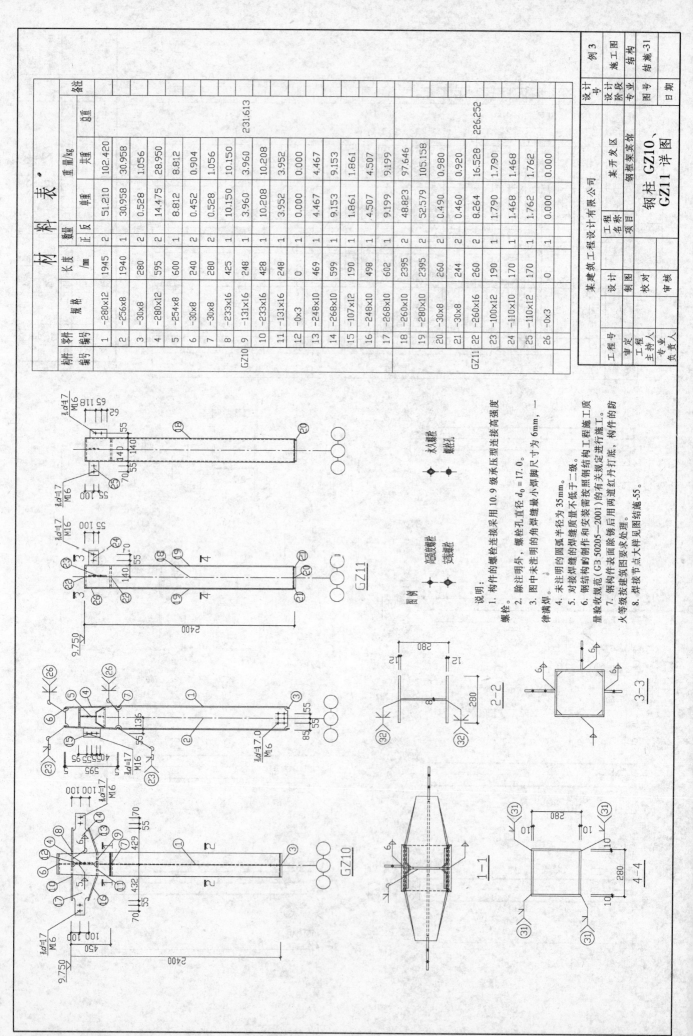

材 料 表

构件编号	零件编号	规格	长度/mm	数量 正反	重量/kg 单重	重量/kg 共重	重量/kg 总重	备注
GZ10	1	-280×12	1945	2	51.210	102.420		
	2	-256×8	1940	1	30.958	30.958		
	3	-30×8	280	2	0.528	1.056		
	4	-280×12	595	2	14.475	28.950		
	5	-254×8	600	1	8.812	8.812		
	6	-30×8	240	2	0.452	0.904		
	7	-30×8	280	2	0.528	1.056		
	8	-233×16	425	1	10.150	10.150	231.613	
	9	-131×16	248	1	3.960	3.960		
	10	-233×16	428	1	10.208	10.208		
	11	-131×16	248	1	3.952	3.952		
	12	-0×3	0	1	0.000	0.000		
	13	-248×10	469	1	4.467	4.467		
	14	-268×10	599	1	9.153	9.153		
	15	-107×12	190	1	1.861	1.861		
	16	-248×10	498	1	4.507	4.507		
	17	-268×10	602	1	9.199	9.199		
GZ11	18	-260×10	2395	2	48.823	97.646		
	19	-280×10	2395	2	52.579	105.158	226.252	
	20	-30×8	260	2	0.490	0.980		
	21	-30×8	244	2	0.460	0.920		
	22	-260×16	260	2	8.264	16.528		
	23	-100×12	190	1	1.790	1.790		
	24	-110×10	170	1	1.468	1.468		
	25	-110×12	170	1	1.762	1.762		
	26	-0×3	0	1	0.000	0.000		

GZ11

GZ10

图例：
永久螺栓　螺栓孔
高强度螺栓　安装螺栓

说明：
1. 构件的螺栓连接采用10.9级承压型连接高强度螺栓。
2. 除注明外，螺栓孔直径 $d_0=17.0$。
3. 图中未注明的角焊缝焊脚尺寸为6mm，一律满焊。
4. 未注明的圆弧半径为35mm。
5. 对接焊缝的焊缝质量不低于二级。
6. 钢结构的制作和安装需按照有关规定进行施工质量验收规范（GB 50205—2001）的有关规定进行施工。
7. 钢结构件表面除锈后用两道红丹打底，构件的防火等级按建筑要求见图结施-55。
8. 焊接节点大样见图结施-55。

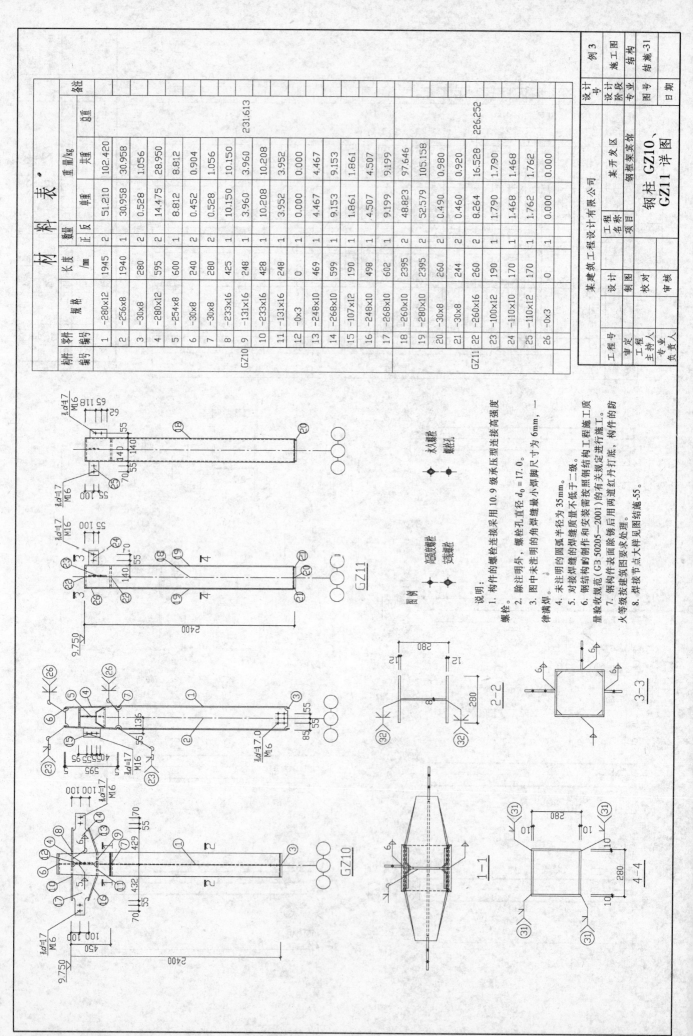

某建筑工程设计有限公司

工程名称	某开发区
项目	某框架某宾馆

钢柱 GZ10、GZ11 详图

设计		设计号	例 3
设计阶段			施工图
专业			结构
图号			结施-31
日期			

工程号	审定		主持人		负责人
设计	制图	校对	审核		

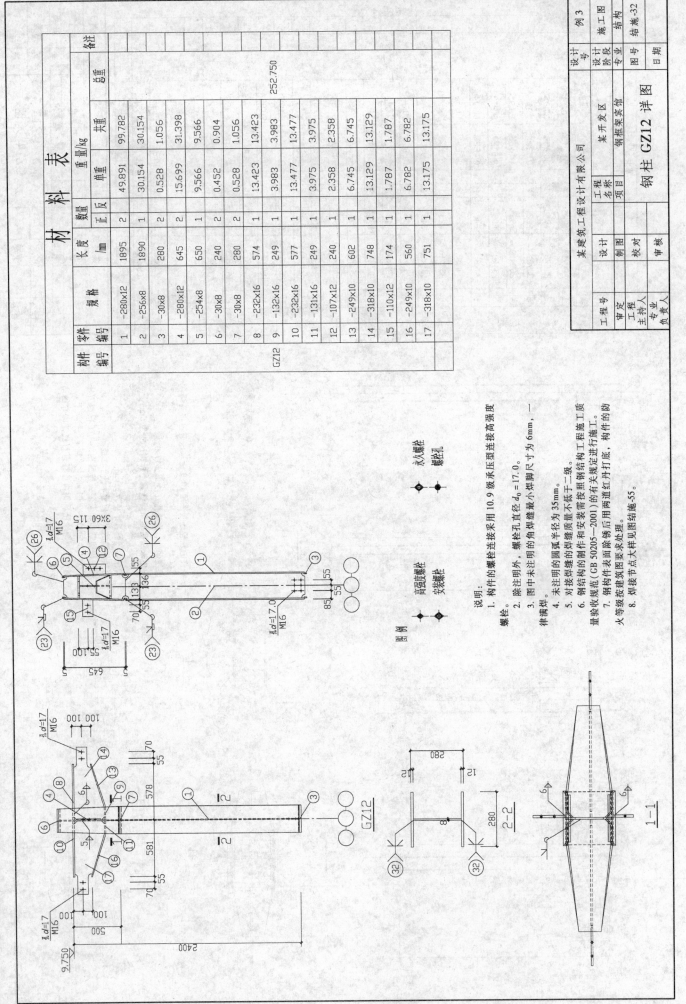

材　料　表

构件编号	零件编号	规格	长度/mm	数量 正反	重量/kg 单重	重量/kg 共重	总重	备注
	1	-280×12	1895	2	49.891	99.782		
	2	-256×8	1890	1	30.154	30.154		
	3	-30×8	280	2	0.528	1.056		
	4	-280×12	645	2	15.699	31.398		
	5	-254×8	650	1	9.566	9.566		
	6	-30×8	240	2	0.452	0.904		
	7	-30×8	280	2	0.528	1.056		
GZ12	8	-232×16	574	1	13.423	13.423	252.750	
	9	-132×16	249	1	3.983	3.983		
	10	-232×16	577	1	13.477	13.477		
	11	-131×16	249	1	3.975	3.975		
	12	-107×12	240	1	2.358	2.358		
	13	-249×10	602	1	6.745	6.745		
	14	-318×10	748	1	13.129	13.129		
	15	-110×12	174	1	1.787	1.787		
	16	-249×10	560	1	6.782	6.782		
	17	-318×10	751	1	13.175	13.175		

说明：
1. 构件的螺栓连接采用10.9级承压型连接高强度螺栓。
2. 除注明外，螺栓孔直径 $d_0 = 17.0$。
3. 图中未注明的角焊缝最小焊脚尺寸为6mm，一律满焊。
4. 未注明的圆弧半径为35mm。
5. 对接焊缝的制作和安装需按照钢结构工程施工质量验收规范（GB 50205-2001）的有关规定进行施工。
6. 钢结构构件表面除锈后用两道红丹打底，构件的防火等级按建筑图要求处理。
7. 钢构件制作和安装需按照钢结构工程施工质量验收规范（GB 50205-2001）的有关规定进行施工。
8. 焊接节点大样图见图结施-55。

图例

螺栓：
高强度螺栓　安装螺栓
永久螺栓　螺栓孔

		某建筑工程设计有限公司		工程名称	某开发区	设计号		例 3
工程号		设计	制图	项目	钢框架宾馆	设计阶段	施工图	
审定		校对				专业	结构	
工程主持人		审核		钢柱GZ12详图		图号	结施-32	
专业负责人						日期		

GZ12

2-2

1-1

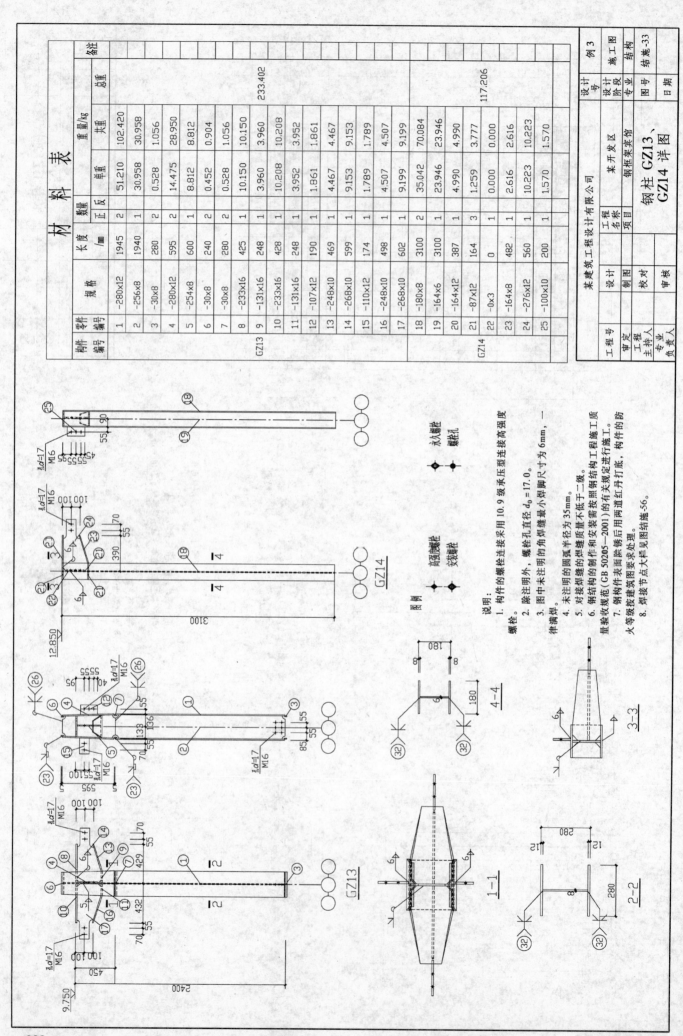

构件编号	零件编号	规格	长度 /mm	数量 正反	重量/kg 单重	重量/kg 共重	总重	备注
GZ13	1	−280×12	1945	2	51.210	102.420	233.402	
	2	−256×8	1940	1	30.958	30.958		
	3	−30×8	280	2	0.528	1.056		
	4	−280×12	595	2	14.475	28.950		
	5	−254×8	600	1	8.812	8.812		
	6	−30×8	240	2	0.452	0.904		
	7	−30×8	280	1	0.528	1.056		
	8	−233×16	425	1	10.150	10.150		
	9	−131×16	248	1	3.960	3.960		
	10	−233×16	428	1	10.208	10.208		
	11	−131×16	248	1	3.952	3.952		
	12	−107×12	190	1	1.861	1.861		
	13	−248×10	469	1	4.467	4.467		
	14	−268×10	599	1	9.153	9.153		
	15	−110×12	174	1	1.789	1.789		
	16	−248×10	498	1	4.507	4.507		
	17	−268×10	602	1	9.199	9.199		
	18	−180×8	3100	2	35.042	70.084		
	19	−164×6	3100	1	23.946	23.946		
GZ14	20	−164×12	387	1	4.990	4.990	117.206	
	21	−87×12	164	3	1.259	3.777		
	22	−0×3	0	1	0.000	0.000		
	23	−164×8	482	1	2.616	2.616		
	24	−276×12	560	1	10.223	10.223		
	25	−100×10	200	1	1.570	1.570		

某建筑工程设计有限公司			钢柱 GZ13、 GZ14 详图	例 3
工程名称	某开发区	设计号		施工图
项目	钢框架案馆	设计段		结构
工程号		设计阶段		结施-33
审定		专业	结构	
工程主持人	设计 绘图	图号		
专业负责人	校对 审核	日期		

图例：
螺栓 永入螺栓 螺栓孔
高强度螺栓
安装螺栓

说明：
1. 构件的螺栓连接采用 10.9 级承压型连接高强度螺栓。
2. 除注明外，螺栓孔直径 d_0=17.0。
3. 图中未注明的角焊缝最小焊脚尺寸为 6mm，一律满焊。
4. 未注明的圆弧半径为 35mm。
5. 对接焊缝的制作和安装需按照钢结构工程施工质量验收规范（GB 50205-2001）的有关规定进行施工。
6. 钢结构焊缝质量不低于二级。
7. 钢构件表面除锈后用红丹打底两道，构件的防火等级按建筑设计要求处理。
8. 焊接节点大样见图结施-56。

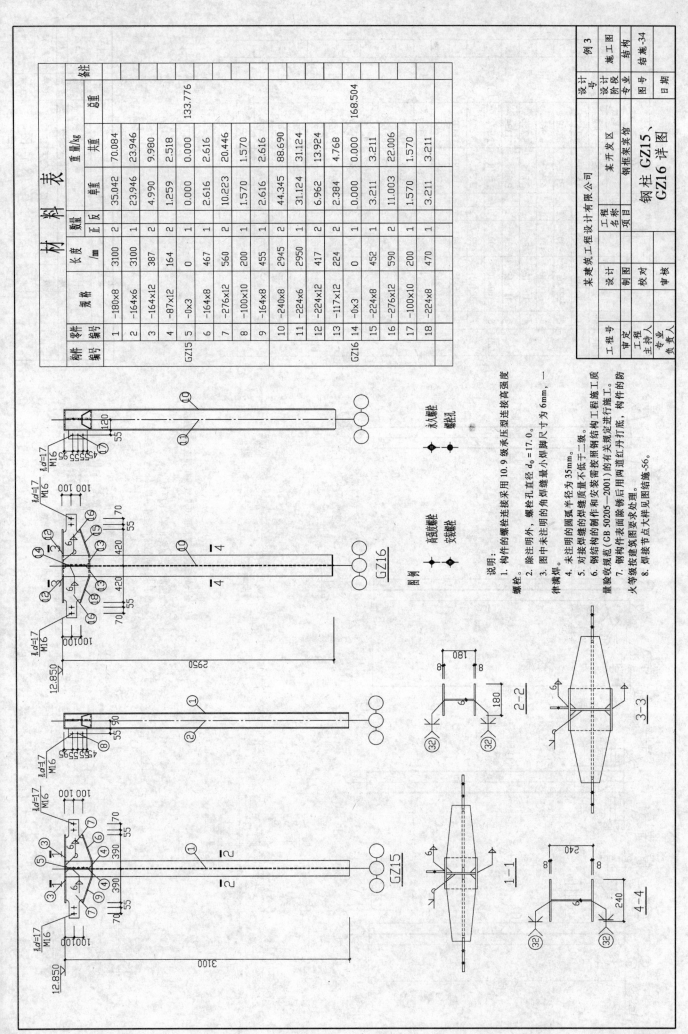

材 料 表

构件编号	零件编号	规格	长度/mm	数量正反	重量/kg 单重	重量/kg 共重	总重	备注
GZ15	1	-180×8	3100	2	35.042	70.084		
	2	-164×6	3100	1	23.946	23.946		
	3	-164×12	387	2	4.990	9.980		
	4	-87×12	164	2	1.259	2.518		
	5	-0×3	0	1	0.000	0.000	133.776	
	6	-164×8	467	1	2.616	2.616		
	7	-276×12	560	2	10.223	20.446		
	8	-100×10	200	1	1.570	1.570		
	9	-164×8	455	1	2.616	2.616		
	10	-240×8	2945	2	44.345	88.690		
	11	-224×6	2950	1	31.124	31.124		
	12	-224×12	417	2	6.962	13.924		
	13	-117×12	224	2	2.384	4.768		
GZ16	14	-0×3	0	1	0.000	0.000	168.504	
	15	-224×8	452	1	3.211	3.211		
	16	-276×12	590	2	11.003	22.006		
	17	-100×10	200	1	1.570	1.570		
	18	-224×8	470	1	3.211	3.211		

说明：
1. 构件的螺栓连接采用10.9级承压型连接高强度螺栓。
2. 除注明外，螺栓孔直径 $d_0 = 17.0$。
3. 图中未注明的角焊缝最小焊脚尺寸为 6mm，一律满焊。
4. 未注明的圆弧半径为35mm。
5. 对接焊缝的焊缝质量不低于二级。
6. 钢结构的制作和安装需按照钢结构工程施工质量验收规范（GB 50205—2001）的有关规定进行施工。
7. 钢结构件表面除锈后用两道红丹打底，构件的防火等级按建筑图要求处理。
8. 焊接节点大样见图结施-56。

图例

永久螺栓 螺栓孔

高强螺栓

安装螺栓

某建筑工程设计有限公司

| 某开发区 | 工程名称 | | 钢框架宾馆 |
| | 项目 | | |

钢柱 GZ15、GZ16 详图

设计	制图		
	校对		
	审核		

工程号		设计号		例 3
审定		设计阶段		施工图
工程主持人		专业		结构
专业负责人		图号		结施-34
		日期		

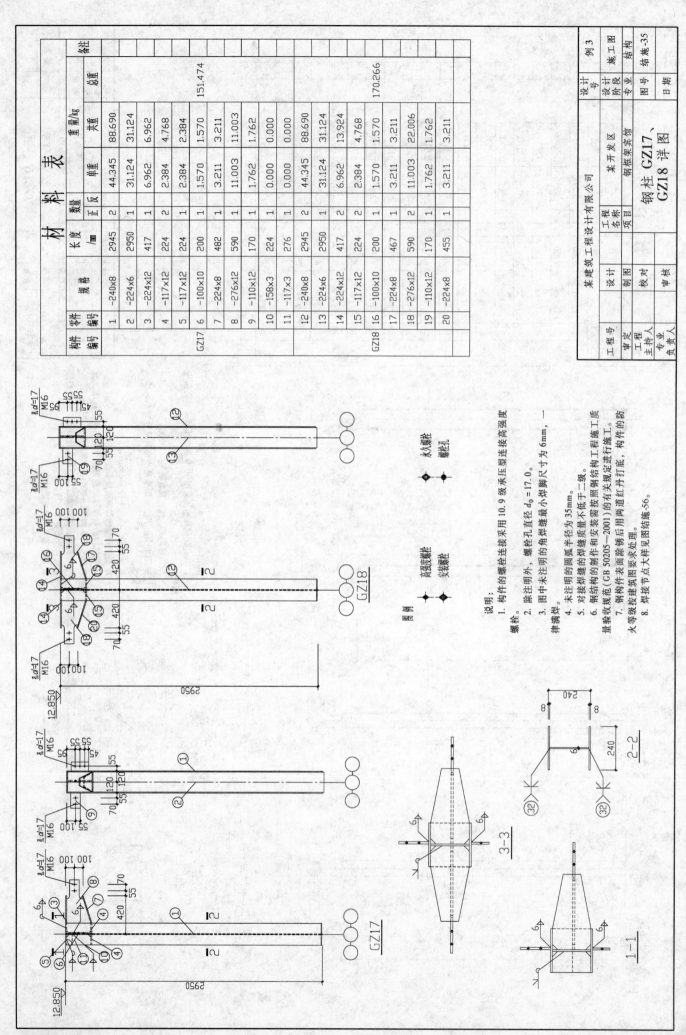

材料表

构件编号	零件编号	规格	长度/mm	数量 正反	数量 反	重量/kg 单重	重量/kg 共重	总重	备注
GZ17	1	−240×8	2945	2		44.345	88.690		
	2	−224×6	2950	1		31.124	31.124		
	3	−224×12	417	1		6.962	6.962		
	4	−117×12	224	2		2.384	4.768		
	5	−117×12	224	1		2.384	2.384	151.474	
	6	−100×10	200	1		1.570	1.570		
	7	−224×8	482	1		3.211	3.211		
	8	−276×12	590	1		11.003	11.003		
	9	−110×12	170	1		1.762	1.762		
	10	−158×3	276	1		0.000	0.000		
	11	−117×3	224	1		0.000	0.000		
GZ18	12	−240×8	2945	2		44.345	88.690		
	13	−224×6	2950	1		31.124	31.124		
	14	−224×12	417	2		6.962	13.924		
	15	−117×12	224	2		2.384	4.768	170.266	
	16	−100×10	200	1		1.570	1.570		
	17	−224×8	467	1		3.211	3.211		
	18	−276×12	590	2		11.003	22.006		
	19	−110×12	170	1		1.762	1.762		
	20	−224×8	455	1		3.211	3.211		

说明：
1. 构件的螺栓连接采用 10.9 级承压型连接高强度螺栓。
2. 除注明外，螺栓孔直径 $d_0 = 17.0$。
3. 图中未注明的角焊缝焊脚尺寸为 6mm，一律满焊。
4. 未注明的圆弧半径为 35mm。
5. 对接焊缝的焊缝质量等级为二级。
6. 钢结构验收规范（GB 50205—2001）的有关规定及钢结构工程施工质量验收规范及钢结构安装需按照钢结构工程施工。
7. 钢结构构件表面除锈后用红丹两道打底，构件的防火等级按建筑设计图要求处理。
8. 焊接节点大样见图结施-56。

图例

永久螺栓孔 ⊕ 螺栓孔 ⊕
高强度螺栓 ⊕ 安装螺栓 ⊕
螺栓 ＋

某建筑工程设计有限公司

工程名称	某开发区
项目	钢框架宾馆

钢柱 GZ17、GZ18 详图

设计		制图		校对		审核	

设计号		例 3
设计阶段		施工图
专业		结构
图号		结施-35
日期		

工程号	
审定	
工程主持人	
专业负责人	

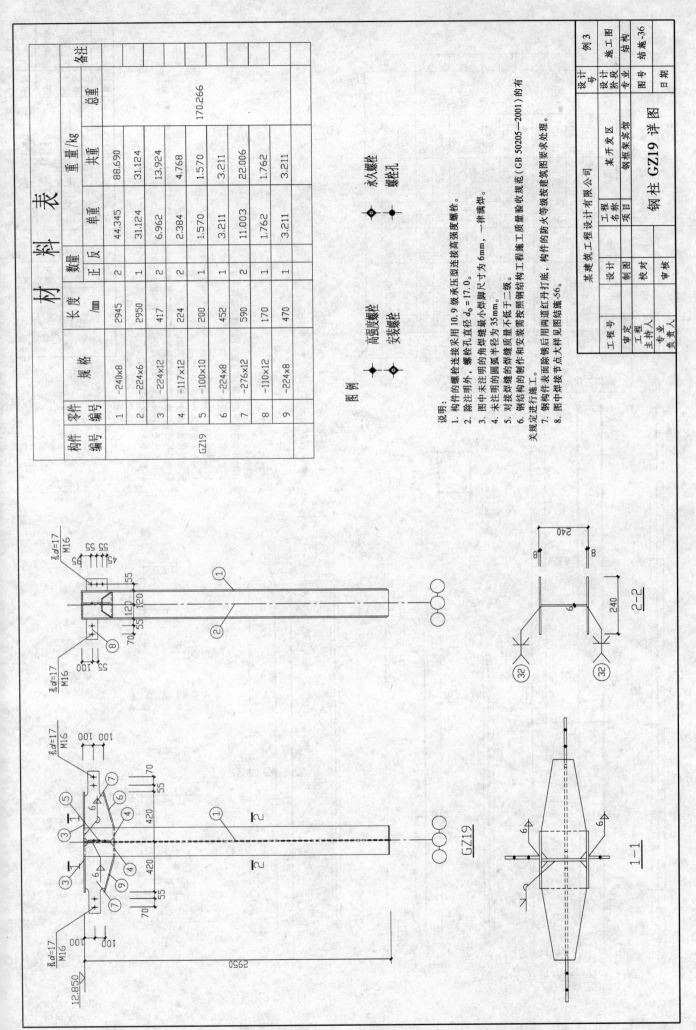

材料表

构件编号	零件编号	规格	长度/mm	数量 正反	数量 正反	重量/kg 单重	重量/kg 共重	总重	备注
GZ19	1	-240×8	2945	2		44.345	88.690		
	2	-224×6	2950	1		31.124	31.124		
	3	-224×12	417	2		6.962	13.924		
	4	-117×12	224	2		2.384	4.768		
	5	-100×10	200	1		1.570	1.570	170.266	
	6	-224×8	452	1		3.211	3.211		
	7	-276×12	590	2		11.003	22.006		
	8	-110×12	170	1		1.762	1.762		
	9	-224×8	470	1		3.211	3.211		

说明：
1. 构件的螺栓连接采用10.9级承压型连接高强度螺栓。
2. 除注明外，螺栓孔直径 $d_0 = 17.0$。
3. 图中未注明的角焊缝脚尺寸为6mm，一律满焊。
4. 未注明的圆弧半径为35mm。
5. 对接焊缝的焊缝质量不低于二级。
6. 钢结构的制作和安装需按照钢结构工程施工质量验收规范（GB 50205—2001）的有关规定进行施工。
7. 钢构件表面除锈后用两道红丹打底，构件的防火等级按建筑图要求处理。
8. 图中焊接节点大样见结施-56。

图例：
永久螺栓
螺栓孔
高强度螺栓
安装螺栓

GZ19

2-2

1-1

某建筑工程设计有限公司

| 工程名称 | 某开发区 |
| 项目 | 钢框架宾馆 |

钢柱 GZ19 详图

| 设计 | | 制图 | | 校对 | | 审核 | |
| 工程号 | | 审定 | | 工程主持人 | | 专业 | | 负责人 | |

设计号		例 3
设计阶段		施工图
专业		结构
图号		结施-36
日期		

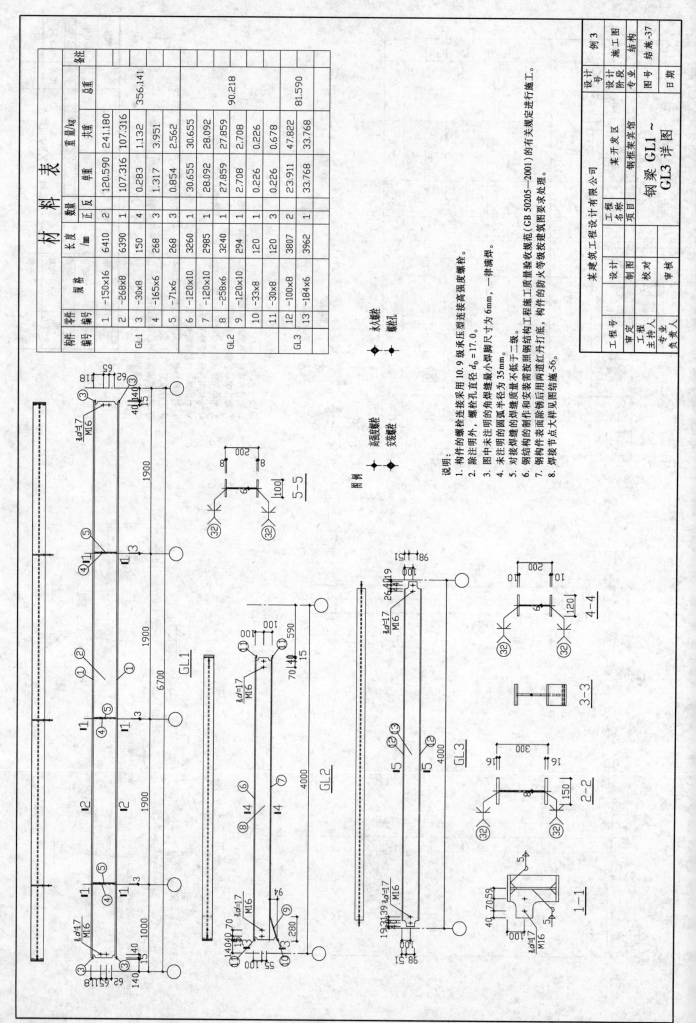

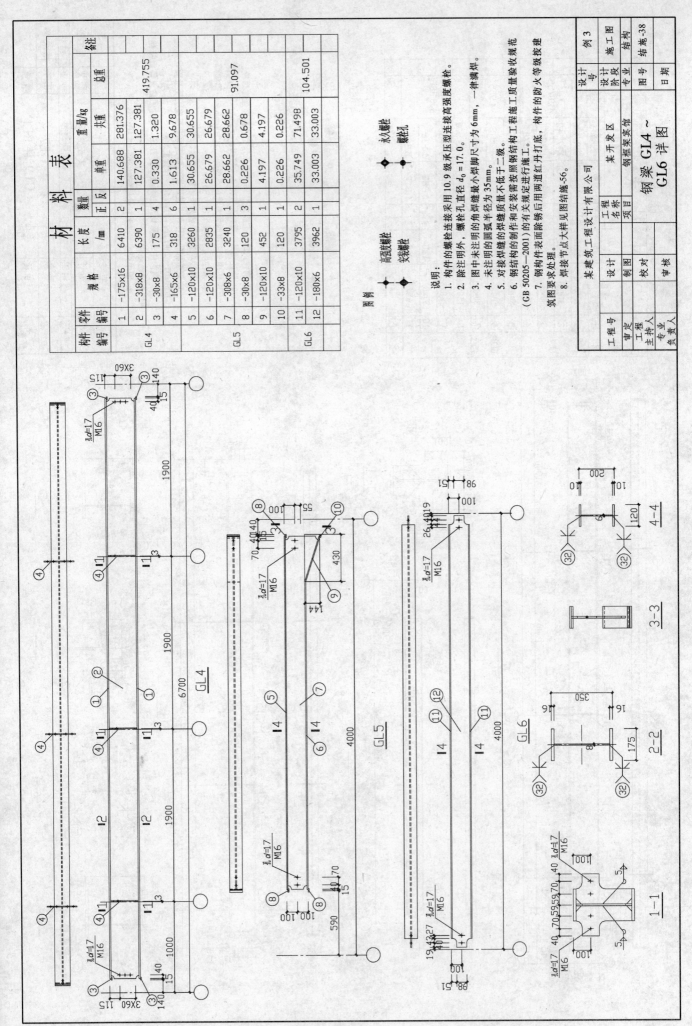

材 料 表

构件编号	零件编号	规格	长度/㎜	数量 正反		重量/kg 单重	共重	总重	备注
GL4	1	⌐175×16	6410	2		140.688	281.376	419.755	
	2	⌐318×8	6390	1		127.381	127.381		
	3	-30×8	175	4		0.330	1.320		
	4	⌐165×6	318	6		1.613	9.678		
GL5	5	⌐120×10	3260	3		30.655	30.655	91.097	
	6	⌐120×10	2835	1		26.679	26.679		
	7	⌐308×6	3240	1		28.662	28.662		
	8	-30×8	120	3		0.226	0.678		
	9	⌐120×10	452	1		4.197	4.197		
	10	-33×8	120	1		0.226	0.226		
GL6	11	⌐120×10	3795	2		35.749	71.498	104.501	
	12	⌐180×6	3962	1		33.003	33.003		

图例

◆○ 永久螺栓

◆○ 螺栓孔

◆ 高强度螺栓

◆ 安装螺栓

说明：

1. 构件的螺栓连接采用 10.9 级压型连接高强度螺栓。

2. 除注明外，螺栓孔直径 d_0=17.0。

3. 图中未注明的角焊缝最小焊脚尺寸为 6mm，一律满焊。

4. 未注明的圆弧半径为 35mm。

5. 对接焊缝的焊缝质量不低于二级。

6. 钢结构的制作和安装需按照钢结构工程施工质量验收规范 (GB 50205—2001) 的有关规定进行施工。

7. 钢构件表面除锈后用两道红丹打底，构件的防火等级按建筑要求处理。

8. 焊接节点大样见图结施-56。

某建筑工程设计有限公司				
工程名称	某开发区		设计号	
项目名称	某综艺宾馆		设计阶段	施工图
			专业	结构
钢梁 GL4～ GL6 详图			图号	结施-38
			日期	
工程号		设计		
审定		制图		
工程主持人		校对		
专业负责人		审核		

例 3

243

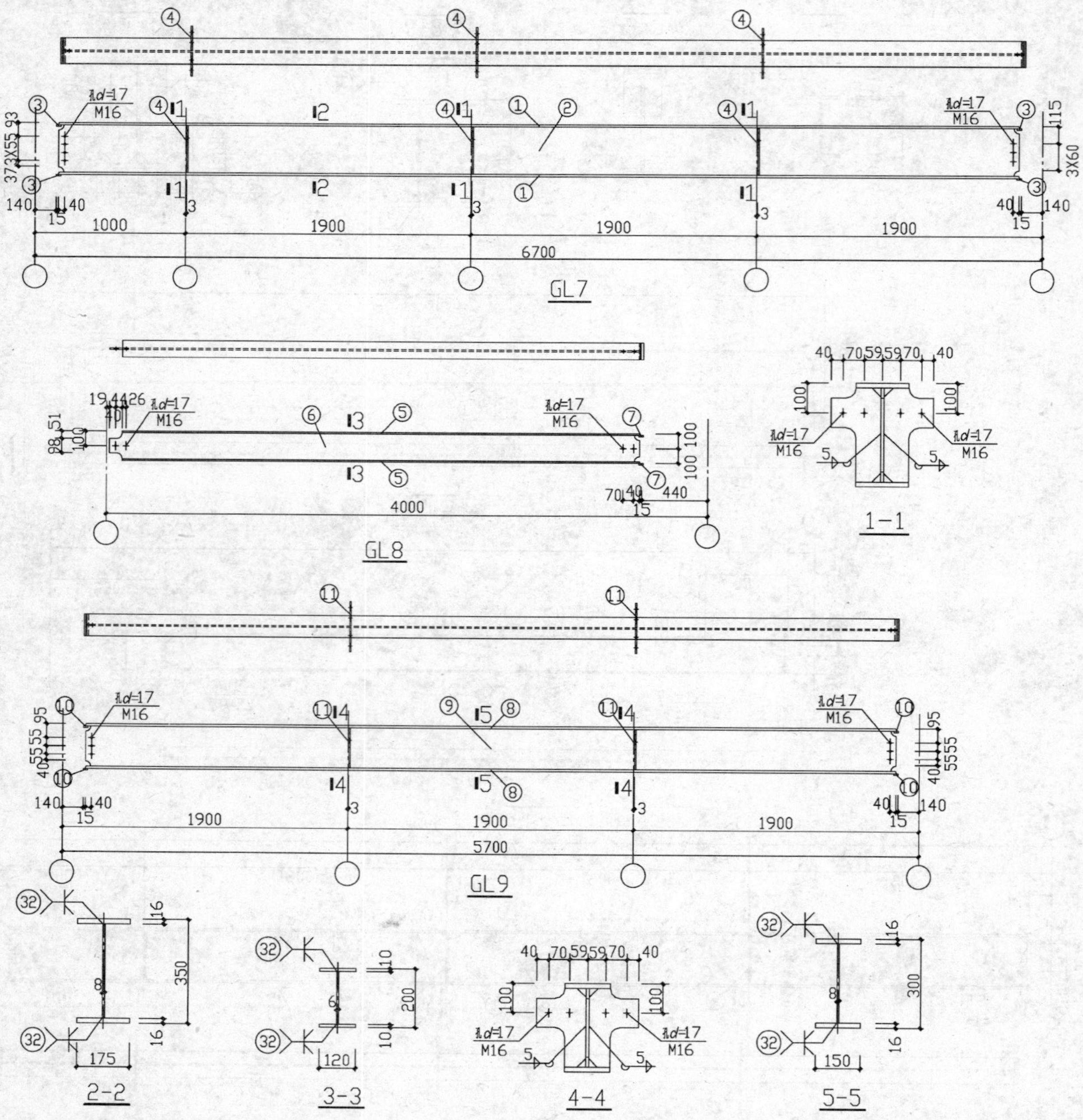

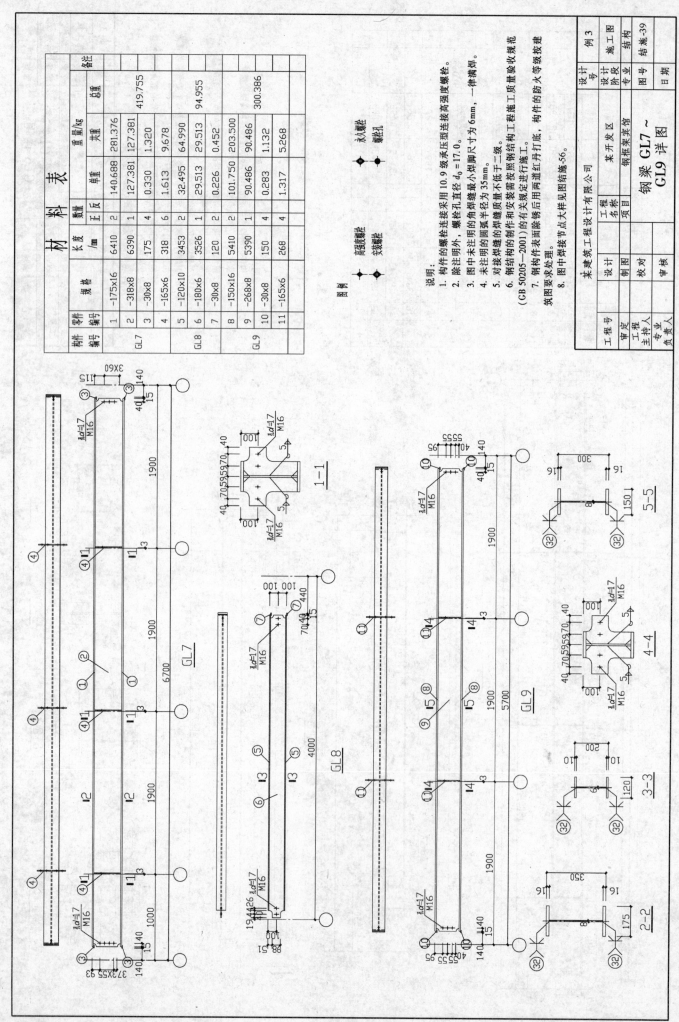

材 料 表

构件编号	零件编号	规格	长度/mm	数量 正	数量 反	重量/kg 单重	重量/kg 共重	重量/kg 总重	备注
GL7	1	-175x16	6410	2		140.688	281.376	419.755	
	2	-318x8	6390	1		127.381	127.381		
	3	-30x8	175	4		0.330	1.320		
	4	-165x6	318	6		1.613	9.678		
GL8	5	-120x10	3453	2		32.495	64.990	94.955	
	6	-180x6	3526	1		29.513	29.513		
	7	-30x8	120	2		0.226	0.452		
GL9	8	-150x16	5410	2		101.750	203.500	300.386	
	9	-268x8	5390	1		90.486	90.486		
	10	-30x8	150	4		0.283	1.132		
	11	-165x6	268	4		1.317	5.268		

图例

高强度螺栓　　永久螺栓

安装螺栓　　螺栓孔

说明：

1. 构件的螺栓连接采用 10.9 级承压型连接高强度螺栓。
2. 除注明外，螺栓孔直径 $d_0 = 17.0$。
3. 图中未注明的角焊缝最小焊脚尺寸为 6mm，一律满焊。
4. 未注明的圆弧半径为 35mm。
5. 对接焊缝的焊缝质量不低于二级。
6. 钢结构的制作和安装需按照钢结构工程施工质量验收规范(GB 50205—2001)的有关规定进行施工。
7. 钢构件表面除锈后用两道红丹打底，构件的防火等级按建筑图要求处理。
8. 图中焊接节点大样见图结施-56。

某建筑工程设计有限公司					设计号	例 3
工程号		设计	工程名称	某开发区	设计阶段	施工图
审定		制图	项目	钢框架宾馆	专业	结构
工程主持人		校对	钢梁 GL7 ~ GL9 详图		图号	结施-39
专业负责人		审核			日期	

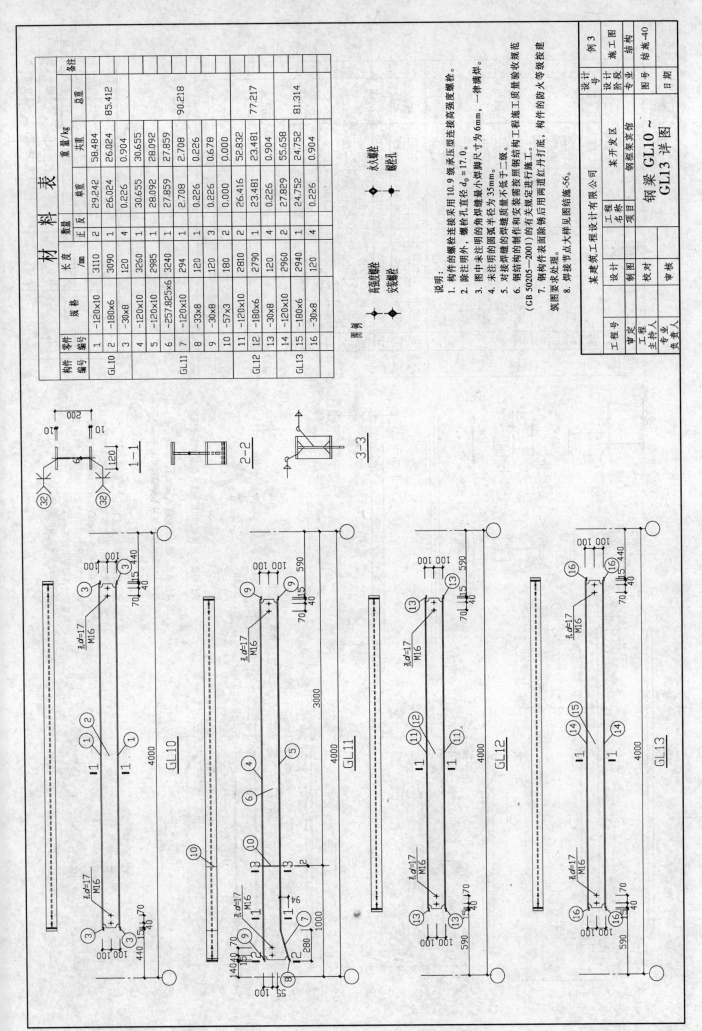

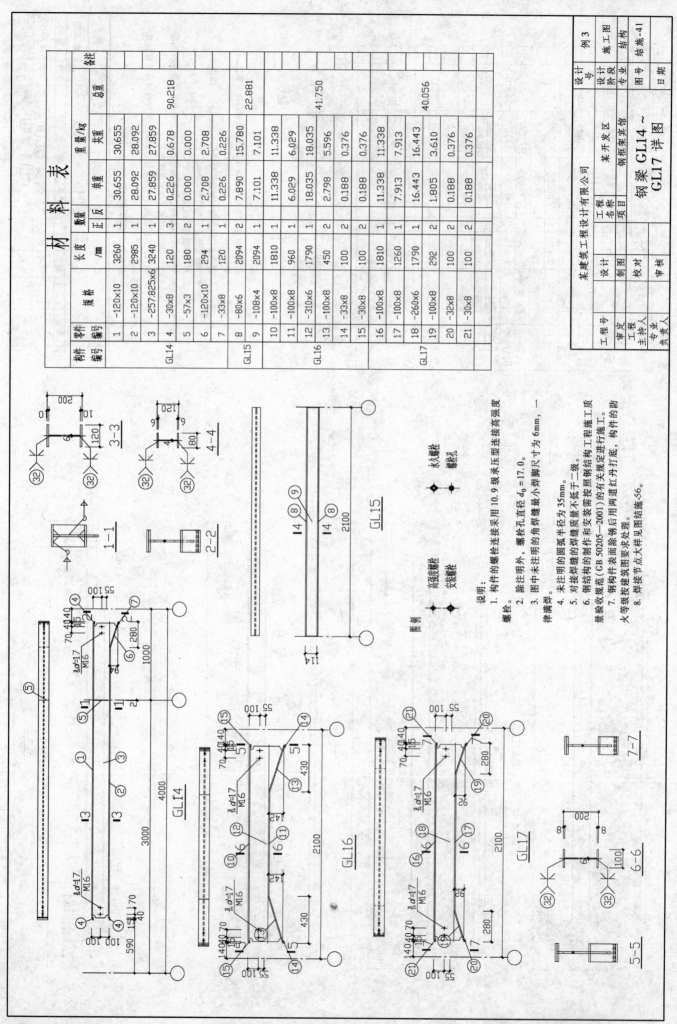

材料表

构件编号	零件编号	规格	长度/mm	数量 正/反	单重	共重	总重	备注
GL14	1	-120×10	3260	1	30.655	30.655		
	2	-120×10	2985	1	28.092	28.092		
	3	-257.825×6	3240	1	27.859	27.859	90.218	
	4	-30×8	120	3	0.226	0.678		
	5	-57×3	180	2	0.000	0.000		
	6	-120×10	294	1	2.708	2.708		
	7	-33×8	120	1	0.226	0.226		
GL15	8	-80×6	2094	2	7.890	15.780		
	9	-108×4	2094	1	7.101	7.101	22.881	
GL16	10	-100×8	1810	1	11.338	11.338		
	11	-100×8	960	1	6.029	6.029		
	12	-310×6	1790	1	18.035	18.035	41.750	
	13	-100×8	450	2	2.798	5.596		
	14	-33×8	100	2	0.188	0.376		
	15	-30×8	100	2	0.188	0.376		
GL17	16	-100×8	1810	1	11.338	11.338		
	17	-100×8	1260	1	7.913	7.913		
	18	-260×6	1790	2	16.443	16.443	40.056	
	19	-100×8	292	2	1.805	3.610		
	20	-32×8	100	2	0.188	0.376		
	21	-30×8	100	2	0.188	0.376		

说明：
1. 构件的螺栓连接采用10.9级承压型连接高强度螺栓。
2. 除注明外，螺栓孔直径 d_0=17.0。
3. 图中未注明的角焊缝最小焊脚尺寸为6mm，一律满焊。
4. 未注明的圆弧半径为35mm。
5. 对接焊缝的焊缝质量不低于二级。
6. 钢结构规范（GB 50205—2001）的有关安装需要按照钢结构工程施工质量验收规范（GB 50205—2001）的有关规定进行施工。
7. 钢构件表面除锈后用红丹打底两道，构件的防火等级按建筑设计图要求处理。
8. 焊接节点大样见图结施-56。

图例：
高强度螺栓　安装螺栓
永久螺栓　螺栓孔

1—1　2—2　3—3　4—4　5—5　6—6　7—7

GL14　GL15　GL16　GL17

某建筑工程设计有限公司

工程名称	某开发区	设计	例3
项目名称	某框架案馆	设计阶段	施工图
		专业	结构
钢梁 GL14～GL17 详图		图号	结施-41
		日期	

工程号　审定
设计　制图　校对　审核
审定　工程　主持人　专业　负责人

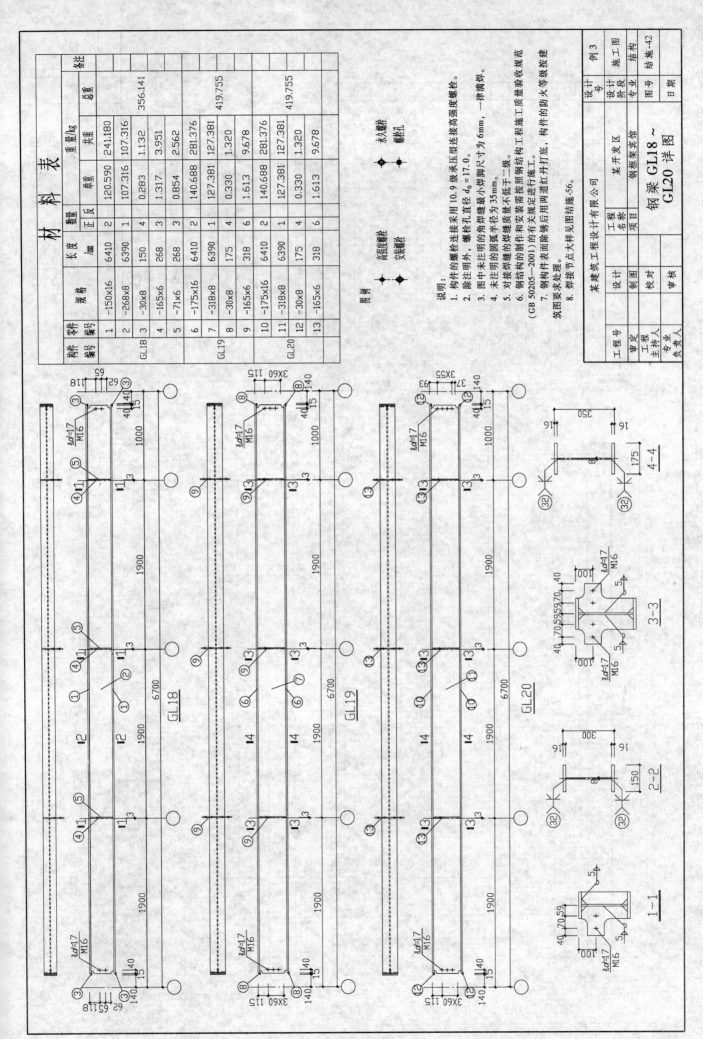

材 料 表

构件编号	零件编号	规格	长度/mm	数量 正反	数量 共用	单重	重量/kg 共重	总重	备注
GL18	1	-150x16	6410	2		120.590	241.180		
	2	-268x8	6390	1		107.316	107.316		
	3	-30x8	150	4		0.283	1.132	356.141	
	4	-165x6	268	3		1.317	3.951		
	5	-71x6	268	3		0.854	2.562		
GL19	6	-175x16	6410	2		140.688	281.376		
	7	-318x8	6390	1		127.381	127.381	419.755	
	8	-30x8	175	4		0.330	1.320		
	9	-165x6	318	6		1.613	9.678		
GL20	10	-175x16	6410	2		140.688	281.376		
	11	-318x8	6390	1		127.381	127.381	419.755	
	12	-30x8	175	4		0.330	1.320		
	13	-165x6	318	6		1.613	9.678		

图例

永久螺栓 ◆━◆

螺栓孔 ━◆━

高强度螺栓 ◆━◆

安装螺栓 ━◆━

说明：
1. 构件的螺栓连接采用 10.9 级系压型连接型高强度螺栓。
2. 除注明外，螺栓孔直径 $d_0 = 17.0$。
3. 图中未注明的角焊缝脚尺寸为 6mm，一律满焊。
4. 未注明的圆弧半径均为 35mm。
5. 对接焊缝的焊缝质量不低于二级。
6. 钢结构的制作和安装需按照钢结构工程施工质量验收规范 （GB 50205—2001）的有关规定进行施工。
7. 钢构件表面除锈后用两道红丹打底，构件的防火等级按建筑图要求处理。
8. 焊接节点大样见图结施-56。

某建筑工程设计有限公司				设 计 号		例 3
工程号				设 计 阶 段		施工图
审 定		设 计		专 业		结 构
工程名称	某开发区	制 图		图 号		结施-42
主持人		校 对		日 期		
项目负责人	某某会客馆	审 核	钢梁 GL18～ GL20 详图			

GL18

GL19

GL20

1-1

2-2

3-3

4-4

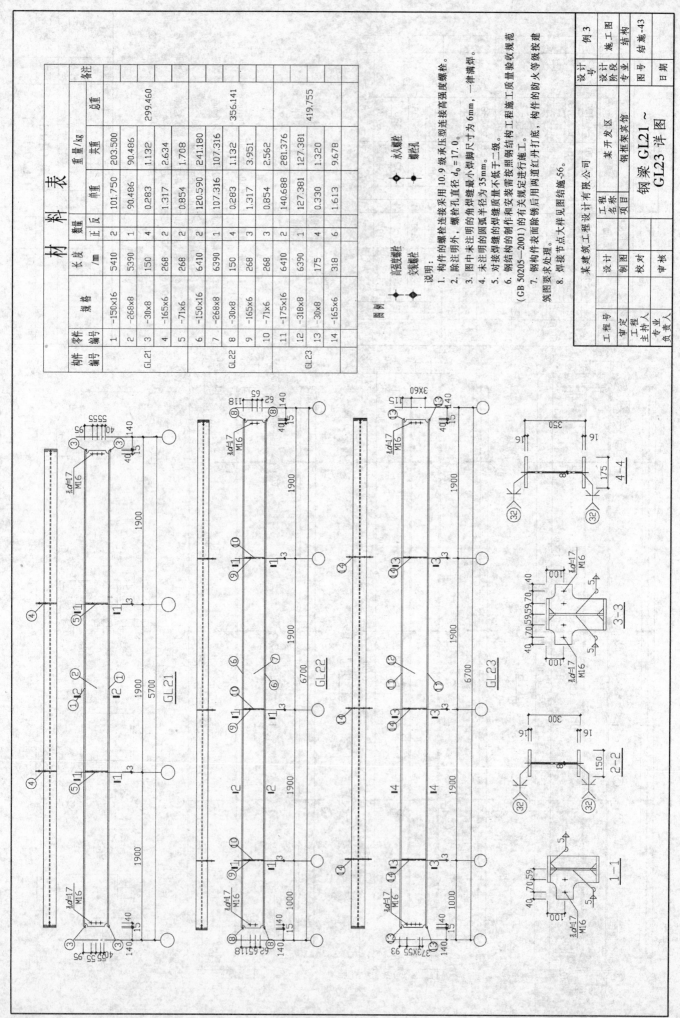

材 料 表

构件编号	零件编号	规格	长度/mm	数量 正反		重量/kg 单重	共重	总重	备注
GL21	1	-150×16	5410	2		101.750	203.500	299.460	
	2	-268×8	5390	1		90.486	90.486		
	3	-30×8	150	4		0.283	1.132		
	4	-165×6	268	4		1.317	2.634		
	5	-71×6	268	2		0.854	1.708		
GL22	6	-150×16	6410	2		120.590	241.180	356.141	
	7	-268×8	6390	1		107.316	107.316		
	8	-30×8	150	4		0.283	1.132		
	9	-165×6	268	3		1.317	3.951		
	10	-71×6	268	3		0.854	2.562		
GL23	11	-175×16	6410	2		140.688	281.376	419.755	
	12	-318×8	6390	1		127.381	127.381		
	13	-30×8	175	4		0.330	1.320		
	14	-165×6	318	6		1.613	9.678		

图例

	永久螺栓	安装螺栓
高强度螺栓	⊕	⊙
安装螺栓	◈	◉

说明：
1. 构件的螺栓连接采用10.9级承压型连接高强度螺栓。
2. 除注明外，螺栓孔直径 $d_0 = 17.0$。
3. 图中未注明的角焊缝最小焊脚尺寸为6mm，一律满焊。
4. 未注明的圆弧半径为35mm。
5. 对接焊缝的焊缝质量不低于二级。
6. 钢结构的制作和安装需按照钢结构施工质量验收规范
   (GB 50205—2001)的有关规定进行施工。
7. 钢构件表面除锈后用两道红丹打底，构件的防火等级按建
   筑图要求处理。
8. 焊接节点大样见图结施-56。

GL21

GL22

GL23

1—1

2—2

3—3

4—4

某建筑工程设计有限公司			工程号		设计号	例 3
设计		某开发区	审定		设计阶段	施工图
制图			工程主持人		专业	结构
校对	项目	钢框架案馆	专业负责人		图号	结施-43
审核	钢梁 GL21~GL23 详图				日期	

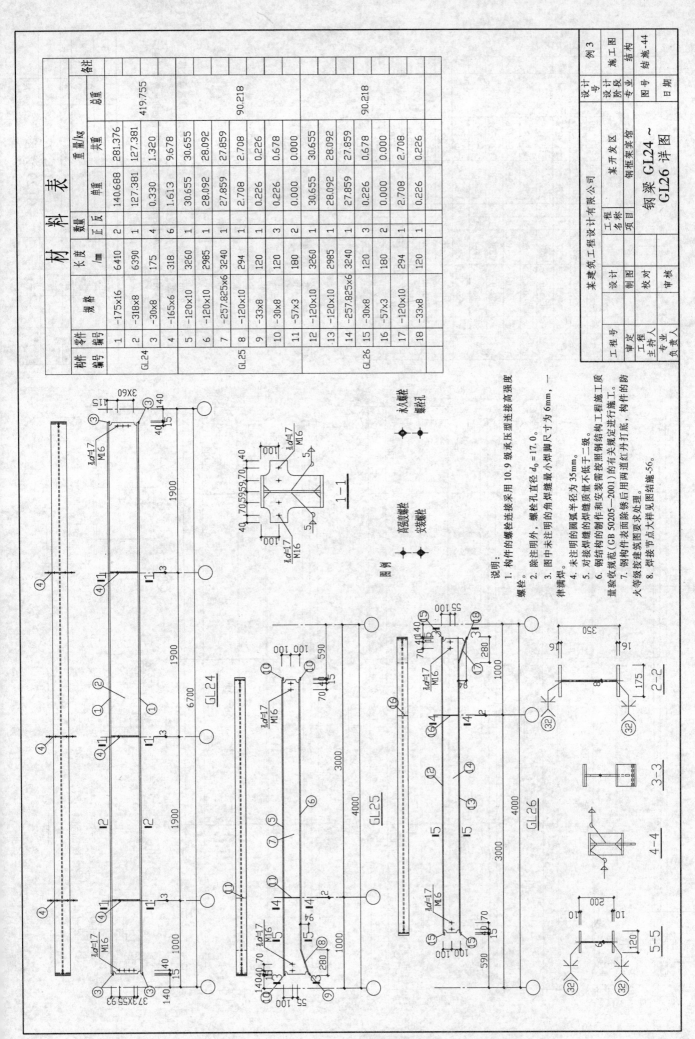

材　料　表

构件编号	零件编号	规格	长度/mm	数量（正反）	重量/kg 单重	重量/kg 共重	总重	备注
GL24	1	⌐175×16	6410	2	140.688	281.376	419.755	
	2	⌐318×8	6390	1	127.381	127.381		
	3	⌐30×8	175	4	0.330	1.320		
	4	⌐165×6	318	6	1.613	9.678		
	5	⌐120×10	3260	1	30.655	30.655		
	6	⌐120×10	2985	1	28.092	28.092		
	7	⌐257.825×6	3240	1	27.859	27.859		
GL25	8	⌐120×10	294	1	2.708	2.708	90.218	
	9	⌐33×8	120	1	0.226	0.226		
	10	⌐30×8	120	3	0.226	0.678		
	11	⌐57×3	180	2	0.000	0.000		
	12	⌐120×10	3260	1	30.655	30.655		
	13	⌐120×10	2985	1	28.092	28.092		
GL26	14	⌐257.825×6	3240	1	27.859	27.859	90.218	
	15	⌐30×8	120	3	0.226	0.678		
	16	⌐57×3	180	2	0.000	0.000		
	17	⌐120×10	294	1	2.708	2.708		
	18	⌐33×8	120	1	0.226	0.226		

说明：
1. 构件的螺栓连接采用10.9级承压型连接高强度
螺栓。
2. 除注明外，螺栓孔直径 d_0=17.0。
3. 图中未注明的角焊缝最小焊脚尺寸为6mm，一
律满焊。
4. 未注明的圆弧半径为35mm。
5. 对接焊缝的制作和焊缝质量不低于二级。
钢结构的制作和安装要需按照钢结构工程施工质
量验收规范（GB 50205—2001）的有关规定进行施工。
6. 钢构件表面除锈后用两道红丹打底，构件的防
火等级按建筑图要求处理。
7. 钢构件表面除锈等级要求大样见图结施-56。
8. 焊接节点大样见图结施-56。

图例：
螺栓。 　永久螺栓
　　　 　螺栓孔
　　　 　高强度螺栓
　　　 　安装螺栓

某建筑工程设计有限公司		
工程名称	某开发区	
项目	钢框架宾馆	
设计	设计号	例3
制图	设计阶段	施工图
校对	专业	结构
审核	图号	结施-44
	日期	
工程号		
审定工程		
主持人		
负责人		

钢梁 GL24～
GL26 详图

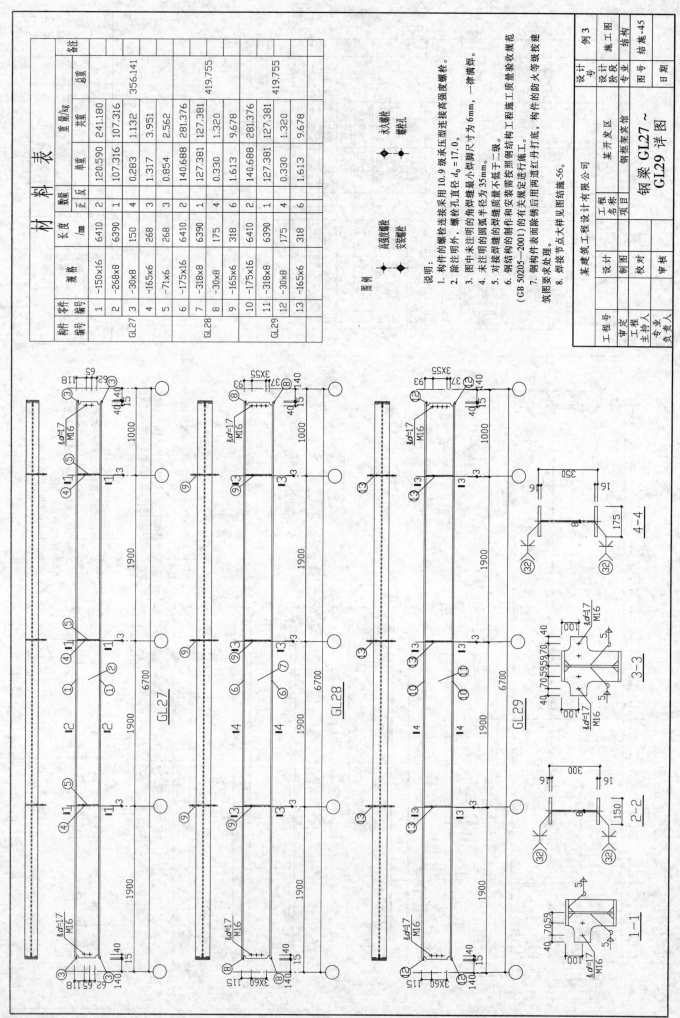

材 料 表

构件编号	零件编号	规格	长度/㎜	数量 正反	数量 共需	重量/kg 单重	重量/kg 共重	总重	备注
GL27	1	-150x16	6410		2	120.590	241.180		
	2	-268x8	6390		1	107.316	107.316		
	3	-30x8	150		4	0.283	1.132	356.141	
	4	-165x6	268		3	1.317	3.951		
	5	-71x6	268		3	0.854	2.562		
GL28	6	-175x16	6410		2	140.688	281.376		
	7	-318x8	6390		1	127.381	127.381	419.755	
	8	-30x8	175		4	0.330	1.320		
	9	-165x6	318		6	1.613	9.678		
GL29	10	-175x16	6410		2	140.688	281.376		
	11	-318x8	6390		1	127.381	127.381	419.755	
	12	-30x8	175		4	0.330	1.320		
	13	-165x6	318		6	1.613	9.678		

图例:
高强度螺栓　安装螺栓　永久螺栓　螺栓孔

说明:
1. 构件的螺栓连接采用10.9级承压型连接高强度螺栓。
2. 除注明外，螺栓孔直径 $d_0=17.0$。
3. 图中未注明的角焊缝最小焊脚尺寸为6mm，一律满焊。
4. 未注明的圆弧半径为35mm。
5. 对接焊缝的焊缝质量不低于二级。
6. 钢结构的制作和安装需按照钢结构工程施工质量验收规范(GB 50205—2001)的有关规定进行施工。
7. 钢构件表面除锈后用两道红丹打底，构件的防火等级按建筑图要求见大样见图结施-56。
8. 焊接节点大样见图结施-45。

GL27　GL28　GL29

1-1　2-2　3-3　4-4

某建筑工程设计有限公司

工程名称	某开发区	设计号	例3
项目	钢框架宿舍馆	设计阶段	施工图
钢梁 GL27~GL29 详图		专业	结构
		图号	结施-45
		日期	

工程号　审定　审定人　设计　制图　校对　主持人　审核　专业　负责人

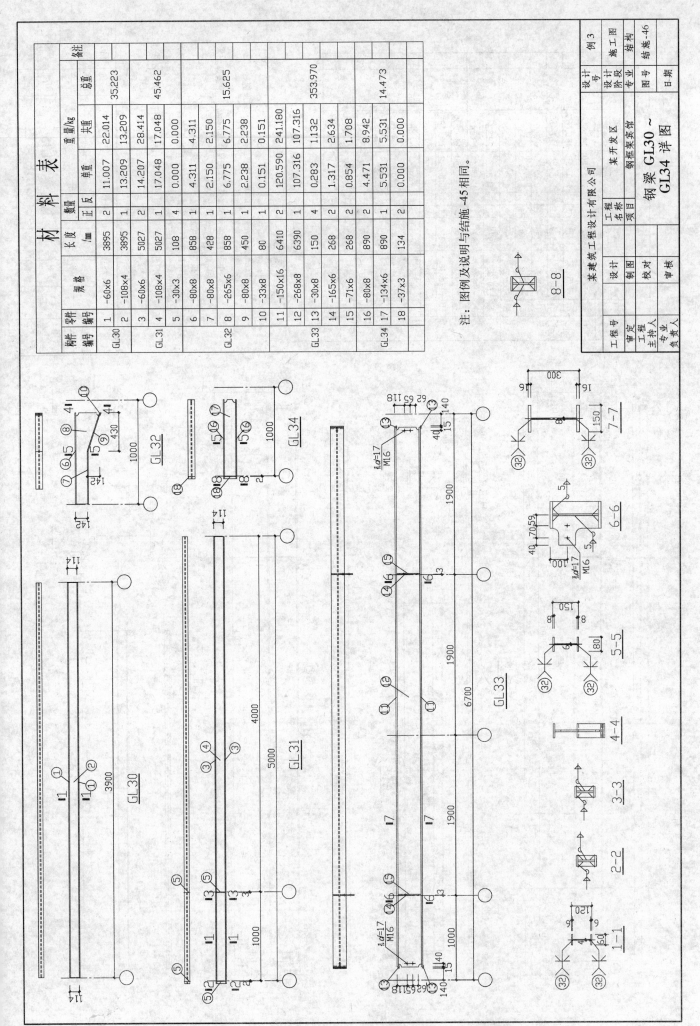

材料表

构件编号	零件编号	规格	长度 /mm	数量 正反	重量/kg 单重	重量/kg 共重	总重	备注
GL30	1	-60×6	3895	2	11.007	22.014	35.223	
	2	-108×4	3895	1	13.209	13.209		
GL31	3	-60×6	5027	2	14.207	28.414	45.462	
	4	-108×4	5027	1	17.048	17.048		
	5	-30×3	108	4	0.000	0.000		
	6	-80×8	858	1	4.311	4.311		
GL32	7	-80×8	428	1	2.150	2.150	15.625	
	8	-265×6	858	1	6.775	6.775		
	9	-80×8	450	1	2.238	2.238		
	10	-33×8	80	1	0.151	0.151		
	11	-150×16	6410	2	120.590	241.180	353.970	
	12	-268×8	6390	1	107.316	107.316		
GL33	13	-30×8	150	4	0.283	1.132		
	14	-165×6	268	2	1.317	2.634		
	15	-71×6	268	2	0.854	1.708		
	16	-80×8	890	2	4.471	8.942		
GL34	17	-134×6	890	1	5.531	5.531	14.473	
	18	-37×3	134	2	0.000	0.000		

注：图例及说明与结施-45相同。

				某建筑工程设计有限公司		例3	
工程号			工程名称	某开发区	设计号		
审定					设计阶段	施工图	
工程主持人			项目名称	某框架宾馆	专业	结构	
专业负责人					图号	结施-46	
			设计		日期		
			制图				
			校对	钢梁 GL30～			
			审核	GL34 详图			

8-8

GL32

GL34

GL31

GL33

GL30

1-1

2-2

3-3

4-4

5-5

6-6

7-7

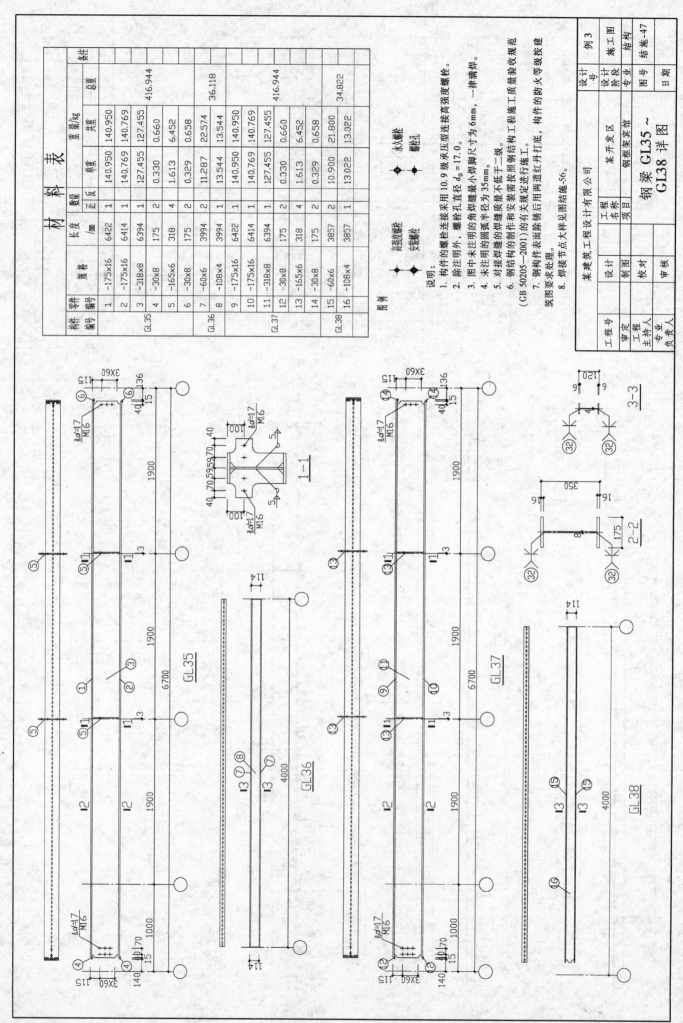

材料表

构件编号	零件编号	规格	长度/㎜	数量正反		重量/kg 单重	共重	总重	备注
GL35	1	-175x16	6422	1		140.950	140.950	416.944	
	2	-175x16	6414	1		140.769	140.769		
	3	-318x8	6394	1		127.455	127.455		
	4	-30x8	175	2		0.330	0.660		
	5	-165x6	318	4		1.613	6.452		
	6	-30x8	175	2		0.329	0.658		
GL36	7	-60x6	3994	2		11.287	22.574	36.118	
	8	-108x4	3994	1		13.544	13.544		
GL37	9	-175x16	6422	1		140.950	140.950	416.944	
	10	-175x16	6414	1		140.769	140.769		
	11	-318x8	6394	1		127.455	127.455		
	12	-30x8	175	2		0.330	0.660		
	13	-165x6	318	4		1.613	6.452		
	14	-30x8	175	2		0.329	0.658		
GL38	15	-60x6	3857	2		10.900	21.800	34.822	
	16	-108x4	3857	1		13.022	13.022		

图例

	永久螺栓
高强螺栓	螺栓孔
安装螺栓	

说明：
1. 构件的螺栓连接采用10.9级承压型连接高强度螺栓。
2. 除注明外，螺栓孔直径 $d_0 = 17.0$。
3. 图中未注明的角焊缝最小焊脚尺寸为6mm，一律满焊。
4. 未注明的圆弧半径为35mm。
5. 对接焊缝的焊缝质量不低于二级。
6. 钢结构的制作和安装需按照钢结构工程施工质量验收规范（GB 50205-2001）的有关规定进行施工。
7. 钢构件表面除锈后用两道红丹打底，构件的防火等级按建筑图要求处理。
8. 焊接节点大样见图结施-56。

某建筑工程设计有限公司

| 工程名称 | 某开发区 |
| 项目 | 某框架梁馆 |

钢梁 GL35 ～ GL38 详图

设计		制图		校对		审核	
设计号	例3
阶段	施工图
专业	结构
图号	结施-47
日期	

工程号	
工程 审定	
工程主持人	
专业负责人	

1-1

GL35

GL36

GL37

GL38

2-2

3-3

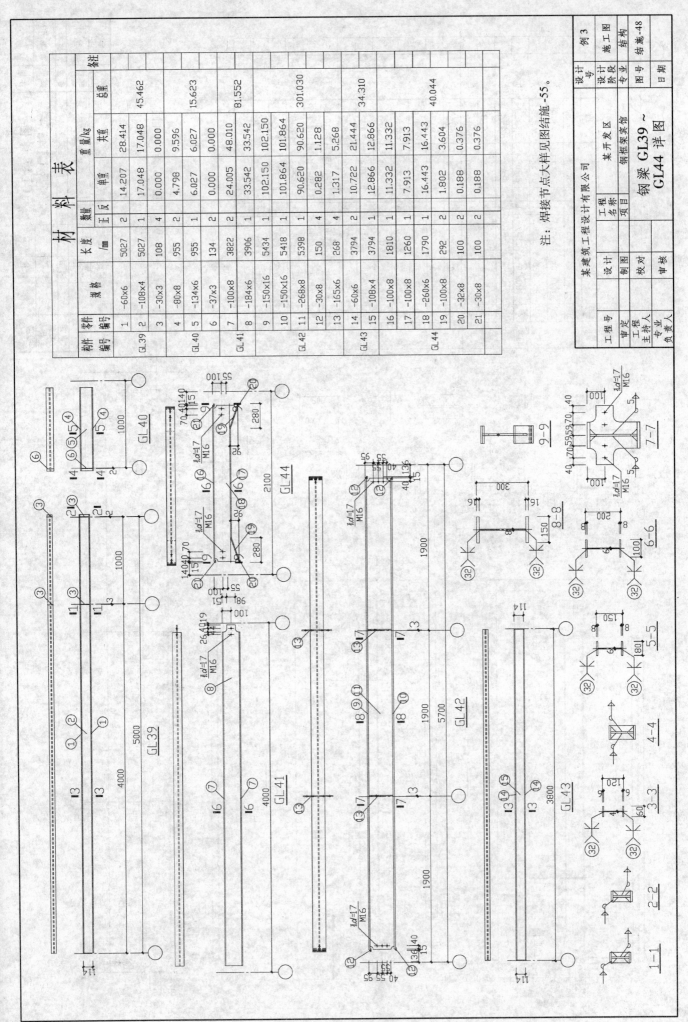

注：焊接节点大样见图结施-55。

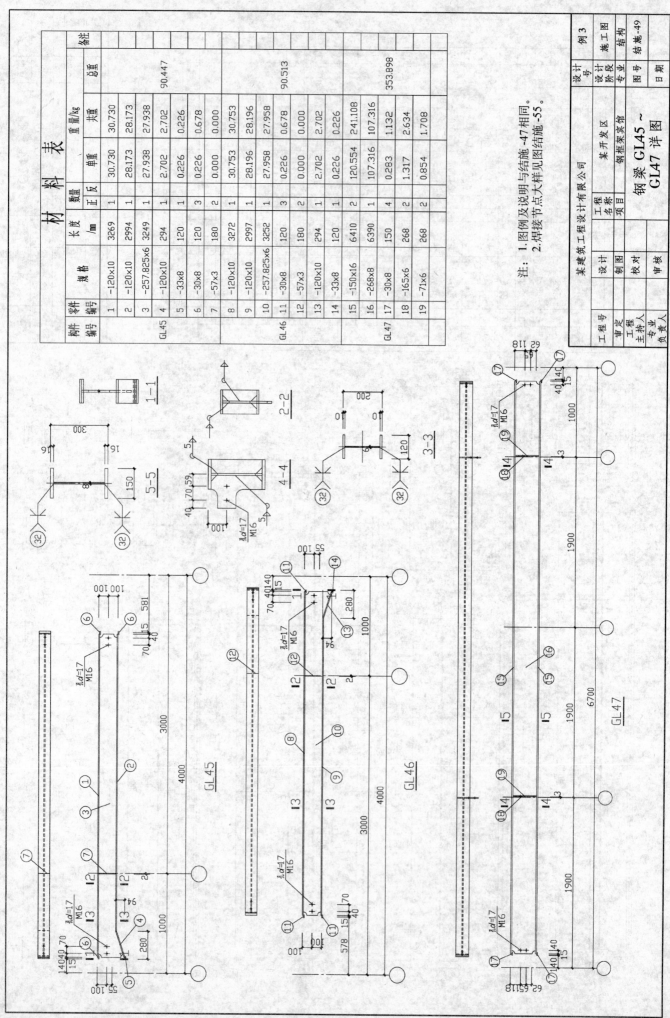

材料表

构件编号	零件编号	规格	长度/mm	数量 正反	单重	共重	总重	备注
GL45	1	-120×10	3269	1	30.730	30.730		
	2	-120×10	2994	1	28.173	28.173		
	3	-257.825×6	3249	1	27.938	27.938		
	4	-120×10	294	1	2.702	2.702		
	5	-33×8	120	1	0.226	0.226		
	6	-30×8	120	3	0.226	0.678		
	7	-57×3	180	2	0.000	0.000	90.447	
GL46	8	-120×10	3272	1	30.753	30.753		
	9	-120×10	2997	1	28.196	28.196		
	10	-257.825×6	3252	1	27.958	27.958		
	11	-30×8	120	3	0.226	0.678		
	12	-57×3	180	0	0.000	0.000		
	13	-120×10	294	1	2.702	2.702		
	14	-33×8	120	1	0.226	0.226	90.513	
GL47	15	-150×16	6410	2	120.554	241.108		
	16	-268×8	6390	1	107.316	107.316		
	17	-30×8	150	4	0.283	1.132		
	18	-165×6	268	2	1.317	2.634		
	19	-71×6	268	2	0.854	1.708	353.898	

注: 1.图例及说明与结施-47相同。
2.焊接节点大样见图结施-55。

GL45

GL46

GL47

1-1　2-2　3-3　4-4　5-5

某建筑工程设计有限公司

工程名称	某开发区
项目	钢框架实馆
设计	
制图	
校对	
审核	

工程号		设计	
审定		设计号	
工程		设计阶段	施工图
主持人		专业	结构
负责人		图号	结施-49
		日期	

专业 结构

钢梁 GL45 ~
GL47 详图

例 3

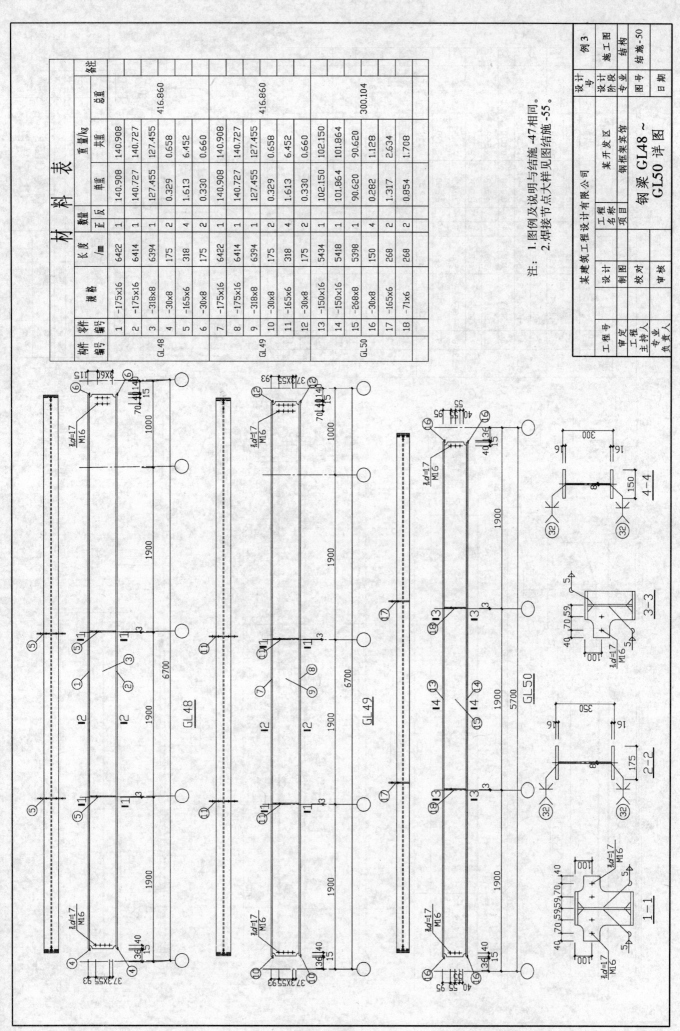

材 料 表

构件编号	零件编号	规格	长度 /mm	数量 正反	重量/kg 单重	重量/kg 共重	总量/kg	备注
GL48	1	−175×16	6422	1	140.908	140.908	416.860	
	2	−175×16	6414	1	140.727	140.727		
	3	−318×8	6394	1	127.455	127.455		
	4	−30×8	175	2	0.329	0.658		
	5	−165×6	318	4	1.613	6.452		
	6	−30×8	175	2	0.330	0.660		
GL49	7	−175×16	6422	1	140.908	140.908	416.860	
	8	−175×16	6414	1	140.727	140.727		
	9	−318×8	6394	1	127.455	127.455		
	10	−30×8	175	2	0.329	0.658		
	11	−165×6	318	4	1.613	6.452		
	12	−30×8	175	2	0.330	0.660		
GL50	13	−150×16	5434	1	102.150	102.150	300.104	
	14	−150×16	5418	1	101.864	101.864		
	15	−268×8	5398	1	90.620	90.620		
	16	−30×8	150	4	0.282	1.128		
	17	−165×6	268	2	1.317	2.634		
	18	−71×6	268	2	0.854	1.708		

注: 1. 图例及说明与结施 -47 相同。
　　2. 焊接节点大样见图结施 -55。

某建筑工程设计有限公司		工程名称	某开发区
		项目	钢框架宾馆
设计			
制图			
校对			钢梁 GL48～
审核			GL50 详图

设计号		例 3
设计阶段		施工图
专业		结构
图号		结施-50
日期		

工程号		工程	主持人	专业	负责人
审定					

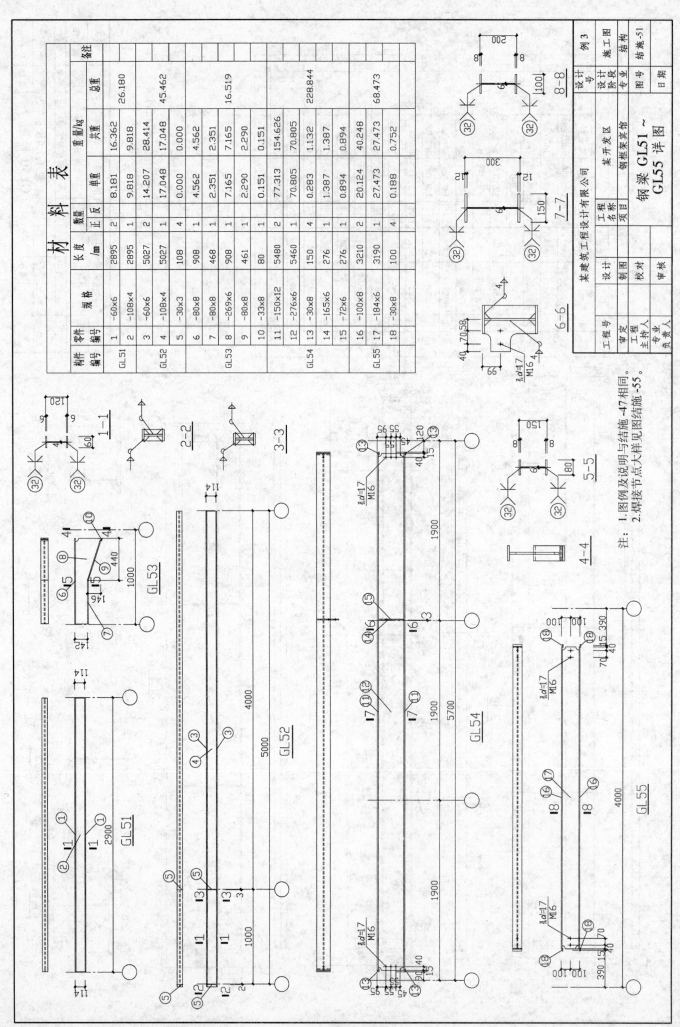

材　料　表

构件编号	零件编号	规格	长度/mm	数量 正反	重量/kg 单重	重量/kg 共重	备注 总重
GL51	1	─60×6	2895	2	8.181	16.362	26.180
	2	─108×4	2895	1	9.818	9.818	
GL52	3	─60×6	5027	2	14.207	28.414	45.462
	4	─108×4	5027	1	17.048	17.048	
	5	─30×3	108	4	0.000	0.000	
GL53	6	─80×8	908	1	4.562	4.562	16.519
	7	─80×8	468	1	2.351	2.351	
	8	─269×6	908	1	7.165	7.165	
	9	─80×8	461	1	2.290	2.290	
	10	─33×8	80	1	0.151	0.151	
	11	─150×12	5480	2	77.313	154.626	228.844
	12	─276×6	5460	1	70.805	70.805	
GL54	13	─30×8	150	4	0.283	1.132	
	14	─165×6	276	1	1.387	1.387	
	15	─72×6	276	1	0.894	0.894	
	16	─100×8	3210	2	20.124	40.248	68.473
GL55	17	─184×6	3190	1	27.473	27.473	
	18	─30×8	100	4	0.188	0.752	

注：1. 图例及说明与结施–47相同。
　　2. 焊接节点大样见结施–51。

工程号		工程号		某建筑工程设计有限公司	设计号	例 3
审定		审定		工程名称　某开发区	设计阶段	施工图
工程主持人		工程主持人		项目名称　钢框架雨篷	专业	结构
专业负责人		专业负责人		钢梁 GL51～	图号	结施–51
设计	制图	校对	审核	GL55 详图	日期	

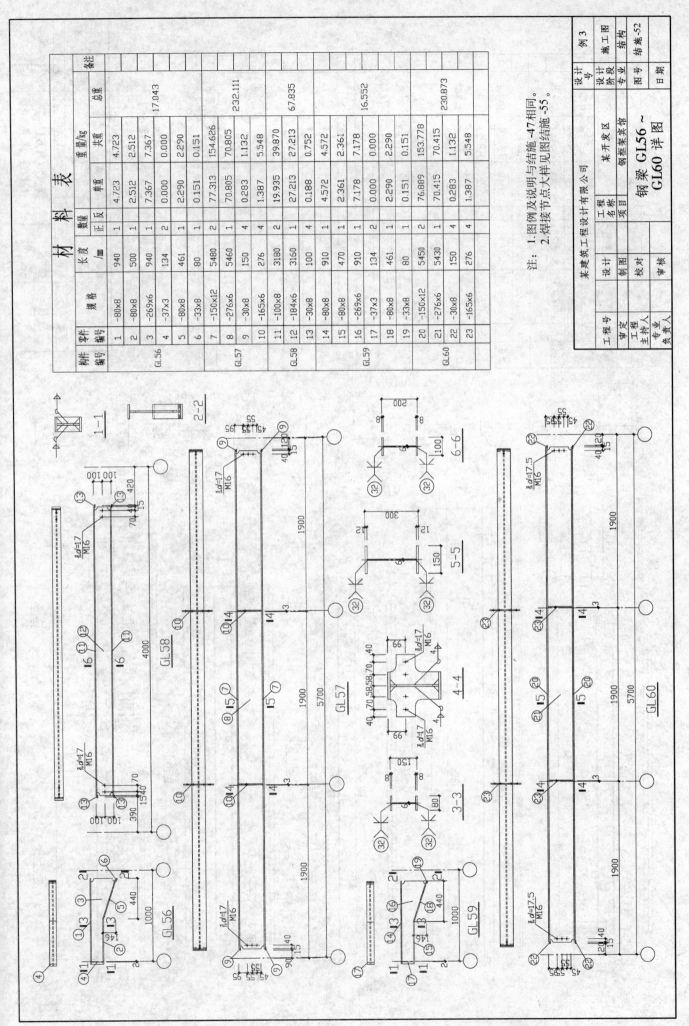

材 料 表

构件编号	零件编号	规格	长度/mm	数量 正反	重量/kg 单重	重量/kg 共重	总重	备注
GL56	1	-80×8	940	1	4.723	4.723	17.043	
	2	-80×8	500	1	2.512	2.512		
	3	-269×6	940	1	7.367	7.367		
	4	-37×3	134	2	0.000	0.000		
	5	-80×8	461	1	2.290	2.290		
	6	-33×8	80	1	0.151	0.151		
GL57	7	-150×12	5480	2	77.313	154.626	232.111	
	8	-276×6	5460	2	70.805	70.805		
	9	-30×8	150	4	0.283	1.132		
	10	-165×6	276	4	1.387	5.548		
GL58	11	-100×8	3180	2	19.935	39.870	67.835	
	12	-184×6	3160	1	27.213	27.213		
	13	-30×8	100	4	0.188	0.752		
	14	-80×8	910	1	4.572	4.572		
GL59	15	-80×8	470	1	2.361	2.361	16.552	
	16	-269×6	910	1	7.178	7.178		
	17	-37×3	134	2	0.000	0.000		
	18	-80×8	461	1	2.290	2.290		
	19	-33×8	80	1	0.151	0.151		
GL60	20	-150×12	5450	2	76.889	153.778	230.873	
	21	-276×6	5430	2	70.415	70.415		
	22	-30×8	150	4	0.283	1.132		
	23	-165×6	276	4	1.387	5.548		

注：1. 图例及说明号结施-47相同。
　　2. 焊接节点大样见图结施-55。

某建筑工程设计有限公司		工程名称	某开发区
设计		项目名称	钢框架案馆
制图			
校对		**钢梁 GL56～**	
审核		**GL60 详图**	

工程号		设计号	
审定		设计阶段	施工图 例3
工程主持人		专业	结构
专业负责人		图号	结施-52
		日期	

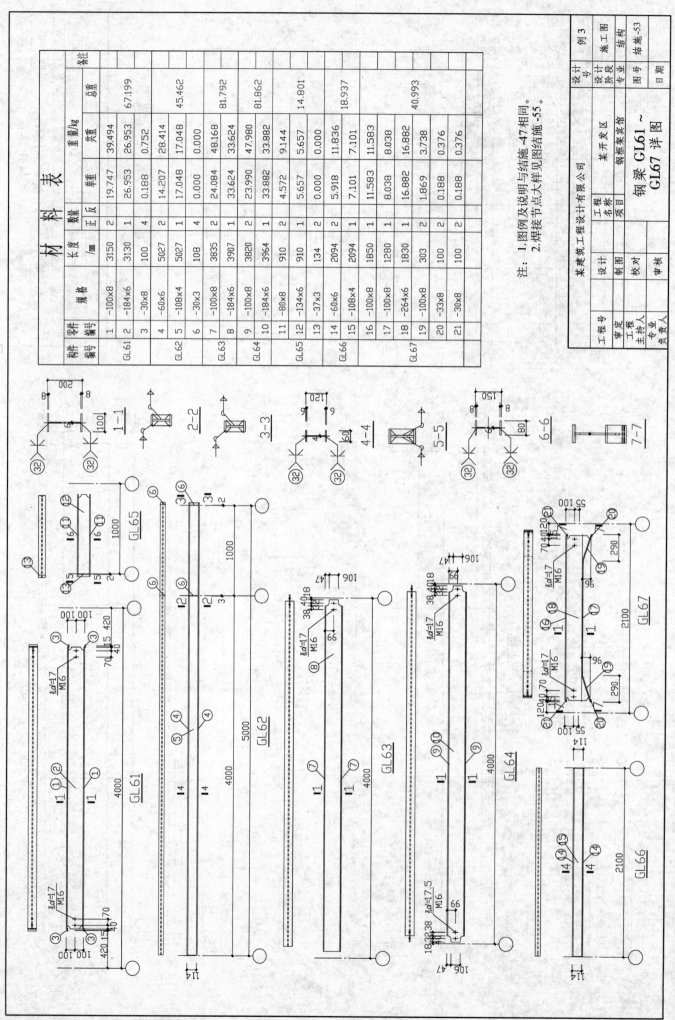

材料表

构件编号	零件编号	规格	长度/mm	数量 正	数量 反	单重	重量/kg 共重	总重	备注
GL61	1	-100×8	3150	1		19.747	39.494	67.199	
	2	-184×6	3130	1		26.953	26.953		
	3	-30×8	100	4		0.188	0.752		
GL62	4	-60×6	5027	2		14.207	28.414	45.462	
	5	-108×4	5027	1		17.048	17.048		
	6	-30×3	108	4		0.000	0.000		
GL63	7	-100×8	3835	2		24.084	48.168	81.792	
	8	-184×6	3907	1		33.624	33.624		
GL64	9	-100×8	3820	2		23.990	47.980	81.862	
	10	-184×6	3964	1		33.882	33.882		
GL65	11	-80×8	910	1		4.572	9.144	14.801	
	12	-134×6	910	1		5.657	5.657		
	13	-37×3	134	2		0.000	0.000		
GL66	14	-60×6	2094	2		5.918	11.836	18.937	
	15	-108×4	2094	1		7.101	7.101		
	16	-100×8	1850	1		11.583	11.583		
GL67	17	-100×8	1280	1		8.038	8.038	40.993	
	18	-264×6	1830	1		16.882	16.882		
	19	-100×8	303	2		1.869	3.738		
	20	-33×8	100	2		0.188	0.376		
	21	-30×8	100	2		0.188	0.376		

注：1.图例及说明与结施-47相同。
2.焊接节点大样见图结施-55。

某建筑工程设计有限公司		工程名称	某开发区	设计号	例3
		项目	钢框架雨篷	设计阶段	施工图
设计				专业	结构
制图				图号	结施-53
校对				日期	
审核					

工程号				钢梁 GL61～
审定				GL67 详图
工程主持人				
专业负责人				

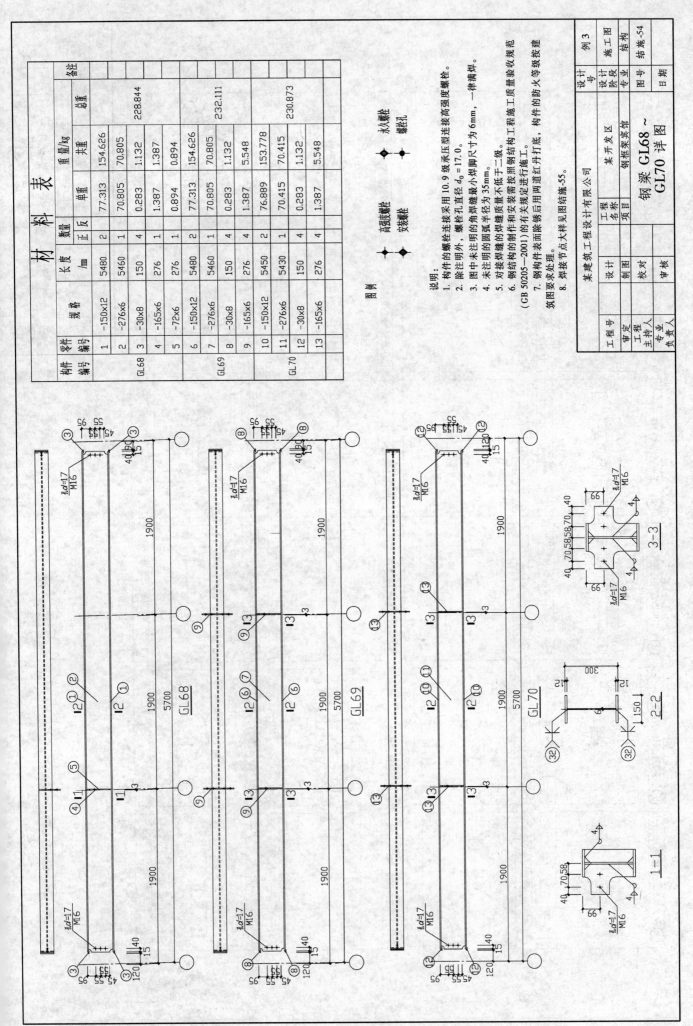

材料表

构件编号	零件编号	规格	长度/mm	数量(正)	数量(反)	单重	共重	总重	备注
GL68	1	-150×12	5480	2		77.313	154.626	228.844	
	2	-276×6	5460	1		70.805	70.805		
	3	-30×8	150	4		0.283	1.132		
	4	-165×6	276	1		1.387	1.387		
	5	-72×6	276	1		0.894	0.894		
GL69	6	-150×12	5480	2		77.313	154.626	232.111	
	7	-276×6	5460	1		70.805	70.805		
	8	-30×8	150	4		0.283	1.132		
	9	-165×6	276	4		1.387	5.548		
GL70	10	-150×12	5450	2		76.889	153.778	230.873	
	11	-276×6	5430	1		70.415	70.415		
	12	-30×8	150	4		0.283	1.132		
	13	-165×6	276	4		1.387	5.548		

图例

- 高强度螺栓
- 永久螺栓孔
- 安装螺栓
- 螺栓孔

说明：
1. 构件的螺栓连接采用10.9级承压型连接高强度螺栓。
2. 除注明外，螺栓孔直径 $d_0 = 17.0$。
3. 图中未注明的角焊缝最小焊脚尺寸为6mm，一律满焊。
4. 未注明的圆弧半径为35mm。
5. 对接焊缝的焊缝质量不低于二级。
6. 钢结构的制作和安装需按照钢结构工程施工质量验收规范（GB 50205—2001）的有关规定进行施工。
7. 钢构件表面除锈后用两道红丹打底，构件的防火等级按建筑图要求处理。
8. 焊接节点大样见图结施-55。

某建筑工程设计有限公司

工程名称	某开发区
项目名称	钢框架某馆

钢梁 GL68～ GL70 详图

| 设计 | | 制图 | | 校对 | | 审核 | |

| 工程号 | | 审定 | | 工程主持人 | | 专业负责人 | |

| 设计号 | 设计阶段 施工图 | 专业 结构 | 图号 结施-54 |
| 日期 | | | 例 3 |

GL68　GL69　GL70

3-3　2-2　1-1

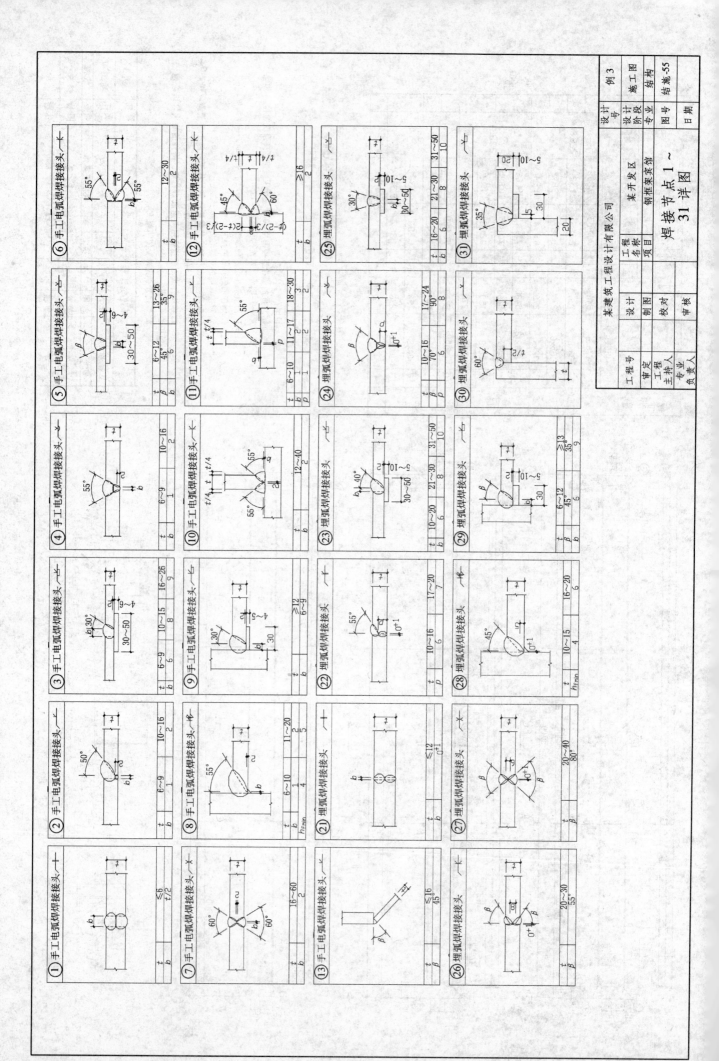

260

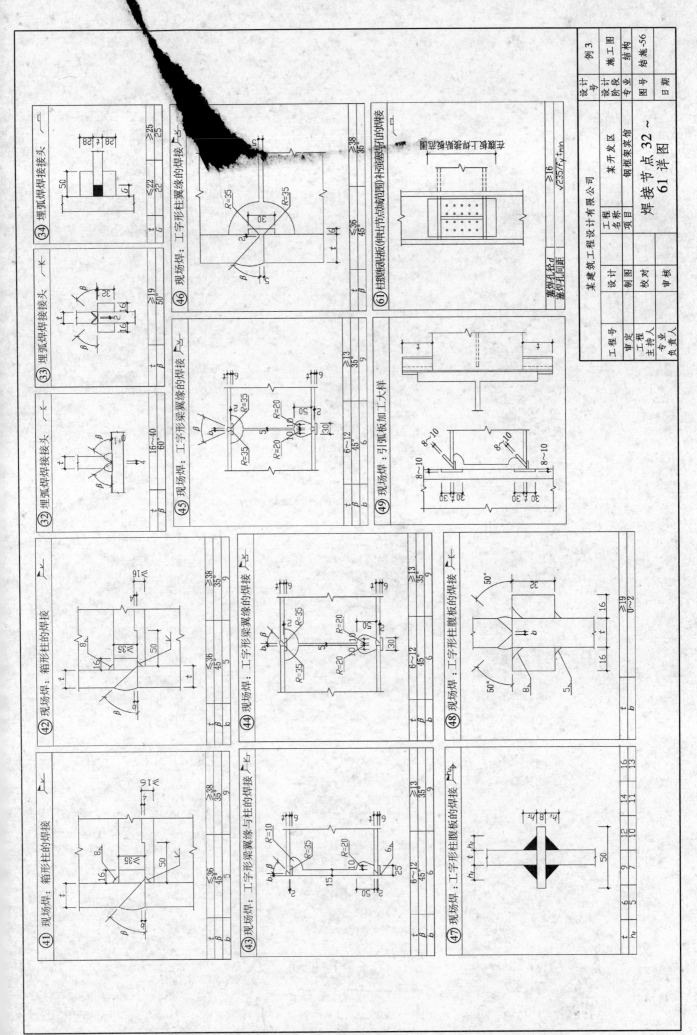

261